U0673854

朝阳区园林绿化 60 周年纪念

# 北京朝阳园林绿化简史

王 灏　文 献 主编

中国林业出版社

**图书在版编目(CIP)数据**

北京朝阳园林绿化简史 / 王灏, 文献主编. -- 北京:
中国林业出版社, 2019.3
ISBN 978-7-5038-9984-3

Ⅰ. ①北… Ⅱ. ①王… ②文… Ⅲ. ①园林－绿化－
历史－朝阳区 Ⅳ. ①S732.13

中国版本图书馆CIP数据核字(2019)第046276号

中国林业出版社

责任编辑 李 伟 王 越

| 出版发行 | 中国林业出版社 |
| --- | --- |
| | (100009 北京西城区德内大街刘海胡同 7 号) |
| 网　　址 | http://lycb.forestry.gov.cn |
| 电　　话 | (010) 83143597 |
| 印　　刷 | 北京中科印刷有限公司 |
| 版　　次 | 2019 年 3 月第 1 版 |
| 印　　次 | 2019 年 3 月第 1 次 |
| 开　　本 | 787mm×1092mm　1/16 |
| 印　　张 | 21.5 |
| 字　　数 | 355 千字 |
| 定　　价 | 110.00 元 |

未经许可,不得以任何方式复制或抄袭本书之部分或全部内容。

**版权所有　侵权必究**

# 《北京朝阳园林绿化简史》编纂委员会

主　编：王　灏　文　献

副主编：杨建海

办公室主任：李世喆

办公室副主任：王国臣　郝宝刚　王礼先　王　涛　　彭光勇

主任委员：（以姓氏笔画为序）

| | | | | | | | |
|---|---|---|---|---|---|---|---|
| 王小红 | 王春清 | 石延刚 | 田　华 | 左景全 | 刘大庆 | 刘　勇 | 朱　晟 |
| 吉旭初 | 宋少伟 | 张小锋 | 张克斌 | 张宏明 | 张启顺 | 张　奎 | 张贵林 |
| 张福来 | 李云飞 | 李　华 | 李　琪 | 李　钧 | 李　欣 | 陈万明 | 陈　伟 |
| 陈　杰 | 陈伟航 | 吴　冰 | 吴选辉 | 苏　静 | 良　彪 | 欧晓勋 | 杨丙章 |
| 郑　勇 | 赵年生 | 郭　君 | 高永荣 | 高春立 | 倪东新 | 贾恩松 | 唐涌涛 |
| 秦　涛（和平街） | 秦　涛（黑庄户） | 麻晓晖 | 商建英 | 黄宏春 | 寇　晔 |
| 崔少飞 | 董云增 | 董会生 | 董　健 | 谭国忠 | 穆德林 |

委　　员：（以姓氏笔画为序）

| | | | | | | | |
|---|---|---|---|---|---|---|---|
| 于亚军 | 马　祥 | 王小君 | 王　君 | 王志国 | 王　浩 | 王春秀 | 王建成 |
| 巴建强 | 刘　喆 | 刘志强 | 华　晟 | 李　川 | 李全瑞 | 李　卓 | 陈　凯 |
| 张银国 | 吴德胜 | 杨子沛 | 杨　冬 | 杨　珂 | 武桂连 | 罗　欣 | 周林慧 |
| 孟卫杰 | 孟晓辉 | 胡峭寒 | 胡嘉斌 | 郭春荣 | 高建新 | 凌力军 | 曹有祥 |
| 董　亮 | 董春阳 | 简永辉 | 谭　英 | 潘迎春 |

办公室编辑工作人员：

凌力军　张吉庆　刘双贵　郜锡忱　王　龙

# 编辑说明

一、《北京朝阳园林绿化简史》以编年纪事为主，记录朝阳区园林绿化60年来的基本发展脉络，重点记录园林绿化各项事业的基本发展状况。

二、本书编写的史料，引证自朝阳区园林绿化局的档案、年鉴资料；北京市方志馆、图书馆的方志图书；朝阳区档案馆、图书馆的档案、图书；借鉴参考北京市园林史志以及朝阳区相关委办局、街乡的相关史志研究成果。此外，采访相关的退休老同志和部分在职干部职工作为史料补充。

三、本书以园林绿化工作为主题，对建国后各个时期的背景，均做简要的记述。对各时期北京市园林绿化工作的重要规划、政令做适度的摘选。除绿化、园林、农林工作外，结合本书的核心主旨，对朝阳区城乡建设中涉及市政、水务等方面的工作也予以适度的参考和提取。在忠实记录的基础上，予以简要评述和必要说明。

四、凡书中第一次出现的文字较长的会议文件、机构名称等，均使用全称，同时注明简称，再次出现时使用简称。文件标题一般不用全称。历史上的典章、制度、机构等名称，均使用当时称谓，必要时予以注明。

五、书中所使用的科学术语、名词名称，以有关方面审定为准，未经审定和统一的以习惯用语为准。本书因属于朝阳区行业简史，因此频繁使用的过长称谓，为简化篇幅便于阅读，作为特例加以说明。中国共产党北京市朝阳区（包括十三区、十四区、十区、东郊区）委员会，一律简称区委；朝阳区（包括十三区、十四区、十区、东郊区）人民政府，一律简称为区政府。

六、书中使用的计量单位，均以国家度量衡现行规范为准，书中涉及的统计数据，以朝阳区园林绿化局公布的统计数据为准，同时参考权威的国家、北京市园林、林业调查统计数据。

《北京朝阳园林绿化简史》编纂委员会

2018年10月18日

# 序言一

　　六十一甲子，弹指一挥间。伴随着北京城市奋进的步伐，朝阳区的园林绿化事业，从城郊绿化到城区美化，从重点地区园林化到山水林田湖草生态系统化，栉风沐雨，蓬勃发展。

　　久久为功，锲而不舍，初步绘就首都东部的锦绣朝阳。

　　中华人民共和国成立初期，旧城外东、北方向的朝阳区辖域，除了大小村落，还散落甚多瓦窑坟场，除残余一些古树之外，森林覆盖率不足 1.5%，属于缺林少绿的城乡结合地区。1958 年，朝阳区立区伊始，就积极响应毛泽东同志提出的"绿化祖国"的号召，从"四旁植树"艰难起步，开始编织朝阳的绿色梦想。历经几十年风雨，建起了城市防护林带和农村林网，锁住了城东一度肆虐的风沙。按照北京"一屏、三环、五水、九楔、多廊"绿地系统规划布局，朝阳区大力建设第一、二道绿化隔离带和楔形绿地，使城乡结合部地区的环境面貌发生了显著变化，推进了城乡一体化进程，筑牢了北京中心城东部的生态根基。响应北京百万亩造林号召，全区动员，疏解整治，腾退空间，不断加密农田和道路林网，以绿色生态走廊为骨架，以大尺度森林为支撑，点、线、面、带、网、片相结合，织就了林水相依、果茂林丰、城绿融合的秀美画卷。精品力作，绿色惠民，处处展现着首都园林绿化建设的崭新风尚。

　　朝阳区的园林绿化风貌现代、大气，处处体现创新精神，每个时期都有不同凡响的作品。20 世纪五六十年代建起的日坛公园和红领巾公园，镌刻着历史的烙印，承载着那个时代人们的美好记忆。1984 年破土动工的朝阳公园，集文化、休憩、娱乐等多重功能，是改革开放后，北京市最早建设的最大城市综合公园。1987 年建成的元大都城垣遗址公园（朝阳段），是京城中一座有特色的以史为魂的现代城市遗址公园，成为当时北京城区最大的带状公园，拥有最大的室外群雕、最大的人工湿地，还是全国第一个拥有减灾避难功能的城市公园。

　　从亚运会开始，到七运会、国庆五十周年、香港回归直到 2008 年北京奥运会的召开，朝阳区紧抓国家重大活动场馆环境建设的契机，瞄准国内外一流规划、建设和管理水平，实现了园林绿化事业的跨越式发展。机场路和迎宾路的园林绿化改造提升，加深了首都国门端庄、大气的第一绿色印象。25 处天然野趣、乡土气息浓郁的郊野公园，成为北京"郊野公园环"上闪耀的明珠，助推了全市林地由生态防护林向景观游憩林的功能提升，展现了首都城乡"生态一体、人民共享"的新理念。被誉为"新世纪北京公园代表作"的奥林匹克森林公园，把北京的城市中轴线引入了自然的空间，实现了公园与城市的完美融合，以亲近自然的植物配置手法，开启了北京"城市森林"建设的序幕，诠释了"绿色奥运""绿色北京"的内涵。如今朝阳区已有注册公园45个，非注册的各类公园几十个，初步形成由综合公园、主题公园、历史名园、社区公园、森林公园、郊野公园、滨河湿地公园等构成的功能齐全、分布合理、互补性强的公园游憩体系，让人民群众拥有了切实的绿色获得感。

如果把朝阳的绿色空间比作绶带，那么众多公园则仿佛是一枚枚耀眼的勋章。勋章的背后是领导的率先垂范、社会各界的广泛参与和园林绿化人的默默奉献。自1989年邓小平在朝阳区亚运村植下一棵白皮松之后，党和国家领导人多次来到朝阳区参加义务植树活动，在群众中起到了示范引领作用，全区植树护绿意识蔚然成风。驻区机关、学校、工厂、医院、使馆、部队积极行动起来，绿化美化单位庭院空间，创建花园式单位。截止到2015年底，朝阳区累计创建首都花园式单位66个，花园式社区58个，花园式街道1个，首都绿色村庄5个。朝阳区的园林绿化工作者是可敬的，从早年肩挑人扛到今天的机械化施工，从早年抬水浇树到今天的智能灌溉，从早年的人工除虫修剪到信息化的养护管理，几代人倾心播绿，艰苦创业，用辛勤汗水和无悔付出，成就了今日园林绿化事业的辉煌。

2017年党中央、国务院批复的《北京城市总体规划(2016~2035年)》，描绘出了要把北京建设成为天蓝水清、森林环绕的生态城市的美好愿景。明确了"一核一主一副、两轴多点一区"的城市空间结构。朝阳区正好位于北京主副联动发展轴和文化生态发展轴上，是首都功能重要保障带和绿色生态共享带。历史的使命，时代的召唤，朝阳区园林绿化将开启新征程，再接再厉，综合提升园林绿化生态、管理、安全、文化、服务五大功能，实现生态效益、社会效益和文化效益的全面发展。按照"一河、两带、多廊"绿地空间布局，完善生态屏障功能，积极推进社会绿化，融合朝阳区"生态""国际""时尚""活力""宜居"的内涵特征，突出区域景观特色，建设好城市生态保护带，打造生态宜居新城区。

回顾历史，总结经验，这次朝阳区园林绿化局系统梳理建设成果，编写朝阳区60年园林绿化发展史，为首都园林绿化文化建设增添了光彩。期待本书的编写者们，倾心写绿，认真说园，为前人的汗水留下印记，也为后世开启一个新的未来。

北京市园林绿化局史志办公室

2018.11.1

# 序言二

　　阅读了朝阳区园林绿化的 60 年历史业绩，我深受感染，作为这 60 年的见证人、参与者，写上几句话，借此与大家共享。

　　回想 1958 年，当时我还是一名北京林业大学园林专业的大学生，组织把我安排到朝阳区酒仙桥绿化队，边做设计边参加劳动。记忆最深的是，我们用筐装着肥料给毛白杨行道树施肥，我还在绿化队学会了蹬平板三轮。从此与朝阳区结下不解之缘，这之后的几十年，我一直参与了朝阳区历年重大项目的设计工作。直到现在，我仍然亲自动笔，为朝阳区屡添光彩。

　　园林绿化事业与国家的政治和经济形势紧密相连，经济好了，园林上马，经济不好，园林先下马。当时人们认为园林是美化，是锦上添花的事情，可有可无。由于北京是首都，朝阳区处在北京特殊的地理位置上，因此，当国家有重大活动时，也加快了朝阳区的城市建设，园林绿化事业有了显著的发展。最重要的几个时段——亚洲运动会、七运会、国庆 50 周年、香港回归等，最大的高潮是 2008 年奥运会在北京的举办，奥林匹克公园区成为国家的、北京的、也是朝阳区的对外窗口。这个时期，朝阳区的园林绿化事业从数量到质量都有了跨越式的发展，确立了朝阳区绿化工作在北京市的领先地位、样板地位、城市窗口的地位。

　　继承与创新是北京市园林事业的发展方向，我们专业人士经常讨论研究哪些是京派园林的代表作，京派现代园林的代表在哪里？大家认为，海淀区西山风景区是北京传统园林的代表，其皇家园林的"三山五园"，许多已成为世界文化遗产。那么现代园林的代表在哪里？专家们普遍认为在朝阳区——奥林匹克公园，奥林匹克森林公园坐落在北京千年城市的中轴线上，象征着中轴线融入到大自然中，它具备了现代园林所有特征，从文脉的传承与创新、品质之创新、规模之宏大、功能之多样，到大山、大水、大树林，将生态、文化、社会、经济全方位得到体现。除了奥林匹克公园之外，朝阳区还有许多现代公园、景观大道和规模宏大的城市绿化隔离带，它们从单体到城市，而且地域规模大、范围广、文化多元、功能综合，符合现代园林的特征，因此，朝阳区有许多处著名的园林绿化项目成为北京市现代园林的代表和典范，并具有时代意义。

　　喜悦、荣誉、成就，一切都进入过去时，新的征程从今天开始。当前《北京城市总体规划（2016~2035 年）》是首都北京进入生态文明新时代的重要蓝图。对于园林人，这是难得的历史机遇，也是更大的困难与挑战。

如果说我们过去的工作，更多的是为了绿化、美化和重大政治任务服务，那么现在的工作重点就要转移到生态文明战略高度。我们要认识到园林绿化的作用、任务、责任和价值，改善和治理环境不是可有可无的事情，而是影响人类生存和发展必须解决的问题。在《巴黎协定》中，我们对国际有大国的承诺，落实到国内，落实到北京，这是必须实现的国际任务。园林绿化是城市建设的基础工程，是必须做的事情，而不仅仅是绿化美化的作用。从更大更宏观的高度认识，我们园林人今后的工作方向、工作价值、应当更加光荣，更加有历史的责任感。我们已经站到了一个更大的舞台上，扮演着一个更重要的角色，应当备受鼓舞，砥砺奋进。

60 年是一座里程碑，也是新时代的新起点。祝愿朝阳区园林绿化事业在新的征程中以新思想、新目标、创造更加辉煌的明天，为生态文明建设作出优异贡献，把北京现代园林推向新的高峰。

檀 馨

2018.4.18

图例

- 区界
- 水域
- 主要道路
- 公园绿地
- 生产绿地
- 防护绿地

1:30,000

朝阳区园林绿化绿地分布图（2014）

日坛旧影（1953）

红领巾公园步行桥（20 世纪 70 年代末）

东大桥三角地（20 世纪 80 年代）

团结湖公园管理处（1981）

通惠河上游主河道清淤治理（1993）

建国路银杏树冬季移植（1994）

团结湖公园全景（2005）

朝阳区绿化美化总结动员大会（2012）

朝阳区绿化队职工在朝阳路植树（20 世纪 70 年代）

朝阳区全民义务植树活动（2012）

朝阳区园林绿化局与区文明办组织全民义务植树志愿服务活动（2012）

武警官兵在豆各庄乡参加全民义务植树活动（2015）

五河十路温榆河段绿化（2002）

五环路绿化隔离带（2003）

北五环仰山桥区绿化（2007）

绿化隔离地区朝阳区将台段（2007）

工体北路绿化（2000）

奥运场馆绿化景观（2008）

奥运场馆绿化景观（2008）

奥林匹克森林公园（2008）

朝阳公园（2010）

将府公园生态湿地（2006）

北小河公园（2006）

望湖公园（2008）

庆丰公园（2016）

大望京公园（2010）

古塔公园中心湖全景（2012）

望和公园（2015）

红领巾公园景色（2017）

崔各庄地区湿地公园整治景观（2011）

太阳宫地区平原造林成果（2015）

小关街道办事处绿化（2012）

朝花幼儿园及朝外高中部屋顶绿化（2015）

东四环迎宾线石林广场（2003）

奥林匹克森林公园百亩向日葵（2012）

民族大道绿化景观（2008）

呼家楼金台北街老旧小区绿化（2010）

双井街道广泉社区绿化景观（2011）

通惠家园社区绿化景观（2013）

小关街道惠新北里小区绿化景观（2015）

金地中心"和谐朝阳"花坛（2011）

垡头街道休闲广场"国庆"花坛（2011）

元大都城垣遗址公园"国庆"立体花坛（2013）

第九届中国国际园林博览会朝阳区园林绿化局设计的"植桐引凤"大型立体花坛（2013）

元大都城垣遗址公园第 12 届海棠花节（2009）

奥林匹克森林公园"60 年大庆"文艺演出（2009）

日坛公园第九届"春分·朝阳"民俗文化节（2015）

四得公园艾滋病爱心义卖活动 (2015)

朝阳区绿化局组织奥运大练兵修剪比赛（2008）

朝阳区园林绿化局工人清除树木冰雪（2009）

朝阳区园林绿化资源普查工作现场（2014）

京城槐园病虫害防治（2015）

豆各庄地区森林防火演练（2015）

朝阳区园林绿化局开展联合执法"雷霆行动"（2015）

# 目　录

# 目 录

# 绪 论

北京是千年古都，首善之区，六朝定都之地。尤其在金、元、明、清四朝，皇家苑囿、私家园林的建造成为古城建设的重要组成部分。清帝退位、民国建立之后，部分皇家园林开始转变性质，成为向社会公众开放的公园，从皇家的私有园林到社会民众共享的公共空间，这是中国园林发展史上的一个重大进步。但随着军阀割据，时局动荡，加上第二次世界大战的影响，北京地区的园林绿化建设几近停滞。

1949 年，随着北平和平解放、中华人民共和国成立并定都北京，古城获得新生。60 多年来，北京在不同历史阶段的规划建设与发展变化，都记录着国家一步步走向繁荣的步伐。朝阳区作为北京的重要大区，首都职能的重要组成部分，承载着政治、外交、经济、文化等多项重要功能，60 多年来的建设和发展，更是一个跟随历史变迁而渐进的过程。

1958 年，几经归并后的东郊地区改设为朝阳区，并在该年设立了区属的园林绿化机构，朝阳区的园林绿化由此拉开了 60 年的历史序幕，朝阳区的园林绿化工作者们自此艰苦奋斗，改天换地，期间几经变迁，直至换得了今天朝阳区城市绿化面貌的巨大改变，并取得了一大批可以记载史册的绿化成果。朝阳区 60 年的园林绿化，在北京1949 年后的城市建设史，尤其是在北京园林绿化史中，占有非常重要的位置。

近现代一个多世纪以来，由于列强侵略、政权更替，战乱兵燹，北京地区饱受蹂躏，朝阳区的古典园林、植被风物也几遭破坏，幸存下来不多的园林坛庙和古木成为珍贵的园林绿化遗产。随着中华人民共和国的建政，北京的园林绿化开始快速发展，朝阳区的园林绿化也随之进入一个崭新的历史时期。

中华人民共和国成立以来，园林绿化工作一直得到历届国家领导人的重视。在各个时期，朝阳区的园林绿化工作走过了不平凡的奋斗历程。尤其在 20 世纪 80 年代以后，随着北京城市规划的完善，结合时代发展的需要，广大园林职工同全区人民一道倾心播绿、装点朝阳，四次重大的历史机遇，使得朝阳区的园林绿化得到迅速发展，公园建设、大环境绿化与绿化隔离地区建设渐次展开，并取得了喜人的成果，城乡面貌因此焕然一新。同时紧跟时代的步伐，根据区位优势和地区定位，将城乡园林绿化工作推向了一个新的高度，创造和建设了大量优秀的园林绿化成果，为首都建设做出了重大的贡献。

60 多年来，绿化工作一直是朝阳区委、区政府的工作重点，工作分属城建、园林、绿化、农林、市政、水务等多个部门。头绪繁杂，责任重大。因为历时久远，部门分工上也经过了多次设立与撤销、归并与整合的过程，因此园林绿化相关各个单位部门的变更沿革，完成的工作与成绩，甚至一些关键细节，都是本简史采撷记录的重要组成部分。

朝阳区的园林绿化，在大环境绿化、大园林观念和生态建设的诸多历史背景下、主要包括以区园林局为主体的专业的城市重点道路、公园绿化；以路岸农田防护、片林和绿化隔离带、平原造林等为主体的农村绿化；以全民植树造林和机关单位绿化、社区绿化为主体的群众绿化，此外还有道桥和河道的绿化工作。

作为首都城近郊区东大门的朝阳区，60 年来，承担着历史给予的责任，也得到了历史所给予的机遇。朝阳区的绿化工作，随着北京首都不同时期的发展规划而不断地转变和调整，同时也伴随着相关政府部门的设立、归并、拆分和相关职能的不断转变。从建区至今，朝阳区的绿化事业呈现阶梯式的发展，在后期有跨越式的前进。在朝阳区 60 年来的建设历程中，园林绿化及其发展变化历程成为朝阳区宝贵的物质财富和精神财富。

朝阳区有关园林和绿化的历史记载，多散见于古籍和方志之中，在北京市区第一轮修志 (1949~1995 年 ) 和第二轮修志 (1996~2010 年 ) 中，虽然将城乡绿化作为一编，但仍缺乏系统性、完整性、条理性、特殊性。在朝阳园林绿化年鉴里 (2002~2017 年 ) 也只有近 16 年的有序记录。因此，挖掘梳理并总结朝阳区绿化工作 60 年来的发展变化历程，在今天看来非常应时也非常及时。基本史料资料的存留、20 世纪七八十年代朝阳区绿化工作的参与者、亲历者依然健在，成为编写本书的良好基础。在编辑思想上，鉴于时间跨度较大，因此整体上采取宏阔的历史视角，撷取历史发展的基本脉络，对于大量庞杂的史实有所取舍，同时也兼顾一些细节。如注重不同时期的政治经济文化形势，北京城市总体规划对园林绿化规划的多次调整，朝阳区据此制定的绿化建设计划，实施的重要项目和重大成绩等。

鉴于朝阳区园林绿化工作在 60 年中的多主体、多角度、多层次的复杂性，在历史细节资料的选择中，着重选取重要政令、标志事件、重要决议、机构调整、重要项目等来帮助梳理发展脉络。在专业分项章节中，对具体工作的政令决策、项目实施以及主要数据进行梳理厘清,同时配合图表进行辅助说明。因为20世纪70年代的特殊原因,1972年以前朝阳区园林部门的全部档案资料被作为造纸原料而被销毁,因此造成了朝阳区园林绿化发展史料的缺如。1991年7月,北京市园林局曾经布置《北京市园林绿化志》的编纂工作,朝阳区园林局开始安排专门小组,进行材料的再次搜集和写作,1993年4月底报送市园林局,这部分资料的搜集与核查颇费周折,也成为本次编纂珍贵的历史依据。所以本书1972年以前的相关史实,采信于《北京市园林绿化志》中所搜集核定的资料,并参考相关史料予以佐证。鉴于本书的时间跨度较长,加之一些资料数据的阙如和一些事件的记载和回忆存在出入不能确论,因此,将本书定名为《北京朝阳园林绿化简史》。

本书共分为四章,前三章分别包括区情、园林绿化机构的发展沿革和朝阳区园林绿化发展概述;园林绿化建设与发展的成果;绿化建设与管理,绿化资源的安全与管理等,从多项重要工作的梳理总结,对朝阳区60年来的园林绿化进行简要且详实的纪录。第四章大事记,摘选了自20世纪50年代以来朝阳区园林绿化工作的一些重要或者有代表性的历史事件。鉴于本书性质,在园林绿化发展概述中增加适度的评述。年鉴、志书里已经详细记录的内容,如党团建设等,本书不再赘述。

本次编写《北京朝阳园林绿化简史》,目的是"存史、资政、育人"。编写工作从区、局存留档案、园林绿化图书、离退休人士采访、实地踏勘等几个方面入手,汇集城区、农村和群众绿化等几方面的一手资料,经过讨论研究、对比核实、数据筛选,力求还原各个历史时期的主要发展特点、以历史事件为主体,加以适当的评述,为推动朝阳区绿化建设事业存留一份翔实的历史资料,也为朝阳区未来的生态环境建设提供一份可靠的参考资料。

由于历史原因或者编选的取舍,本书尚有一些信息阙如和写作上的不足,期待经历过相关历史发展阶段的前辈贤达和有识之士予以批评指正,有待将来修补订正。

# 第一章
# 朝阳区园林绿化建设与发展回顾

## 第一节　朝阳区绿化机构发展沿革

从中华人民共和国成立至今，朝阳区的园林绿化机构几经变易。1958 年以前园林绿化工作由北京市园林局统一管理，1958 年建区后才设立了专门的机构负责区内的园林绿化工作。到改革开放初期，经过不断地摸索与实践，朝阳区的城区绿化、乡村绿化和群众绿化，从无到有、从小到大、从粗放到规范、从区级到街乡，基本形成了符合朝阳区园林绿化所需要的机构建置和人员结构。

在朝阳区绿化局成立之前，朝阳区的城市重点道路、重点公园由区园林局负责；农村绿化的管理及重点农村道路由原区农林局（林业科、绿化资源科及森林公安处）负责；各街道办事处和社会单位、学校、部队等的群众绿化以及区绿化委员会日常工作，归区市政管委绿化办公室管理。此外、朝阳区的绿化工作还涉及水务、铁路、公路等单位。

### 一、朝阳区绿化局成立以前的绿化机构

#### 1. 城区专业绿化机构

1958 年 1 月，为配合市园林局绿化二大队完成首都机场路的绿化任务及城乡绿化美化工作，朝阳区（时为东郊区）设立了"东郊区人民政府绿化指挥部"，同年下半年改为园林科负责区内园林绿化工作，隶属朝阳区建设局。1960 年底，交通运输从建设局分出。园林科成立了党支部并建立了朝阳区绿化队。1963 年 9 月，原建设局内房管、园林职能分开，园林科改为"朝阳区人民委员会建设科"，下设园林组，由朝阳区政府直接领导。1968 年 12 月，建设科与房管科再次合并成立朝阳区建设局，城区园林

绿化归区建设局负责。该年建设局除 1 人留守工作外，其余全部去干校学习。建设局工作陷入停顿。1973 年 9 月 5 日，朝阳区革命委员会决定恢复朝阳区建设局，同时成立建设局党委，隶属于区委区政府领导。

1983 年 12 月，北京市朝阳区以朝政发〔1983〕172 号文件通知将"朝阳区建设局"正式改名为"北京市朝阳区园林局"，负责城区的专业绿化。隶属北京市朝阳区委、区政府领导，业务归北京市园林局领导。1992 年 4 月区园林局改为国家事业单位，仍归区委、区政府领导。

2002 年 1 月 28 日，朝阳区园林局与区农林局、区绿化委员会办公室合并组建成立朝阳区绿化局。

### 2. 农村绿化机构

1952 年，北京市第十区政府建设科改为农林科，管辖水利，农业技术推广站，畜牧兽医站三个业务单位。1958 年东郊区改称为朝阳区，成立农林水利局，局内设有农林科，管理全区林果。1960 年，朝阳区农林水利局改称朝阳区农林局，农林科的设置不变。1964 年成立朝阳林业工作站，林业工作站由 6 人组成，隶属朝阳区农林局。1966 年农林局、农机局、水利局合并为农林水利局，1970 年改为朝阳区农业局。1972~1974 年，朝阳区农业局农业科设置一人管理林业。1975 年成立农林科，内设林业组，有 4 人组成。1976 年农业局成立林业科，有 5~7 人组成。1979 年，朝阳区农科所内设立林果组，由 2 人组成，主要承担南橘北移和草莓试验工作。1980 年，朝阳区农科所的林果组和朝阳区农业局林业科合并，成立朝阳区林业工作站，主抓农村的林果生产。1984 年，朝阳区农业局又改称朝阳区农林局。这一时期朝阳区的农业、水利、林业有分有合。1986 年 8 月，林业站改为果树站，同时成立了林业科和农村绿化队。

1986 年 12 月，朝阳区成立大环境绿化领导小组，经朝阳区编制委员会批准，在区农林局设立农村绿化办公室，区园林局设城区绿化办公室，各街道、乡成立绿化委员会以及办公室。

1987 年 2 月 16 日，朝阳区区长办公会讨论了《农林局关于大环境绿化工作的意见》会议决定将大环境绿化领导小组改为大环境绿化指挥部，加大对全区大环境绿化的统筹力度。指挥部办公室设在区农林局，与林业科合署办公。当时林业科定编 21 人，负责全区农村范围的植树造林，林政执法组织，大环境绿化重点工程的规划设计和施工管护。果树站定编 7 人，负责区属 14 个乡的果树生产及技术指导和技术推广工作，绿化队定编 30 人负责农村路树的养护更新工作。

1988 年 11 月，朝阳区正式成立农村护林防火指挥部。1989 年 1 月，朝阳区正式成立林业公安科，定编 4 人。1989 年 7 月 8 日，朝阳区政府批转了原区农林局关于建立乡林业工作站的请示，全区 24 个乡中，林果生产任务较大的乡有 19 个，根据工作需要组建林业工作站，和平、双桥两个农村办事处也建立相应的林业工作站，以便管理林业工作，太阳宫、南磨房、东风、小红门、大屯五个乡，因为林业任务较小，未设工作站，只设一名专职林业员。乡林业工作站和绿化办公室，合署办公，一套人马，两块牌子。乡林业工作站属于乡级事业单位，由区农林局和乡政府双重领导。林业站的建立使乡级林业组织得到了正式解决，乡级林业工作人员由建站前的 28 人扩充到 74 人。1997 年朝阳区农林局林业公安科升级为森林公安处。

2002 年 1 月 28 日，原朝阳区农林局与区园林局、区绿化委员会办公室合并组建成立朝阳区绿化局。

### 3. 群众绿化机构

1949~1958 年，区内的群众绿化由市里动员。1954 年市园林部门开始协助一些单位利用空地育苗。1955 年开始组织部分单位绿化。

1958 年建区后，群众绿化工作由朝阳区绿化指挥部负责。1975 年 2 月 28 日，成立朝阳区革命委员会绿化办公室，设在建设局园林科，指挥协调督导全区的群众绿化，负责对区内街道、企事业单位、机关、学校、部队绿化的宣传、组织、检查、指导，为单位提供苗木，组织花展和节日摆花，审批移伐树木等。

1982 年 2 月 25 日，朝阳区绿化委员会成立，并设立绿化委员会办公室，组织领导全区的园林绿化工作。区绿（委）办原在区园林局办公，约在 1983 年之后在区市政管理办公室办公。区绿化委员会办公室属于综合协调机构，区绿（委）办的设立，协调组织全区城乡绿化统一规划、统一部署,使朝阳区绿化建设开始走向总体发展的轨道。

1985 年北京市第二次园林工作会议明确提出园林绿化实施三级（市、区、街）管理体制，朝阳区开始修订大环境绿化规划，区绿化委员会办公室开始成为相对独立的政府职能部门。

1986 年 12 月，朝阳区大环境绿化领导小组成立。

该年经朝阳区编制委员会批准，原区农林局设立农村绿化办公室，区园林局设城区绿化办公室，各街、乡成立绿化委员会以及办公室，健全了街、乡级绿化管理机构。随着绿化管理体制改革的不断深入和实行"三级"管理，群众绿化取得了新的进展。按照全国人大常委会文件要求成立国家、省直辖市和地市级三级绿化委员会的要求，朝阳区30个街道办事处各成立一个绿化办公室及街道绿化队。该年区园林局抽调部分干部职工去街道办事处充实力量，协助搞好群众绿化工作。（此前为区园林绿化局派驻各街道办事处城建科一名干部，协助指导群众绿化工作）

1987年10月，建设委员会和市政管理办公室合并成立城乡建设管理委员会，区绿委办设在该委员会。

1993年区园林局群众绿化办公室撤销，将绿化指导职能归并到区绿化委员会办公室。1997年建委和市政管理委员会分离，区绿委办设在市政管理委员会。

2001年10月，朝阳区委、朝阳区人民政府印发北京市朝阳区机构改革方案的通知，决定将区绿化委员会办公室、原区农林局和区园林局的全部或部分职能合并，组建朝阳区绿化局（挂朝阳区绿化委员会办公室牌子）。对全区绿化工作发挥"规划、督查、服务、指导、协调"作用。

2002年1月28日，朝阳区绿化局正式挂牌成立。

## 二、朝阳区绿化局成立后的绿化机构

2002年1月28日，朝阳区农林局、园林局、绿化委员会办公室合并，划入绿办、园林局、农林局的全部或部分职能，组建成立了朝阳区绿化局，与朝阳区绿化委员会办公室合署办公，履行朝阳区园林绿化的规划、指导、服务和督查等行政管理职能。2002年5月23日，朝阳区委、区政府办公室印发《北京市朝阳区绿化局职能配置、内设机构和人员编制规定的通知》（朝办发〔2002〕45号）。其中划入的职能包括原区绿化委员会办公室承担的行政管理职能；原区园林局承担的城区道路绿化、公园管理、审批占用城市绿地和伐移树木的职能；原区农林局承担的农村林业绿化行政管理及执法审批职能。转变的职能包括从直接管理重点绿化工程转变到通过市场运作招、投标，实现对绿化工程的组织、指导和监督；从直接管理绿化养护作业队转变到通过市场机制和社会化管理，实现对道路和集中绿地的养护工作的组织、指导和监督。下放的职能是除城市主干道外，将其余道路绿地的产权及管理权下放给街道或地区办事处。

### 朝阳区园林绿化局（朝阳区绿化委员会办公室）

2002 年，以朝阳区园林局为基础，与区绿化办公室（设在区管委）、原区农林局 3 个科室和 3 个基层单位合并成立朝阳区绿化局。办公地址原在朝阳区团结湖南里 15 号，2004 年 1 月迁至朝阳区道家园路甲 16 号。隶属朝阳区人民政府，职能归市园林绿化局监督指导。2009 年 8 月 25 日，北京市朝阳区人民政府以"朝政发〔2009〕13 号"文件通知将"北京市朝阳区绿化局"更名为"北京市朝阳区园林绿化局"。

截至 2017 年，全局有在职职工 795 人，其中公务员 40 人，事业编 755 人；设置局机关科室 11 个，下设基层单位 18 个：朝园弘园林绿化有限责任公司、日坛公园、团结湖公园、红领巾公园、元大都城垣遗址公园、四得公园、北小河公园、庆丰公园、大望京公园、望和公园、区绿化一队、区绿化二队、园林绿化监督管理所、大黄庄绿化队、北花园绿化队、区林业工作站、区园林绿化综合服务中心和区郊野公园管理中心。

此外，还有街道绿化美化专业机构 24 个，分别是朝外街道办事处城市建设科、建外街道办事处城市建设管理科、呼家楼街道办事处城市建设管理科、八里庄街道办事处城建科、双井街道办事处城市建设管理科、劲松街道办事处城市建设管理科、团结湖街道办事处城建科、三里屯街道办事处城市建设管理科、左家庄街道办事处城建科、和平街街道办事处城管科、小关街道办事处城建科、酒仙桥街道街道办事处城建管理科、潘家园街道办事处城市建设管理科、香河园街道办事处城市建设科、六里屯街道城建科、麦子店街道办事处城建科、安贞街道城市建设管理科、亚运村街道办事处城建科、望京街道街道办事处城建科、堡头街道办事处城市建设管理科、首都机场街道办事处城建科、大屯街道办事处城建科、东湖街道办事处城市建设管理科、奥运村街道办事处城市建设管理科。

乡（地区）绿化主管部门有 19 个，分别是高碑店地区办事处规划建设管理科、小红门乡（地区）社会公共事务服务中心、十八里店乡（地区）社会公共事务服务中心、南磨房地区办事处规划建设与环境保护办公室、王四营乡（地区）社会公共事务服务中心、将台地区办事处规划建设管理科、东坝乡（地区）社会公共事务服务中心、金盏乡（地区）社会公共事务服务中心、常营乡（地区）社会公共事务服务中心、东风乡（地区）社会公共事务服务中心、太阳宫地区办事处社会公共事务服务中心、来广营乡（地区）社会公共事务服务中心、管庄乡（地区）社会公共事务服务中心、三间房乡（地区）社会公共事务服务中心、豆各庄乡（地区）社会公共事务服务中心、黑庄户乡（地区）办事处社会公共事务服务中心、孙河乡（地区）社会公共事务服务中心、崔各庄乡（地区）社会公共事务服务中心、平房乡（地区）社会公共事务服务中心。

### 朝阳区绿化隔离地区指挥办公室

1994 年北京市明确绿隔规划并开始启动绿隔建设。2000 年 3 月，朝阳区成立绿化隔离地区建设领导小组及指挥部。领导小组设有"一室四组"，即办公室、绿化组、政策研究组、经济发展组和规划拆迁组。朝阳区绿化隔离地区指挥办公室的主要工作职能是贯彻执行上级关于绿隔地区的绿化政策，研究制定朝阳区相关政策和中长期发展规划并负责督促落实调研绿隔建设重大问题；调整协调绿隔地区控制性详细规划、产业用地规划和新村用地；负责绿隔地区产业用地项目的规划建设调整和初审以及产业用地定向出让试点；保留企业改造升级和绿色产业项目规划建设；协调解决绿隔地区整建制转居产权制度改革、新村建设；推进绿隔地区农民新村、市政基础设施建设和市政用地补征政策落实；推进绿隔地区绿化建设、郊野公园建设、绿地提升养护和管理；协调绿隔地区中央市属单位拆迁腾退等工作。

朝阳区绿化隔离地区指挥办公室原属区农委，2009 年区绿化隔离地区指挥办公室独立。2014 年 9 月 23 日，区绿化隔离地区指挥部办公室的一部分职能划入区园林绿化局，划入的职能包括绿隔地区绿化建设规划、郊野公园绿化建设、绿地提升、景观保护、绿化养护管理、平原造林的统筹管理等。郊野公园管理中心也同时并入区园林绿化局。

# 第二节 朝阳区的自然条件和发展概况

## 一、朝阳区自然条件概况

### 1. 地理概况

朝阳区位于北京市旧城区的外缘，环绕古城的南、东、北三面，东依通县，南至大兴，西隔二环路，德清路与东城、海淀相望，北与昌平、顺义接壤，是北京市城区和近郊区的过渡区。南北约28公里，东西约17公里，辖域面积470.8平方公里。地理坐标为北纬39°49′~40°5′；东经116°21′~116°38′。四周与北京市9个区相邻。北部大致以清河为界，东北部大致以温榆河为界。辖域分为内外两层，内层是城区，外围是近郊区。

朝阳区地处北京湾小平原，属华北平原的一部分。地势从西北向东南缓缓倾斜，坡度一般在 1/1000~1/2500 之间。平均海拔 34 米，最高处海拔 46 米，在大屯到洼里关西庄一带；最低处海拔 20 米，在坝河下游的楼梓庄沙窝村西部。地势平坦，道路密布，纵横交错，交通便利。

辖域主要为永定河洪积扇平原，土壤质地轻壤到中壤，土壤肥沃，其次为河流冲积平原，系温榆河、小清河、坝河泛滥的近代沉积物，土壤质地由砂→壤→粘逐渐过渡。由于受地形起伏和河流切割的影响，土壤斑状和条带状相间分布。以潮褐土、潮土为主，其中潮褐土为 3400 公顷，潮土约 11200 公顷，分布在温榆河、坝河沿岸。地下水位 1.2~2 米左右。

## 2. 地表水系

朝阳区河湖水系众多。主要河流有温榆河、坝河、通惠河、小清河、萧太后河、还有凉水河、小北河、青年渠、羊坊干渠、东南郊干渠等近 20 条的引水、排灌干渠贯穿全区，已经形成能排能灌的水利网。朝阳区地表水属海河流域北运河水系。北运河水系是唯一发源于北京的水系，其上游有温榆河、通惠河、凉水河等支流。凉水河、萧太后河、通惠灌渠等局部河段流经朝阳区南部。内河流总长度为 151 公里，另有110 条中、小排水沟，总长度 320 公里。区内有朝阳公园湖、窑洼湖、红领巾湖、高碑店湖等湖泊以及鱼塘、水池洼地共约 70 多处，总面积 980 公顷。

通惠河位于朝阳区中部偏南，流向大致与京通快速路平行，是京杭大运河最北的人工河道，1292 年在元代水利专家郭守敬的规划、监督下开凿。西起城东南角楼（东便门）外，经庆丰闸、高碑店闸、花园闸、双桥闸、八里桥，注入北运河，该河在元、明、清三朝曾是南方粮食漕运到北京的重要河道。

温榆河是北运河重要水源之一，也是区境东北部的边界河流。温榆河古称温余水、榆河，发源于北京北部山区"关山"诸泉，汇流后南下至军都关，称为关沟水。河水沿西山东到南口东流，经昌平区，在朝阳区上辛堡入境，在沙窝村东南坝河口出境，注入通州北运河（潞河）。再经南运河、海河后入海。在朝阳区境内流程为 22 公里。历史上是重要运粮河道，金、元、明、清诸朝多次予以疏浚。清末和民国时期，水道多次淤塞、泛滥成灾。1949 年后多次疏浚排洪并筑堤坝。1963 年洪水冲毁金盏至沙窝堤坝 14 处，决口 795 米。1963 年之后，采取裁弯取直，清淤筑堤，种植护堤固沙林带等措施。

清河是温榆河的支流，源于海淀区的西部山区，穿过京昌高速公路流入朝阳区，在上辛堡汇入温榆河。

坝河也是温榆河的支流，源于东北护城河的分流，经太阳宫、将台、东坝等乡，与南来的亮马河、北来的北小河交汇后，在沙窝村注入温榆河，全长 21.63 公里。元代叫阜通河，因为郭守敬于此河上筑了 7 座水坝，民间习惯上把这条河称为坝河。如今朝阳区境内的坝河已经成为景观与排水防洪功能兼顾的河道了。

### 3. 动植物资源

朝阳区开发历史悠久，自然植被多被改造为农田（包括防护人工林网）和城镇（包括绿化隔离带），仅有少量原生物种残遗，目前所见植物大多为人工栽培，其中相当部分为引进物种。朝阳区地带性植被为半湿润落叶阔叶林，原生乔木物种主要有旱柳、杨树、槭树、紫椴、糠椴、水曲柳、榆树、臭椿、桦树、楸树、国槐、灯台树、朴树等；原生灌木物种有虎榛、毛榛、榛、胡枝子、北京忍冬、黄栌、酸枣等；藤本有猕猴桃、山葡萄等；草本植物有白羊草、荆条、小针茅、苔草、芦苇、香蒲、黄背草、天南星等。

朝阳区的动物资源大致类同于北京平原地区。鸟类是北京市常见的陆栖动物类群，全市栖息的鸟类共计 343 种（我国现在已知鸟类总数 1186 种），其中平原区鸟类 306 种，在本市繁殖的鸟类有 147 种（包括留鸟和夏候鸟），占全市鸟类总数的 42.86%。在本市繁殖的鸟类中，有 76 种鸟类生活在湿地或水滨生境中。主要种类有沼泽山雀、翠鸟、池鹭、大白鹭、大天鹅等；生活在树丛绿化带的鸟类主要有麻雀、柳莺、燕雀、家燕、大山雀、红尾伯劳、灰喜鹊、喜鹊、斑啄木鸟等。区内有原生鱼类 93 种，代表种类有细鳞鱼、鳗鲡、麦穗鱼、大鳞泥鳅、中华多刺鱼等。

## 二、朝阳区发展概况

朝阳区位于北京市东部，辖域与北京市的 9 个区相邻。面积 470.8 平方公里，包括北苑、望京、定福庄、东坝、堡头五个边缘集团，现辖 24 个街道和 19 个乡。是北京市面积最大、人口最多的城区，也是北京市的经济大区，文化大区，更是北京对外交往的重要窗口。区内聚集了除俄罗斯和卢森堡之外的所有外国驻华使馆，辖域内有首都国际机场，北京 CBD 商务中心区，2008 年奥运会主场馆等重要城市功能区。是众多国际知名企业入驻北京的首选之地，也是目前在京外国人士最为集中的地区，近年来更是首都文化产业发展的重要基地。由于特殊的地理位置和良好的发展基础，朝阳区各项事业发展迅猛，经济实力、国际化水平、农村城市化进程、社会建设水平均处于全市领先地位，四通八达的路网系统更凸显了其区位优势。

朝阳区历史悠久，秦隶属广阳郡，汉属幽州所辖蓟县，辽归辖于析津府，金代属大兴府，元代归大都路大兴府，分属大兴、宛平、通州三县，明清时分属顺天府大兴和通州等两县。进入民国，1925 年设东郊区。1945 年 8 月，北平郊区划分为 8 个区，一、二两区治所在辖区内。1947 年两区分别更名为第十三区、第十四区，1949 年 6 月，两区合并为第十三区，1950 年 8 月更名为第十区。1952 年 9 月，北郊十四区东部划归第十区，并更名为东郊区。1958 年 5 月更名为朝阳区。1952~1962 年，与周边区县做了较大规模的区划调整，直到 1987 年 7 月才形成现在的管辖区划。

1949~1978 年，朝阳区的经济基本以农业生产为主，成为城区副食品的重要供给基地，经济社会发展水平较低。20 世纪 50 年代中央部委和北京市先后在朝阳区建成纺织、电子、化工、机械四个工业区，20 世纪 60 年代建成汽车制造一条街，同时伴随机场、使馆区的相关建设，使得地区面貌开始逐渐发生变化。

党的十一届三中全会后，国家开始转向以经济建设为中心的改革开放历史新时期。1980 年第三次党代会后，朝阳区的工作重点从农村转向城区建设。1992 年邓小平南方讲话之后，朝阳区实施了产业转型，从发展区属经济转向发展区域经济；2002 年党的十六大后，转向以人为本，建设和谐社会和科学发展阶段。

改革开放 30 年以来，朝阳区始终坚持以改革发展为主线，依托首都优势，立足朝阳实际，抓住亚运会、绿化隔离地区建设、北京商务中心区和筹办奥运会四个重大历史发展机遇，先后实施了"三一工程""都市农业""三化四区"和"功能区带动发展"等重大发展战略，依照《北京城市总体规划（2004~2020 年）》，朝阳区作为首都城市功能拓展区，被赋予了"国际交往的重要窗口、中国与世界经济联系的重要节点、对外服务业发达地区、现代体育文化中心和高新技术产业基地"的功能定位。朝阳区经济、政治、社会、文化各项事业，得到蓬勃发展，连创新高。全区建设飞跃发展，城乡面貌日新月异，人民生活水平快速提升。

2010 年，北京市委、市政府提出朝阳区要争当"转变发展方式示范区、建设世界城市实验区、推进城乡一体化先行区和促进社会和谐模范区"的"新四区"建设目标，为朝阳区的发展指明了方向。这是继奥运之后，朝阳区的又一重大历史机遇。

当下的朝阳区，具有商务、金融、文化、科技等各个领域的多元化特色，展现出的是国际化、现代化都市的风采。在朝阳区新的远景规划中，"生态""商务""健康""宜居"的内涵特征将成为未来趋势，自然和谐的景观环境、时尚健康的休闲环境、多元发展的产业环境将成为鲜明的地区特征，"绿色商务之都、和谐宜居之城"成为朝阳区的发展特色。

进入"十三五"新时期，朝阳区按照"功能首都化、环境宜居化、城乡一体化、民生优质化"的要求，提出了全区作为"首都国际交往的重要窗口区、全国文化创新与交流示范区、具有国际影响力的商务中心区、国际研发创新基地、城市绿色生态保护带"的发展定位。城市绿色生态保护带的提出，是结合朝阳区在新的北京市总规布局下，作为两个行政中心之间的绿化隔离与生态缓冲带，依照"一核一主一副、两轴多点一区"的城市空间结构，朝阳区的区域定位与城市功能更加明确。更高要求的生态建设，综合提升园林绿化生态、管理、安全、文化、服务五大功能，实现生态效益、社会效益和文化效益的全面发展，为未来朝阳区的园林绿化事业提供了新的任务和历史机遇。

# 第三节　历史上朝阳区辖域园林植被概况

北京地区自西周分封、燕国在此立都，已经有三千多年的建城史。汉代交替作为州郡和封国，三国魏晋直到隋唐五代成为军事重镇。辽金以后，北京地区一直是历朝的政治中心。元代大都城和明代北京城的营建，基本奠定了今日北京城市的基本格局。

朝阳区辖域位于北京湾的腹地，自西北向东南缓缓倾斜，地系比较平坦，属于海河流域的北运河水系提供了丰富的水资源，拥有品类繁多的地面植被。地理条件优越，适合耕种安居。如今东坝地区在汉代便筑有安乐城，望京地区在辽时已有名为"望京馆"的官方驿馆。随着辽金定都，尤其是元大都以及后来明清的城池营建，使得东部郊区逐渐发展兴盛起来。特殊的地理环境和历史条件，使得朝阳区的园林绿化与北京的建城史和发展史有着千丝万缕的纽带关系。

元明清各朝代的东郊，树木茂盛，纵横阡陌，一些皇家坛庙，寺观园林开始兴建，逐渐形成了众多风景名胜。如坛庙园林有东岳庙（1322 年）、日坛（1530 年）。寺观园林有西皇寺（1652 年）。风景名胜亦为数不少，如通惠河上的永通桥（1446 年）、王四营的十方诸佛宝塔（1545 年），除此之外还有许多的民间祭祀的庙宇。也有不少历史遗迹，如元大都城垣遗址和皇家豢养游猎动物的鹿苑等。

明清时期的东郊还有很多私家园林和自然风景名胜，至今基本已经不复存在，有的仅仅留下了地名，有的只见于典籍之中。如日坛周边的黑松林与芳草地；九龙山地区的桃柳万株；小月河附近的月河梵院；通惠河边的双清亭、匏瓜亭、东郭草堂；见称于明代的东郊时雨等等，皆名盛一时，借此可以想象当时北京东郊外的田园风光。

至少在明清时期，东郊朝阳辖域曾有大量的松柏，东部至通州有大量的杉木林。因为松柏茂盛，清代贵族在东郊的家族墓地越来越多，而且在当时在墓地周围继续种植树木并予以保护。较大规模的家族墓地有几十处，如劲松地区豪格家族的肃王坟，东风乡辛庄的松王坟。到了清末，朝阳辖域除了墓地周围，很多古树已经被逐渐砍伐殆尽，进入民国，一些墓地树木被砍伐和变卖。民国战乱以及日据时期，墓地的古树被大量的砍伐，古树遗存日渐减少。

朝阳区辖域的土质适合烧造砖瓦陶器，城郊居民就地取材，开办大量砖瓦窑场，如今朝阳区的团结湖公园、红领巾公园和朝阳公园，就是在废窑坑的基础上建设起来的。

作为政治经济文化交流的中心，北京自然是水陆交通的枢纽。朝阳区辖域正好处在东部的交通要冲。陆路通往辽东，水路上北运河水系提供了丰富的水资源，因此这一地区成为漕运和陆路交通的畿辅要地。现在的朝阳路，从古至今一直是京东的重要干道。秦始皇东巡碣石，曹操北征乌桓，隋炀帝、唐太宗北征高丽，这里是必经之路。元明以后，以军事、商贾转运为重要用途，成为通往东北地区的驿站干道。清代则是从通州往京城运粮的粮道，也是通往遵化东陵的御道。雍正七年（公元 1729 年）将朝阳门至通州建成石道，乾隆二十二年（公元 1757 年）又加以重修，全长三十多华里，路宽二丈，两旁土路各宽一丈五尺。道路两侧栽植杨柳，路旁风景堪称可观。辽代，辽东的物资通过海路在蓟运河口转入内河，其中一条水路就是辽代修建的萧太后河。元大都贸易交流，南粮北输，早期主要依赖坝河，但坝河运力有限，于是郭守敬在金代蓝玉修建的通济渠基础上，重新规划修建了通惠河，成为南北交通的重要渠道。自此直至清代，历朝都对运河漕运极其重视。历史上的通惠河，坝河和萧太后河，两岸曾经杨柳如烟，风景如画。如今的萧太后河正在整治绿化，而通惠河边的庆丰二闸，已经成为焕然一新的庆丰公园。在元明清三代，通惠河上的七个水闸中，以庆丰闸两岸的风景最胜。据民国二十四年（1935 年）

官修的方志《旧都文物略》记载，当时的庆丰闸两岸"密树野芳，不亚江南"。若逢佳节，都人甚至倾城出游，可比长安曲江池，金陵秦淮河之盛。

民国时期，少数皇家园林如太庙社、稷坛、万牲园等开辟为公园。然而军阀内战不断，内忧外患，祸乱频仍。1937年，北京被日寇占领，直到1945年才得以光复。这一时期，国民经济凋敝，建设难以振兴，北京地区的园林绿化遗产大多疏于管理，任其凋零。到1949年前，城区只有极少的几处绿地，且维护欠佳，市政管理基本趋于停顿，垃圾遍地。东郊时属北京市第十三、第十四区，更是一片凋残景象，遍地是坟地窑坑，绿少林稀，尘沙飞舞。此时的通惠河已经淤塞，朝阳路坑洼不堪，历朝营建的园林苑囿，古庙风物，经历近代风云变幻，战火的反复踩蹦，有的遭受破坏，有的荡然无存，有的日趋荒废，有的被占它用。位于王四营乡的十方诸佛宝塔，清末就被八国联军纵火烧毁。朝阳门外日坛附近，原有700多株森沉蔽日的古松柏林，在日据时期几乎被砍伐殆尽。日坛内祭台所铺金砖丢失过半，钟楼倒塌，铜钟丢失，坛园颓败，遍地荒榛，一片衰草残阳。

回望历史，不难看出，稳定的政治历史时期，繁荣的经济文化交流，是建设园林和维护良好绿化环境的基础。特殊的地理环境条件和深厚的历史沉淀，决定了朝阳区后来在园林绿化发展进程中所具有的几个特点：一是健全生态结构、改善区域环境；二是古典现代融合，风格相得益彰；三是扼守北京东门，建设绿色长城。

# 第四节　北京市统管时期（1949~1957）

1949年初，北平和平解放，10月1日，中华人民共和国成立并在此定都，更名北京。

初期，北京的园林绿化建设基础十分薄弱，对外开放的大公园只有中山公园、北海、颐和园、西郊公园（今动物园）和太庙等处。小块的绿地仅有正义路，中华门、景山东街、东长安街、公主坟等五处。有树木的道路、河道只有87公里，树木约有6.21万株。是年为改善城市环境，北京市人民政府公用局设立了公园管理科，1950年北京市人民政府设立了公园管理委员会。该年5月16日，中央人民政府政务院发布《关于全国林业工作的指示》："我们当前林业工作的方针，应以普遍护林为主，严格禁止一切破坏森林的行为，其次，灾害严重的地区只要有基础，并具备重要条件，应选择重点发动群众，斟酌土壤气候各种情形，有计划地进行造林，并大量采种育苗，以备来年造林之用。"

自 1950 年开始，朝阳区辖域逐渐建设并形成了纺织、电子、化工、机械四个大工业区，其他一些门类的工业在 20 世纪 60 年代也纷纷在朝阳区辖域建厂落户，这些工厂和附属的居住区成为后来单位绿化、居住区绿化的主力。

从 1953 年开始，园林绿化工作由北京市政府园林处统一管理，1955 年设立了北京市园林局。1954 年市园林处提出将日坛建成公园，1955 年开始进行规划设计，同时开始回收日坛周边的土地，日坛的面积由 6 公顷多扩大到 21.15 公顷，由市园林局第三保养站进行管理。

1955~1956 年，在苏联规划专家（勃得列夫为首）的指导下制定北京城市规划，该规划提出了建设完整的园林绿地系统，采取了较高的绿地定额，为配合发展工业，安排了必要的卫生防护绿地，公园大中小结合，均匀分布，以方便市民。为了使绿地在改善气候方面获得尽可能大的效果，同时有效地美化城市景观，规划将其连接成绿色走廊，从四面郊区楔入城市。

1956 年的《全国农业发展纲要（修正草案）》提出"绿化一切荒山荒地"。在北京市园林绿化部门的直接领导和组织实施下，朝阳区辖域的元大都土城遗址开始绿化，国棉厂以北的串窑计划开辟一处公园绿地。该年为改善城市环境，配合新工业区建设，在酒仙桥电子工业区、北郊八大学院地区以及日坛东侧建设了三条防护林带，总面积达到 62.2 公顷。

1957 年北京市在建国门外的日坛西部和六里屯、八里庄完成征地用于绿化。遵循"少投资多种树"的原则，在日坛公园及周边开始植树，树种多为杨柳榆树。该年 3 月，北京市园林部门编制了《北京城市绿化规划方案》，提出了四项原则，即利用绿地系统改善城市气候和卫生条件；充分利用现有绿地基础和有利自然条件来布置城市绿地系统；公共绿地尽量分布均衡，大中小型公园相互结合；绿化要结合生产科研。

这一时期，朝阳区辖域的园林绿化工作由北京市代管，实行一级管理，并开始了当时状况下大规模的园林绿化。在北京市委提出的"为生产服务，为劳动人民服务，为中央服务，归根到底是为劳动人民服务"的城市建设总方针指引下，实行了"普遍绿化、重点提高"的绿化办法。

朝阳区辖域的园林绿化，在全市普遍绿化的前提下稳定发展，地区群众积极参与绿化的热情高涨，全区呈现出一片生机勃勃的绿化景象。在这样的积极氛围下，除了春季植树造林外，还首次提出了秋季造林。这一时期，朝阳区重点地区和地段的绿化建设有了大幅度的提高。

# 第五节　农业建设与"大地园林化"并行时期
## （1958~1965）

1958年1月，毛泽东同志提出实行"大地园林化"的号召，全国随即掀起了绿化高潮。该月，为配合市园林局绿化二大队完成首都机场路的绿化任务，同时推进城乡绿化美化工作，由东郊区人民政府与北京市园林技校共同派员，成立了"东郊区人民政府绿化指挥部"。成立"东郊区建设局"后，"东郊区人民政府绿化指挥部"则转为局属园林科。

1958年5月，东郊区更名为朝阳区。"东郊区建设局"也随之更名为"朝阳区建设局"，园林科设置不变。朝阳区（东郊区）建设局园林科的正式设立，标志着朝阳区绿化机构的正式成立。东郊区改为朝阳区之后，城乡园林绿化工作开始分别由园林、农林部门管理，到20世纪60年代中期，开始形成市、区两级管理。

该年中央提出了实行"大地园林化"的号召之后，全国城市掀起大搞绿化植树的群众运动。朝阳区响应北京市的号召，当年种植了大量的行道树和果树，甚至出现了整条路都是果树的情况，同时还出现了面积不等的生产水果、蔬菜的绿地。

伴随国庆十周年的大型庆祝活动，北京市委提出大力发展花卉的指导精神，实现"万紫千红迎国庆"的目标。市园林局根据当时形势，确定了公园文化活动的三项基本内容，即宣传工作，文艺演出，游园会及各种群众活动。朝阳区各公园普遍开展了各种晚会和游园会。

1959年起，自然灾害连年不断。该年朝阳区成立农林水利局，局内设农林科。

随着大跃进的形式需要，响应"大地园林化"号召，北京市园林局修改了既定的园林绿化规划方案。北京市的绿化规划范围扩大了近一倍，缩小了市区规模，扩大了绿化用地，提出"分散集团"的布局方案。目的是不断提高城市人口的工作学习、居住生活环境质量。该方案制定了两个规划指标：即城区确保40%绿地面积，近郊确保

60% 绿地面积。以城墙和护城河为基础建成环形绿地，并与通向城郊的绿色走廊相衔接，建设楔形绿地，成为城市的"肺"。建筑集团之间除安排公园和防护绿地之外，还要分布苗圃、花圃和农田。可惜的是，随着 1965 年古城墙被拆除，以北京古城墙、护城河为基础的绿化景观规划，再也无法实现了。

1960 年，北京市委提出要把北京建设成为"庄严、美丽、现代化的城市"，市园林部门提出"绿化美化发展生产"，市园林局开始在朝阳区做业务试点，将绿化工作下放，把公园交由朝阳区管理，并在日坛设立北京市第一林业保养站。该年经区政府批准，高碑店公社大黄庄生产队改建成苗圃；建设局拆解交通运输职能，保留园林科并成立党支部，同时建立朝阳区绿化队；朝阳区农林水利局则改为朝阳区农林局，农林科仍管理全区林果生产。

该年北京市开始了第二次群众绿化高潮，全市植树 1587 万株，是计划的十倍多，其中朝阳区植树达 400 多万株。由于过于冒进，且养护管理不善，导致树木成活率低下，造成不必要的资源浪费和经济损失。1960 年虽然是国家经济逐渐转向困难的一年，却是朝阳区这一时期园林绿化变化最大的一年。朝阳区的绿化工作，当时就已经走在了北京市各区县的前面。

1961 年，全国自然灾害加重，"以园林绿化为主，大搞生产"成为绿化工作的主要方针，绿化普遍推行林粮间作，大搞粮食生产。次年国民经济状况开始好转，北京市委将指导纲领改为"以园林绿化为主，结合生产，加强管理，提高质量"。该年日坛管理处成立，日坛公园正式成立并向社会开放。

到 1962 年，北京的公园绿地从 1952 年的 322 公顷发展到 987 公顷，行道树和河岸树从 1952 年的 101 公里发展到 474 公里。结合朝阳区 1960 年的植树数量，从这一数据可以推测出朝阳区绿化的发展速度。

1963 年，北京市对园林绿化规划方案再次进行了修改。方案提出贯彻以农业为基础的方针，即在不妨碍绿化的前提下，适当结合农业生产；园林绿地必须遵循分布均匀，接近居民；市级大公园规划布局必须结合地形地物自然山水现状和现有绿地基础；点线面结合、使有限绿地发挥更大作用；园林绿地要结合农业用地进行规划。农林绿地成带状地由郊区伸向市区，将城市分散集团分隔包围起来，便于消灭城乡差距，解决新鲜蔬菜的生产供应问题。

1963 年 9 月，朝阳区政府决定将原朝阳区建设局的房管、园林职能分开，园林科改为"朝阳区人民委员会建设科"隶属区政府直接领导。该年朝阳区绿化道路 63 条，植树 40000 株，这是在三年自然灾害后，朝阳区绿化取得的突出成绩，也成为朝阳区绿化工作的重要转折点。该年 11 月 27 日，原朝阳区农林局筹建八里桥苗圃，是朝阳区农村建立的第一个国营苗圃。

1964 年，原朝阳区农林局成立朝阳区林业工作站。自该年开始，园林工作开始提出抓革命、促生产。

1965 年，市领导要求园林部门大量发展草坪。积极响应市里号召，朝阳区开展了"黄土不露天"的绿化铺草工程，为加快进度，组织工人学生义务劳动，甚至在日坛挑灯夜战，铺设草皮。自该年开始，建设科的绿化队开始绿化全区的干路，区内苗圃面积得到爆发式增长，是 1961 年的四倍多。

这一阶段，朝阳区的绿化工作，从城区到农村呈现出一片蓬勃发展的大好局面。园林绿化工作是随着中央和市、区的园林绿化方针政策而进行的，期间朝阳区的园林和农林部门却得以逐步建立和健全，这对全区的绿化、农林生产、园林工作起到了积极推动作用。当时贯彻的几个原则如下：一是以密植速生乔木为主，进行普遍绿化的原则；二是绿化结合生产的原则；三是绿化采取专业和群众结合的原则；四是研究了以园养园的原则。

由于绿化的快速建设，朝阳区局部的小气候有所改善。初步的建设改善了几个公园的休息环境，绿化结合生产初见成效，一部分单位绿化开始进行并取得初步的绿化效果，区内一部分主要地区已经初步改变了面貌。同时也存在着一些问题，主要是绿化不能和城市建设相互适应，另一方面绿化工作本身内部的环节也存在问题。如绿化不充分，大量土地没有绿化；公园大多只是植树，没有完成地形、基础建设；苗木不能满足绿化的需要；养护工作力量不足、设备缺乏；城市绿化投资大多用于植树和育苗两项，在市政建设中的占比有些略低（约 6%）；新增的工业和民用建筑投资中很多没有绿化经费等等。

通观这一时期，园林绿化方针的大方向基本未变，只是根据国家的政治经济形势做了偏重农林生产方向的调整，随着经济形势的不断好转，随即调整回到环境绿化的主导方向上来。虽然有大跃进的突击迈进、还有三年自然灾害的影响干扰，但总的来看，这段时期还是取得了值得肯定的绿化成果。

# 第六节  园林绿化停滞与发展并存时期
## （1966~1976）

1966年初，周恩来总理传达了要多种树，多搞林业资源的指示，万里同志也在植树绿化会议上作了讲话。市园林局随即制定了《1966~1970年城市绿化规划》，提出在4~5年内实现城市普遍绿化。1967年朝阳区成立了农业生产指挥部，随即改为朝阳区抓革命促生产第一线指挥部。1968年2月4日，朝阳区革命委员会正式成立，简称区革委会，实行党政合一，高度集中的领导体制。

特殊的历史时期，朝阳区的园林绿化主管部门和隶属关系发生了多次更迭，机构也几经变化。1966年，原朝阳区农林局、区农机局和区水利局合并，成立朝阳区农林水利局，下设林业站。1968年12月，建设科与房管科再次合并成立建设局，建设科随即撤销。成立后的建设局除1人留守工作外，其余全部去干校学习。1970年3月，朝阳区农林水利局改名为朝阳区农业局。1972年2月，市园林局恢复建制，重启园林绿化工作。1973年9月，建设局的建设与房管职能再次分开，再次成立朝阳区建设局。1975年2月28日，经朝阳区建设局革命委员会请示，朝阳区革命委员会批准（京朝革发〔75〕026号），在建设局园林科增设了朝阳区革命委员会绿化办公室。该年农业局成立农林科，1976年成立林业科。

1966年朝阳区人民委员会发布《关于林木保护暂行办法的几点意见》。为适应绿化大跃进的需要，广泛开展群众性的育苗活动。区水利局也在治理水务的同时，进行植树更新。

1969年和1970年，周恩来总理三次来到日坛，指出："日坛公园内荒凉，一定要把日坛建设好"。日坛公园随之修建了新闻橱窗，并利用古建开辟了外宾餐厅。该年农村的林果生产开始恢复，区林业站在楼梓庄公社还建立了100亩的苗圃基地。

1972年，国家外交打开新局面，日本首相田中角荣访华，在周总理的倡议下，将日本人民送给中国人民的180株大山樱花栽植在了日坛公园，这批代表中日友谊的樱花在中日邦交正常化的大背景下也得到诸多日本友人的关注。北京市与朝阳区高度高度重视，日坛公园成立了专门的栽植领导小组和管理小组，进行精心养护，这批樱花大多得以存活并生长良好，成为中日友好的历史见证。

1973 年春秋两季，朝阳区建设局绿化队共计植树 23451 株，伐除树木 2941 株。该年绿化队改变以往将绿化重点放在郊区的做法，将绿化重点转向城区。主要干道有和平街，水碓大街等，东大桥三角地重新设计施工。群众绿化苗木比往年少，北京市统一要求成活率要高于 90%，朝阳区计划种植 70000 株，同时要求有条件的单位要自育自种，解决苗木不足的问题。该年朝阳区楼梓庄苗圃面积达到 3671.25 亩，成为朝阳区苗圃发展史上的第二个高峰。

1974 年，建设局和绿化队对群众绿化加大了重视程度，积极开展工作。建立了群绿班，召开全区群众绿化动员大会，并经区管委会同意，转发了市革委会有关保护林木的文件。该年在酒仙桥街道成立了在街道党委会领导下的绿化工作委员会，把酒仙桥地区 60 多个单位组织起来搞技术协作，群众绿化工作开展得有声有色。针织总厂和生物制品厂由于规划好，管理措施有力，收获果品 4 万多公斤。该年全区绿化植树共有 84800 株，完成计划的 114%。出圃苗木计划 75000 株，实际完成 128000 株，繁殖苗木计划 204000 株，实际完成 244000 株。其中群众植树计划 6 万株，完成 68000 株。群众植树的成活率经调查达到了 94% 以上。

鉴于绿化队的业务性质和土城绿地的绿化工作存在业务性质错位，业务繁重且人员不足的情况，1974 年 5 月 21 日，朝阳区建设局委员会向区委提出成立绿化二队（专为土城绿化设立，不是 1992 年从绿化一队分出的绿化二队）的请示报告。9 月 25 日，朝阳区园林局土城绿化队成立。

1975 年 9 月，团结湖公园征地 0.28 公顷，用于扩建公园。该年日坛公园经上级批准安装了暖气，改变了自建园以来烧煤污染空气，影响树木花卉生长发育的状况。

1976 年初，朝阳公园（今红领巾公园）制定朝阳公园规划，计划投资 72 万元，在 5 年内基本完成。规划考虑了周边工厂、居民区、中小学校以及外宾的需求。根据公园水面大而陆地面积不足的特点，增加水上活动。西部发展为体育区，南大门东部的果园改造成药用植物园，改建游览区并建设一个小型动物园。

到 1976 年底，园林绿化各项工作基本趋于正常，并呈现出积极进取、蓬勃向上的良好势头。朝阳公园（红领巾公园）和日坛公园制定了公园规划,计划在 5 年内基本完成。该年根据农林部和北京市农林局的部署，朝阳区开展了林业资源清查工作，厘清城乡林木资源的家底。全区苗圃面积从 1975 年的 1015.2 亩猛增到 3018.2 亩，成为朝阳区苗圃发展史上的第三个高峰。这一时期园林技术、果树的科研栽培也出现了突破性的进展。

特殊历史时期的动荡使得北京市的公园绿化建设受到很大的冲击，树木被砍伐、绿地被侵占的现象屡见不鲜，但是朝阳区的园林绿化工作并未因此停滞。因为当时朝阳区的公园数量很少，农村面积占比较大，所以对公园建设的影响并不是很大，同时农林苗木的生产、涉及外交形象的城区、道路绿化建设，仍在坚持有序的进行，甚至做出了一些突出的成绩，如 20 世纪 70 年代初期东大桥三角地以及周边的道路绿化。在当时的历史条件下，能够取得这些绿化建设成果，在今天看来，是应该予以特别肯定的。

# 第七节 绿化快速起步的改革开放初期
## （1977~1982）

"文化大革命"结束后，园林绿化工作快速复苏，1977 年，朝阳区建设局共植树 14364 株，超出市局下达任务 13%，比 1976 年同期增长了 65%。

自 1949 年开始，虽然经过 29 年的园林绿化建设，北京市的生态环境虽然有了大幅度的改观，却没有得到彻底的改善。1977 年在肯尼亚首都内罗毕召开的世界沙漠会议上，北京被列入沙漠边缘城市，北京地区的环境保护开始受到中央的高度重视。

1978 年，中共中央、国务院把国土绿化、改善生态环境作为一项基本国策。1978 年 12 月，党的十一届三中全会胜利召开，标志着中国的建设进入了一个新的历史时期，国土绿化成为当时的基本国策。朝阳区的园林绿化工作自此开始顺应时代，结合地区的建设，逐渐进入了一个新的历史时期。该年朝阳区成立了群众绿化办公室。

1978~1982 年，是朝阳园林绿化工作再次起步的阶段，绿化作业基本以人工为主，当时的绿化工具主要有三轮车、排子车、喷雾器、铁锹铁镐等，而且特别成立了铁姑娘队。当时北京市委要求种树、种草、种花，绿化美化首都，因此，绿化工作除了种树、种草、种花外，区建设局还提出了建设大量草坪。道桥、街头景观和大型企业的单位绿化、新建居住区的绿化也逐渐开展起来。农业局指导农村发展四旁植树、种植经济林。在 1978 年植树计划中，日坛公园 7761 株（含月季），朝阳公园 1076 株，土城绿化队 3000 株，绿化队 7239 株，合计为 19076 株，而市局下达任务为 13881 株，是市局任务 159%。

1978 年北京市召开全市到 1985 年实现农田林网化会议，会议上朝阳区政府决定在大屯公社首先试点。

1979 年 3 月，北京市园林局制定了《公园风景区卫生管理办法》草案。6 月，国家城建总局下发了全国城市园林绿化工作会议讨论通过的《关于加强城市园林绿化工作的意见》，明确提出了城市园林绿化工作的方针任务和加速实现城市园林化的要求，规定了城市公共绿地面积，新建城市的绿化面积。当年根据中央领导指示，市园林绿化部门重新提出要大量种植草坪，实现"黄土不露天"。1980~1982 年，公路铁路和河岸建设也开始起步。

1980 年 3 月 5 日，中共中央国务院作出《关于大力开展植树造林的指示》。4 月，中央书记处对首都建设方针提出了四项指示，其中的第二条明确提出："改造北京市的环境，搞好绿化卫生，利用有山有水，有文物古迹的条件，把北京建设成为全国环境，最清洁，最卫生、最优美的第一流城市。"要求北京市实现"三年一小变、五年一中变、十到十五年一大变。""四项指示"为园林绿化工作指明了奋斗目标，而且在很长一段时间内成为北京市园林绿化建设的指导方针，与现在实施的园林绿化思想仍有很多呼应，发挥了极大的指导作用。

北京市园林绿化部门遵照中央书记处四项指示精神，立即制定了发展草皮五年规划和贯彻"四项指示"的十年规划。为了调动各公园加强经济管理的积极性，北京市园林局随即制定了《公园风景区基本任务和评比奖励办法》，实行了百分检查评比的制度。制定了《公园风景区卫生管理办法》草案。国家城建总局也下发了《关于加强城市园林绿化工作的意见》，明确提出了城市园林绿化工作的方针任务和加速实现城市园林化的要求，规定了城市公共绿地面积和新建城市的绿化面积。

党的十一届三中全会之后，朝阳区召开的每一次党代会都结合新形势新任务，提出全区新的发展方向和奋斗目标，其中包括关于园林绿化和改善环境的部署和举措。在园林绿化一系列方针政策的指引下，朝阳区园林绿化建设列入区委、区政府重要议事日程，以全新的姿态和举措，加快发展朝阳区园林绿化建设。

由于特殊时期的高等教育和职业技能教育缺失，园林绿化干部职工学历和能力的不足在这个时期显现出来，职工教育在这段时期得到较快发展，在普遍提高文化的基础上，提高专业技术水平，以解决人才缺乏问题。

1980 年 9 月，朝阳区第三次党代会提出城市绿化和市政建设方面的工作方针，提出要努力搞好绿化，争取在 3 年内有个显著变化，目标是公共绿地面积由平均每人 1.8 平方米提高到 4 平方米。重点项目是永安里至三里屯、东大桥至十里堡以及和平街路两侧的绿化，同时把二分之一的居民小区整顿好，公园建设要进一步搞好。该次会议和 1984 年 12 月朝阳区第四次党代会，明确提出朝阳区的工作重心开始由农村逐渐转为城市，首次提出把朝阳区建设成北京市文明区，这是朝阳区历史上第一次提出工作重心的转移。

1980 年 8 月至 12 月，北京市完成了城市树木普查。普查数据显示：截至 1980 年年底，全市城市树木共有 8663896 株，城近郊区公共绿地共有 2738.29 公顷，道路河岸和街巷绿化共 1787 公里 926377 株。与 1975 年数据对比，树木数量减少了 68 万余株，主要原因是 1976 年地震损失，人防、市政工程、单位施工砍伐和养护管理不善死亡。城市人口平均公共绿地面积呈现下降趋势，主要原因是树木绿地减少，而城市人口和建成区的面积却在增加。

从 1980 年起，朝阳区把新建道路绿化统一纳入道路基本建设投资，随后的两年内，朝阳区城区先后完成 37 条干线道路绿化和绿化改造任务。1981 年，树木养护管理开始实行分级定额投资的管理办法，并重新制定公园"定额上交，超额提成，定额补贴，超亏不补，结余提成"的财务管理办法，用增收节支的留存资金解决职工奖励，集体福利和发展园林事业。该年，朝阳区农业局林业站将全区共分为四个大的林业区划。

1981 年 3 月 8 日，中共中央、国务院作出《关于保护森林发展林业若干问题的决定》。12 月，全国五届人大四次会议通过了《关于开展全民义务植树运动的决议》。

北京市在认真总结 1949 年以来城市建设正反两方面经验教训的基础上，在编制《北京城市建设总体规划方案》时，把城市环境建设和绿化放在突出地位，明确提出了"治山治水，绿化造林，防治污染，兴利除弊，提高环境质量"的方针。1981 年 11 月，北京市园林局发文给朝阳区人民政府，强调要认真贯彻中共中央（1978）12 号文件精神，要对现有的园林绿地、名胜古迹、风景区加强管理，对非法侵占的一律限期退出。这一时期，朝阳区的农村绿化、群众绿化同城区绿化一样，逐步走上正轨。

1982 年 2 月。国务院颁布《国务院关于关于开展全民义务植树运动的实施办法》。把绿化祖国作为公民的义务以法律的形式固定下来，明确提出县以上人民政府均应成立绿化委员会，统一领导本地区的义务植树运动和整个造林绿化工作。

《决议》《办法》在全国引起了巨大的反响，进一步调动了广大群众植树绿化的积极性。自此，群众绿化、植树造林开始每年在全国轰轰烈烈的开展起来。1982 年 2 月，朝阳区政府召开了春季植树造林育苗现场会,传达中共中央、国务院《关于保护森林、发展林业若干问题的规定》。

随着《决议》《办法》的陆续出台,1982年2月25日,朝阳区绿化委员会正式成立,主任由区长担任,绿化委员会下设绿化委员会办公室,在区园林局办公,后迁到区市政管理委员会办公。区绿化委员会办公室属于综合协调机构,成立以后,使得全区城乡绿化能够统一规划,统一部署,使城乡绿化建设走向总体发展的轨道。朝阳区绿化委员会推动了全民义务植树活动,开始对全区的绿化美化工作进行动员、总结、表彰和评比。

1982年3月20日,北京市人民代表大会通过《北京市城市绿化管理暂行办法》。标志着北京市的城市绿化建设和管理开始走向法制化轨道,自此朝阳区的城市绿地、单位企业、居住区的绿化建设、绿化管理开始有法可依。

从党的十一届三中全会以后至1982年9月,短短的4年间,朝阳区的园林绿化快速发展,有了新的起色,并开始步入了一个新的历史时期。

城区绿化开始迅速发展,随着城市道路的改、扩建出现了大批三块板式道路和立交桥,新型道路绿化统一纳入了道路基本建设总投资,并开始铺设绿化用水管线;道桥绿化开始出现立体交叉、丰富多彩的具有鲜明个性的独特景观。街头绿地在20世纪70年代建成小关、大山子、酒仙桥、八里庄等绿地的基础上,80年代出现新的建设高潮,开始把街头绿地建设成街头小公园。

农村绿化方面,1978年朝阳区农业局在东坝公社建苗圃基地330亩,1979年列为重点工程。1980年3月朝阳区农业局苗圃在来广营知青队成立,占地60亩,一年后移交给来广营乡。1980~1982年,经朝阳区林业站对区属各乡进行林业资源调查,各乡有各种树木1206749株。这一时期公路、铁路、河岸朝阳段的绿化以及防护林、绿化隔离带、片林建设开始起步。

这一阶段是改革开放起步阶段,北京市处于中华人民共和国成立以来第二次百业待兴的艰难时期,园林绿化是其中一个重要的组成部分。园林绿化也同各行各业一样,在实际行动中贯彻落实中央书记处对首都建设方针提出的“四项指示”精神。城区绿化、农村绿化、群众绿化在政策的指引下,从艰难中奋起,朝阳大地又一次开始催发出新的绿色生机。

# 第八节　"大环境绿化"与"大发展"时期
## (1983~1990)

党的十一届三中全会以后的几年时间里，随着资源调查的逐渐展开，政策法规的出台，园林管理办法的修订，为首都园林绿化工作的进一步发展打下了更为坚实的基础。

1983年7月，中央、国务院原则批准实施《北京城市建设总体规划方案（草案）》，这个总体规划方案将治理环境放在了突出的地位，方案提出："要把北京建设成为清洁、优美、生态健全的文明城市。"这一方针为北京市的园林绿化发展指明了方向。

1983年的《规划方案》，是改革开放后北京市编制与实施的第一版城市总体规划，规划提升了园林绿化在城市建设中的高度，要求加快园林绿化建设，并且有了关于大环境绿化的初步规划。重要内容包括在条件适宜的地段古迹，扩建新建公园绿地；结合旧城区修旧改建，见缝插针，兴建小型绿地花园；因地制宜，街道绿化要结合园林小品，提高街道绿化质量；河湖沿岸重点地段建设湖滨、河滨公园。工业区、自来水厂、污水处理厂周边要建设卫生防护林带；适应绿化需要，搞好苗圃草圃花圃；此外要在卫星城镇配套建设一两个中等规模设施完善的高标准公园。

为了落实中央和国务院的批复，北京市第一次园林工作会议于1983年8月18日至22日召开，会议回顾了35年来北京园林绿化的工作经验，提出了今后园林绿化工作的方向和奋斗目标。第一次园林工作会议明确提出北京市的园林绿化要实现"五年中变"，其中重点提出要新建和扩大街头绿地。

随着规划出台和园林工作会议的召开，1983年12月，北京市朝阳区朝政发〔1983〕172号文件下发通知，将"朝阳区建设局"正式改名为"北京市朝阳区园林局"。这是自1958年建设局设立园林科以来，园林绿化工作首次设独立职能局。该年朝阳区公园绿化各项工作都取得了较好的成绩。团结湖公园完成了公园总体规划方案。日坛公园提出了日坛应突出祭日为其特点，并列为五年内北京市重点建设的公园之一。

1984年9月20日 第六届全国人民代表大会常务委员会第七次会议通过《中华人民共和国森林法》。为森林资源保护提供了法律依据。

同年9月，北京赢得了第十一届亚洲体育运动会的承办权，朝阳区将成为亚运会主会场所在地的重点区。朝阳区因此展开了建区以来最大规模的环境综合整治，城市建设得以重点快速推进。为迎接建国35周年，市园林局制定了全市的美化绿化方案，许多单位根据园林工作会议的要求，开始向花园化发展。区园林局提出"开创朝阳区园林绿化工作新局面"，同时提出了"一条河、两条线、三个园、四个片"为工作重点的专业绿化工作任务。

该年朝阳区农业局改回为朝阳区农林局，并在10月成立朝阳区农村绿化规划领导小组，开始进行规划修订工作，规划于次年12月全部完成并印发全区。年底的朝阳区第四次党代会提出以城市改革为重点，大力推行经济体制改革，加强环境美化建设，"努力创造优良秩序、优美环境、优质服务，把朝阳区建设成北京市文明区"。

1985年是实现平原绿化规划的最后一年。2月8日，朝阳区农林局转发《北京市林业局关于确保1985年实现平原绿化规划的意见》，针对当时植树情况和存在问题提出了具体的措施。为确保全区农田林网化规划任务的完成，该年3月朝阳区农村工作办公室与区属14个乡首次签订绿化任务承包协议书，这种工作推进办法一直延续至今。朝阳区在这一年顺利完成了1980年提出的平原农田林网化任务。

该年3月8日，北京市八届人大通过每年四月第一个星期日为北京市的义务植树日。9月，《北京市农村林木资源保护管理条例》颁布。同月朝阳区人民政府批转了原区农林局《关于贯彻执行<北京市农村林木资源保护管理条例>的意见》。12月16日，北京市第二次园林工作会议召开，此次会议提出了城市大园林理念，明确了城市"大环境绿化"建设的发展战略。在这一大背景下，城市绿化管理法规和制度建设也因为现实需要而有了进一步的发展。

1986年2月27日，首都绿化委员会，北京市规划局，北京市园林局来朝阳区研究大环境绿化问题，要求朝阳区在1986年春带头起步，并决定将安家楼边界林作为大环境绿化建设起步工程。3月初召开的首都绿化委员会第五次全体会议提出了以大环境绿化为中心的各项绿化建设任务。3月5日，朝阳区区长办公会讨论安家楼边界林起步方案，拉开大环境绿化序幕。

大环境绿化任务交由原区农林局负责，首期计划建设边界林三块130亩，该年安家楼片林130亩绿化顺利完成，全区完成大环境绿化390.28亩，栽植十多个树种计2.27万株，成活率达到80%。

随着大环境绿化的逐步开展，1986年6月3日，朝阳区政府召开第二次园林绿化工作会议，会议主要目的是贯彻落实区"七五"园林绿化事业发展规划，总结近年来的绿化美化工作，进行绿化管理体制改革，进一步开创朝阳区绿化工作的新局面。根据市政府部署，朝阳区制定了《绿化美化五年发展规划纲要》，提出到 1990 年末，人均公共绿地达到 2.31 平方米，城区绿化覆盖率达到 22.4%。农村绿化率达到 13%。该年 7 月，朝阳区召开落实大环境绿化规划会议全面部署绿化工作，将大环境绿化任务重点落在农村。规划中 1986~1989 年上马的重点工程有京张公路、京密公路、东北郊隔离林带、东郊隔离林带、望京公共绿地、窑洼湖公园、金盏森林公园、立水桥公园和市区外缘环形绿化带。该年 8 月，原朝阳区农林局组建农村绿化队（今绿化三队），开始更新行道树，继续加强护岸林和农田防护林建设。该年 12 月，朝阳区大环境绿化领导小组成立，经朝阳区编制委员会批准，在原区农林局设农村绿化办公室，区园林局设城区绿化办公室，各街道乡成立绿化委员会以及办公室，健全了乡级绿化管理机构。随着绿化管理体制改革的不断深入和实行"三级"管理，群众绿化取得了新的进展。

1987 年 2 月 16 日，朝阳区区长办公会讨论了《农林局关于大环境绿化工作的意见》，会议决定将大环境绿化领导小组改为大环境绿化指挥部，加大对全区大环境绿化的统筹力度。8 月，朝阳区政府常务会议讨论了区农林局《关于 1988 年农村大环境绿化的安排意见》，会议原则同意区农林局提出的第二方案，同时决定把窑洼湖公园列入了大环境绿化任务。朝阳区政府常务会议讨论了区农林局《关于加强护林防火工作问题的请示》。

1987 年市政府拨专款重建了位于日坛公园的马骏墓，并被列为北京市文物保护单位。马骏墓址位于日坛公园西北隅，墓基为红色花岗岩，墓体以汉白玉砌成，墓后植青松，墓碑由邓颖超题写。该年日坛公园与区文化部门合作，举办了八七年春节灯会、消夏文艺晚会。

1988 年，市区外缘绿化带、京张路、京密路、安家楼、平房、望京、金盏、赵家村五处片林等绿化工程开始并持续建设。窑洼湖公园开始片林建设，至 1990 年初绿化基本完成。该年遵照市、区指示精神，重点抓好花园式单位建设和树木养护工作，群众绿化提高到了一个新的水平，还成立了朝阳区园林协会和花卉盆景协会。

1988 年 9 月，北京市人大常委会审议通过了《北京市郊区植树造林条例》。1989 年 1 月 1 日开始施行。

1989 年 3 月，朝阳区委五届七次全会作出以中央和市委对办好亚运会的要求为标准，努力做好城市建设管理的各项工作的决定，该年区园林局的绿化工作以"以改革总揽全局、以亚运会为动力，让园林绿化事业迈上新台阶"作为指导思想，亚运重点工程的建设，带动了朝阳区城乡面貌发生重大转变。该年 6 月，在林业部、北京市林业局统一部署下，原朝阳区农林局对本区农村进行了林业规划设计调查。

为迎接第十一届亚运会召开，1990 年初市园林局践行市政府再次提出抓好垂直绿化工作的指示，全市 28 座立交桥实现垂直绿化覆盖面积 90% 以上。朝阳区绿化委员会以"满城青翠办亚运，处处鲜花迎嘉宾"为题，向全区居民发出一封信，号召全区人民迅速行动，利用春季，美化，绿化环境，为迎接亚运会作出贡献。

原朝阳区农林局为迎接亚运会，采取种植养护两手抓的方针，这一时期的绿化设备器材发展为机动车、打药车和高空作业车等。作业条件和水准有了显著提高。朝阳区园林局将工程、养护、公园管理和摆花四项工作齐头并进，合理安排。全年植树137292 株，草坪 149241 平方米，全部超过去年同期指标。两项合计 200 万盆。元大都公园、日坛公园在春季高质量地完成绿化美化任务。区园林局开展了"迎亚运，创一流，增效益"爱国立功竞赛，极大地促进了绿化美化任务的顺利完成。1990 年春季工程恰逢低温多雨多风的气候，但全局职工没有停工或减慢进度。绿化队甚至支起帐篷，风餐露宿。人员少，任务重，顶风冒雨、挑灯夜战已是家常便饭，无人叫苦叫累。在此特记一笔，向朝阳园林绿化工作者的奋斗精神致敬。

1990 年 4 月，《北京市城市绿化条例》在北京市第九届人大常委会第十九次会议上获得通过。7 月，原朝阳区农林局正式成立林政资源科。自此农村绿化资源管理有了独立的管理部门。

在大环境绿化和筹备亚运会的背景下，绿化管理体制改革的不断深入，群众绿化"三级"管理的深入实行，朝阳区的园林绿化工作得到了快速发展。

"七五"期间，朝阳区公园的建设发展迅速，注重因地制宜，体现园林特色，突出景观效果。公园建设包括日坛公园修复、重建和新建；红领巾公园的治理污染和新建英雄群雕；1986 年建成团结湖公园；元大都城垣遗址公园从 1983 年开始筹建，1987 年 9 月建成开放。初步建成窑洼湖、立水桥等四个乡办公园。

农村绿化方面，大环境绿化初显成效，共完成绿化面积 640 公顷。"七五"期间计划绿化项目 304 项，完成 273 项，完成计划的 90%。乡村道路绿化 82 条，经济庭院村 85 个，绿化文明村 48 个，花园式单位 42 个。片林绿化面积和市区外缘的绿化面积分别占全市计划完成面积的 50% 和 80%。到 1990 年，历时四年的市区外缘环形绿化带朝阳段绿化任务基本完成，途经洼里，来广营共 12 个乡，绿化总长度 55.5 公里，绿化总面积 4523 亩，成为京东的百里绿色长城。建成京密路、京张路、朝阳段绿化带21 公里，绿化面积 87 公顷，建成安家楼、金盏、平房等五个片林，绿化面积 252 公顷。

除了大环境绿化外，绿化用苗培育、四旁植树和庭院绿化也取得显著进步。1989 年朝阳区被评为平原绿化先进单位。

城区绿化方面，道路绿化以迎宾线（朝阳段）、东外大街（朝阳段）、工体四周、朝外大街、朝阳路、使馆区等为主要路段。街头绿地先后建成工体北路、建国门外花园路、新源里等十余处。居住区绿化重点有左家庄、团结湖、劲松、香河园等街道。

群众绿化方面，大规模的群众义务植树活动年年举行，全国植树节和北京市义务植树日先后颁布。国家领导人率先垂范，三次到亚运村和朝阳公园参加植树活动。

这一时期是改革开放后园林绿化建设重新起步到全面开展的阶段，立足朝阳区"以城市改革为重点，大力推进整个经济体制的改革，加强环境美化建设，努力创造优良秩序，优化环境，优质服务，把朝阳区建设成北京市文明区"的发展目标，从确立大环境绿化发展战略到全面推进绿化建设，各项绿化建设工作已经有序展开，建设朝阳区良好的生态环境。城区、农村和群众绿化全面加快发展步伐，并取得了可喜的建设成果。

# 第九节　园林绿化快速发展和稳健探索时期
## （1991~2000）

20 世纪 90 年代开始，中国进入了经济的重要增长期，环境问题越来越受到全社会的关注，朝阳区的园林绿化工作随着首都经济的腾飞得以快速发展，城市环境的整治力度也逐年加强。

在北京市国民经济和社会发展十年规划和第八个五年计划纲要中，北京市提出：贯彻"巩固、完善、提高、发展"的八字方针，深入、扎实、持久地开展养花种草的全民义务植树活动。在主要干道和河流两旁逐步建成绿色走廊。继续提高城市绿化水平，发展公共绿地，做到三季有花，四季常青。园林建设重点修建圆明园遗址公园和朝阳区的水碓公园（今朝阳公园）。

1991 年，为迎接党的 14 大和争办奥运，建设优美环境为目标，按照首都绿化委员会和市园林局提出的坚持"三个大上"实现"三个突破"狠抓"五个重点"为中心，贯彻"巩固、完善、提高、发展"的方针和"四十字"要求，朝阳区开始深入开展绿化工作，公园事业开始快速发展。如日坛公园办了首届迎春会；红领巾公园成为少年儿童爱国主义革命英雄主义和传统教育场所；丽都假日饭店投资 1500 万元兴建丽都公园；小红门乡办公园也开始动工建设；窑洼湖公园当年完成绿化面积 6.26 公顷。该年还完成朝阳路扩建绿化工程和坝桥金色景点二期工程。

1992 年 6 月，国务院颁布《城市绿化条例》。国家建设部先后颁布《全国城市文明住宅小区达标考评实施细则》《城市园林绿化当前产业政策实施办法》《城市园林绿化当前发展序列和重点发展方向》等文件，指导城市园林绿化建设健康发展。

1992 年，朝阳区委区政府同时提出："走以园养园的道路，把建设管理经营结合起来。既要有社会效益，又要有经济效益""因地制宜，各具特色"。该年绿化三级管理不断完善，各办事处注意锻炼专业队伍，提高业务素质，绿化科领导亲自组织小区、公园和集中绿地的施工，工程基本上达到了专业绿化的水平。绿办指导的群众绿化美化工作取得显著成绩，超额完成了种植计划。该年全区 21 个街道办事处共完成植树 368912 株，扩大绿化面积 542731 平方米，绿化道路 17 条 6457 米，植树总成活率为 96.4% 以上，各项指标是计划的两倍多。

1992 年至 1993 年，朝阳区围绕"迎七运""争奥运"开展环境治理竞赛活动，加强城乡结合部地区的环境治理，并开始计划建设一批乡村公园，完善基础设施。由于建设资金不足成为制约园林绿化发展的瓶颈，原区农林局做了深入的调研并经绿化指挥部同意，向北京市做了汇报。市政府做出《关于乡镇公园建设立项问题的暂行规定》，对公园选址、立项、设计都提出了明确意见。对列入立项的乡村办公园，首都绿办明确了鼓励的政策，即在享受大环境绿化补助的基础上，每建一个公园再行补助 50 万元。

朝阳区顺应发展，审时度势，在北京市的支持下率先提出"以绿引资，引资开发，开发见绿，以绿养绿"的指导思想，将美化绿化和发展经济紧密结合起来。其中四得公园、兴隆公园项目的建设成果尤其突出，片林利用和土地开发建设均达到了良好的预期。

在全局经济宏观调控之下，1993 年，朝阳区园林局局属各公园分别修改、完善了承包责任制。团结湖、日坛两个公园对所有班组实行了经济责任承包和任务责任承包，发挥干部职工的积极性、创造性。承包责任制的进一步深化使各公园的主业在各自不同的基础上都有不同程度的提高，环境、社会、经济三效益也达到了预期的目标。

1994 年，按照绿化美化"八字"方针和"四十字"标准，绿化美化结合市政建设取得了突破性的进展。专业绿化大幅度超额完成任务，植树超额完成计划的 348%；草坪为 443%；绿化道路 6.5 公里；扩大绿地面积 22.7 公顷。其中重点项目有中华民族园

240 亩地绿化美化任务、安慧北里居住小区集中绿地建设。该年引资建设取得突破进展，团结湖公园与西城环保机械厂合资兴建仿真海滨乐园，取得良好的经济和社会效益。在 2008 年奥运会之前，这里是朝阳区重要的水上娱乐场地。此外还有团结湖公园与澳大利亚奥普尔公司合作的饮食娱乐城；日坛公园与北京朝日航空公司合资建设的网球俱乐部等。该年，朝阳区园林局的第三产业有了新突破，单位从 24 个增加到 29 个，职工增加到 271 人，占全局职工的 22%。此外，还试行了工资总额承包办法，并取得了成功的经验，多余人员安排充实到三产部门，减员增效成果非常明显。

1994 年底，首都绿化委员会与朝阳区政府会商，决定将京通路道路两侧的银杏树 2159 株移植到洼里片林、北京植物园、玉渊潭公园和香山公园。朝阳区建管委及区绿委办负责总体协调，联络道桥公司提供设备辅助，区园林局所属的七个单位负责起坨打包，原区农林局协调指导洼里乡进行栽种，移植工作历时两周，在冬季严寒中共移植银杏树 1507 棵，其中直径 16 厘米以上的有 1288 棵。

从"八五"时期开始，朝阳区的公园建设开始迅速发展，公园的风格多样、特色鲜明，既有全市性大型公园，也有地域性的小型公园，所有制也向多种形式发展，这一时期朝阳区建设的公园占北京市近一半的份额。"八五"期间，朝阳区扩大城市隔离片林绿化面积 725 公顷，朝阳区实有树木 6346945 株，草坪 5976474 平方米，宿根花卉 1087642 株，实有园林绿地 4967.23 公顷，其中公共绿地 722.04 公顷，绿地率 36.26%，绿化覆盖面积 4476.67 公顷，绿化覆盖率 32.68%，人均绿地面积 43.07 平方米，人均公共绿地面积 6.26 平方米，道路绿化长度 427.38 公里。

1996 年，朝阳公园成为国庆 50 周年重点工程，公园建设有序展开。洼里 5000 亩片林绿化基本完成。自该年开始，朝阳区进入大环境绿化的后续完善期，从 20 世纪 80 年代开始的隔离片林建设，至此已建成 12 个大环境片林。大环境绿化的布局和逐年实施，加快了农村城市化的进程，为朝阳区的全面发展提供了广阔的空间，也为进一步推进绿化隔离地区建设打下了建设的基础。随着农村城市化的推进，大环境绿化的相关政策已经不能解决实际存在的问题。因此，1996 年由首都规划委员会牵头，对加快推进北京市绿化隔离地区建设进行深入的调研。

1997 年 4 月 16 日，《北京市城市绿化条例》在北京市第十届人大常委会第三十六次会议上获得通过。并于该年 6 月 1 日起施行。该年以迎接七运会、香港澳门回归为契机，完成朝阳公园、元大都城垣遗址公园、北京中华民族园等六大公园重点绿化。农村绿化方面，农田林网建设得到加强、新修道路、河渠两岸全部实现绿化美化，全区 174 个自然村普遍实现绿化，农村林木覆盖率由 1986 年的不到 10% 增加到 1998 年的 19.21%。

1998 年 1 月，朝阳区园林局党委提出：大力发展园林绿化是立局之本，不断进取积极创收是强局之路。该年 6 月 5 日，《北京市古树名木保护管理条例》在北京市第十一届人大常委会第三次会议上获得通过。

1999 年，朝阳区第八次党代会提出到 2003 年生态环境得到明显改善，建成区绿化覆盖率达到 37%。对绿化美化工作提出加强自然生态环境保护工作，坚持开展全民植树和绿化美化活动，进一步提高全区绿化覆盖率。到 2010 年把朝阳区建设成为对外交往的窗口区，首都经济的发达区，功能完善的新城区，社会进步的文明区。

1999 年正逢中华人民共和国成立五十周年，也是澳门回归之年，北京市委、市政府将本年度定为北京绿化年，要求绿化美化工作动作要大、工作要实、效果要好，要把绿化美化建设摆在更加突出的位置，要以新的成绩迎接中华人民共和国成立 50 周年和澳门回归，把北京建设成为一座天蓝、水清、地绿、路畅、居安的美丽城市。市政府和首绿委提出了实现"四个转变"，即在工作上要实现从重点发展到管护并重的转变；实现从重量的增长向质的提高转变；实现从绿化治害向治害与经济发展相结合的转变；实现从普遍绿化向重点集中绿化转变。

该年朝阳区的绿化美化工作坚持建设管理并重，营造整洁优美的城市环境，区园林局结合市、区统一部署，确定"四个一"工程和"黄土不露天"工程。"四个一"工程即一路（东四环路绿化工程）、一园（红领巾公园绿化美化改造工程）一线（东大桥南、北线绿化美化改造工程）、一块万米绿地（安贞西里"风之广场"万米绿地绿化工程）。"黄土不露天"工程即要求建成区以内重点道路和重点地区实现"黄土不露天"。全年共计完成绿化面积 447701 平方米；绿化改造面积（不包括铺装）304609 平方米；栽植各种树木 125539 株，铺草坪 743548 平方米。

2000 年初，北京市委、市政府做出加快绿地隔离地区建设的决定，朝阳区作为全市绿化建设的重中之重，区委、区政府抓住绿化这一难得的发展机遇，以规划为龙头，举全区之力开展了绿化隔离地区大会战，明确了绿化隔离带建设的目标任务，开始全面推进农村城市化进程，使得农村经济结构调整不断加快，区域生态环境大为改善，投资环境、人居环境实现了历史性飞跃。2000 年底的朝阳区第八届党代会第五次全会更加明确的提出"三化四区"的目标。即加快农村城市化、城市现代化、区域国际化进程，基本实现国际商务中心区、高新技术转化区、文化教育发达区和富裕文明新城区。

"九五"期间，朝阳区的公园建设在改善、提高的基础上，注重园林质量，努力创建精品公园，为群众提供良好的休闲娱乐空间。大环境绿化一方面扩大原有规模，提高绿化标准，另一方面和隔离地区绿化相结合，新建了一批片林。重点建设洼里公园、朝阳公园，完善四得公园，净增绿化面积。截至 2000 年，朝阳区实有树木 9839684 株，草坪 15968716 平方米，宿根花卉 715946 株，苗（花）圃 94.57 公顷，实有园林绿地 7227.19 公顷（其中公共绿地 1460.98 公顷），绿地率 38.44%，绿化覆盖面积 6808.28 公顷，绿化覆盖率 36.22%，人均绿地面积 47.40 平方米，人均公共绿地面积 9.58 平方米，道路绿化长度 390.27 公里，309 条。

这一时期，朝阳区的园林绿化建设在进一步深化改革开放的指引下，加大自身的改革力度，为实现朝阳区建设成文明城区和实现"三化四区"的目标，贯彻落实绿化美化"八字方针"。朝阳区在"八五""九五"这一阶段提出了"三一"工程和"双六"工程，同时也具体提出了园林绿化的目标任务，为后续的绿地隔离地区建设打下了良好的基础。截至 1999 年，朝阳区先后建成 12 个大型森林公园。其中洼里片林 3 年实现绿化面积 200 公顷，填补了城市北部隔离带的空白。12 个森林公园与 10 条大型绿化带相衔接，形成北京东郊的百里绿带，有效地改善了地区的生态环境和投资环境。

# 第十节 "绿隔"与"奥运"核心建设时期
## （2001~2010）

随着党的十六大（2002 年 11 月）胜利召开，国家进入全面建设小康社会，加快推进社会主义现代化的新的发展阶段。中央、北京市和朝阳区对园林绿化建设有了更加明确和具体的部署。

北京市提出从 2001 年开始，发展园林绿化要确立明确的科学指导思想，制定符合客观实际的发展目标，树立一流目标，建成一流园林城市。北京市园林局制定的《北京市城市绿化事业"十五"计划和 2010 年远景目标》中，对"十五"期间和到 2010 年的城市绿化工作指导思想和预期目标作了明确的规定：围绕加强绿地总量和提高管理水平，到 2005 年北京城市规划市区绿化覆盖率达到 40% 以上，力争达到 42%；人均公共绿地面积达到 10 平方米以上，力争达到 12 平方米，城市中心区人均公共绿地面积达到 4 平方米以上，力争达到 5 平方米；到 2007 年，城市规划建设区绿化覆盖率达到 43% 以上，力争达到 15 平方米；城市中心区人均公共绿地达到 5 平方米，力争达到 6 平方米以上。

从 2000 年北京市加快绿化隔离地区建设开始，朝阳区便全力投入到改善首都环境的事业中，从城市到农村，朝阳区的绿化建设与经济发展、社会进步同步推进。绿化隔离地区建设是落实北京城市总体规划，实施首都分散集团式发展布局的一项重大工程。工程建设共涉及朝阳区 17 个乡，规划面积 111.246 平方公里，占全市规划总面积的 46%，其中规划绿化面积为 68.55 平方公里，占全市任务总量的 54.8%。

2001 年北京申办奥运取得成功后，朝阳区跨入了具有重大转折性的历史发展阶段。朝阳区按照市委、市政府绿化美化首都的总体部署，以"新北京、新奥运"为主题，"绿色奥运、科技奥运、人文奥运"为理念，确定了"大绿化"的指导思想，提出"全面推进、重点突破、机制创新"的绿化美化工作目标。

随着奥运建设的展开，为适应城市建设快速发展需要，更好地统筹推进朝阳区的园林绿化工作，全面推进绿化美化各项建设，朝阳区在全市率先结合政府机构改革。2001 年 10 月 30 日，将朝阳区园林局与区绿化办公室（设在区管委）、区农林局合并成立朝阳区绿化局，绿化局作为政府职能局，负责全区绿化工作的行政管理、指导、协调和服务。统一协调全区绿化的规划、计划、资金、政策和行政审批等多项业务，减少了部门职能交叉，提高了办事效率，强化了管理职能，突出了工作重点，推动了全区绿化美化事业快速发展。2002 年 1 月 28 日，朝阳区绿化局正式挂牌成立。

2001 年是"十五"计划的第一年，经过一年的努力，朝阳区实现了跨越式提升，完成良好开局：全区完成拆违 106 万平方米，扩大绿化面积 1717 公顷，其中隔离地区"五河十路"增加绿化面积 1593.8 公顷，城区增加绿化面积 124 公顷；植树 393.2 万株，种草 95.7 万平方米，绿化覆盖率已达 38.19%，人均公共绿地面积已达 9.7 平方米。坚持以人为本，实施城区绿化"五大景观"工程，即：居住区绿化工程，万米大绿地和小绿地建设工程，立体绿化工程，创建首都绿化美化花园式单位工程，重点道路景观建设工程。通过一系列的绿化建设，朝阳区的城市环境面貌发生了显著变化，真正实现了"触眼皆绿、处处见景、百花争艳"的绿化景观效果，形成了绿茵铺地、满目青翠、鲜花芬芳的城市生态景观。

2002 年，农村全部退出商品粮生产，以绿色产业、旅游、休闲加工创汇和精品农业为主体的新型都市农业格局快速形成。同时，以绿色奥运为主题，以建设高标准的绿色生态体系、高效益的绿色产业体系、高水平的森林资源安全保障体系为目标，实施以大工程带动大发展战略，推动全区绿化美化跨越式提升。该年全区完成绿化面积1382公顷，植树293万株，种草坪56万平方米，国庆摆花100万盆，全区绿化覆盖率达到40%，人均公共绿地面积达到10平方米。完成农村重点道路绿化29条、44公里，绿化面积12万平方米。温榆河全线绿化313.33公顷，完成上级下达任务的142.4%。城市绿地建设步伐不断加快。全区林木、绿地保护体系建设日趋完善，养护管理水平全面提高，在城八区养护管理评比中名列第二。

中共中央、国务院于2003年6月25日下发《关于加快林业发展的决定》。提出加强生态建设，维护生态安全，必须走生产发展、生活富裕、生态良好的文明发展道路，实现经济发展与人口、资源、环境的协调，实现人与自然的和谐相处。决定下发后，2003年7月11日，北京市人民政府发布关于加快本市绿化隔离地区绿化建设的意见。朝阳区随即在2003年下半年启动了第一道绿化隔离带建设。

2003年是朝阳区绿化精品工程年，加大创建农村花园式单位，改善了城市边缘地区的景观环境。按照"四季常青、三季有花、灌草多乔、宿根入地、盆花点缀"的标准，多种树、种大树、多栽花、多色彩，形成了点上绿化成景、线上绿化成林、面上绿化成荫、环上绿化成带的良好局面。全区新增绿地1166公顷，植树210万株，种草97万平方米，全年摆花300万株。全区绿化覆盖率达41%，人均公共绿地面积达10.5平方米。

2003年是非典之年，在重大疫情的压力之下，完成东四环路绿色景观大道的建设，元大都城垣遗址公园改造建设两项市、区重点工程。同时完成新迎宾线景观大道工程，太阳宫公园二期绿化工程。该年还动员全社会参与绿化美化事业，全面开展公共绿地认建认养活动，朝阳区绿化委员会办公室为此制定出台了《关于绿地认养工作的意见》。截至2003年年底，全区绿地认养总面积178.37万平方米，其中专业绿地认养面积143.17万平方米，认养树木1909株；街道办事处绿地认养面积20.8万平方米，农村绿地认养面积14.4万平方米。

2004年朝阳区第九次党代会上提出了创建全国绿化模范城市及全面建设现代化大都市一流环境的目标，全面实施城区绿化美化五大景观工程。区绿化局因此设立了三产办、机关后勤办、法制办、招投标办、科技办五个局事业编制内定科室。结合创建国家级生态示范区工作，制定"06年治乱，07年建新，08年添彩"的三步计划，实施绿色朝阳、清水朝阳、蓝天工程、固废处理、生态文明等系列工程，改善提升全区生态环境。同年实施了"698"工程，农村经济结构调整转型进一步加快，其中蟹岛绿色生态度假村成为奥运食品基地。该年朝阳区被全国绿化委员会、国家林业局授予朝阳区首批"全国绿化模范城市（区）"荣誉称号。

2005年1月12日，国务院常务会议讨论并原则通过了《北京城市总体规划（2004~2020年）》。《规划》在城市绿化建设目标中提出：到2020年建成功能完备的山区、平原、城市绿化隔离地区三道绿色生态屏障。全市林木覆盖率达到55%，森林覆盖率达到38%；城市绿地率达到44%~48%，绿化覆盖率达到46%~50%；人均绿地面积40~45平方米，人均公共绿地面积15~18平方米。其中平原地区的绿化，要重点建设第二道绿化隔离地区。

2005年在全区范围内开展了五年一次的园林绿化普查工作。由绿化局、农委、街办、统计局成立工作小组，在绿化局成立了朝阳区园林绿化普查工作办公室，对全区42个街乡进行全面的绿化普查工作，普查面积达258.1389平方公里，范围包括公共绿地、道路绿地、居住区绿地、单位附属绿地、城市防护绿地、生产绿地、隔离地区绿地和风景名胜区等。普查深入全区，结合先进的科技手段和科学严谨的统计方法，取得了重大成果。为朝阳区绿化美化工作全面完成"十五"计划提供了客观、真实的依据。此外还编排了《北京市朝阳区常见园林植物》图谱。

2005年是"十五"计划的最后一年，也是奥运建设快速推进的关键之年。绿化任务的加大，苗木生产至关重要，朝阳区时有苗圃33家，育苗面积753.2公顷，育苗1070.6万株。其中国有苗圃4家，育苗面积108.6公顷；集体苗圃12家，育苗面积316.7公顷；个人苗圃3家，育苗面积14.6公顷；股份苗圃14家，育苗面积313.3公顷。该年全区新增绿化面积268.4公顷，完成计划的134.2%，实现绿化改造273公顷。朝阳区人民政府被全国绿化委员会、人事部、国家林业局授予"全国绿化先进集体"荣誉称号。

"十五"期间，朝阳区的园林绿化各项指标都有可喜的增长，园林绿地总面积由2000年度的7227.19万平方米达到11083.2万平方米，增长率53%；人均公共绿地15平方米、人均绿地57.1平方米、绿地率42.9%、绿化覆盖率43%。

农村绿化建设高标准完成绿化隔离地区59.7平方公里绿化任务，形成4个超万亩绿色板块，连续四年被评为北京市"绿化隔离地区建设先进区"。完成五河十路项目中的温榆河、京沈高速路、京津塘高速路、京承高速公路、五环路、京张路350万平方米绿色通道建设任务，形成758.5万平方米永久绿化带。按照"大都市气派，民族特色，文化内涵"的建设理念，建成一批绿化精品工程，其中朝来森林公园、将府花园、三间房乡杜仲林等 28 项工程被评为市级优质绿化精品工程。建成一批绿色产业项目，创出集旅游观光、全民健身和文化休闲于一体的绿色产业发展新模式。同时，实施旧村改造和农民新村绿化建设，进一步改善了农村环境面貌，推动了农村城市化进程。

根据《北京城市总体规划》（2004~2020 年）、《北京奥运行动规划》和朝阳区十三届人大一次会议通过的《政府工作报告》，结合朝阳区"十一五"规划和北京市绿地系统规划，《朝阳区绿化美化事业"十一五"发展规划》的总目标是：截至 2010 年，朝阳区预计新增绿化面积 1000 公顷（每年增加 200 公顷），城市绿化覆盖率达到 45%，农村林木覆盖率达到 28%。到 2008 年，实现"空气清新，环境优美，生态良好，人与自然和谐"的城市生态环境目标。

2006 年，按照 2008 年奥运会对城市功能和环境建设的总体要求，高标准建成 31 条园林特色大街、20 处集中绿地；完成了 26 处居住区的绿化新工和 28 处老旧小区的绿化改造；建造了绿荫停车小区，实现了 1.5 万平方米的绿荫停车；屋顶绿化、拆墙透绿、阳台摆花，营造了良好的城市空间景观效果；完成了三环路绿化带和四环路 10 座立交桥的桥体绿化，丰富了城市的整体色彩。全年新增绿化面积 246.1 公顷，改造绿化面积 112.5 公顷，城市绿化覆盖率达到 43.5%，人均公共绿地达到 15.5 平方米。

2007 年，北京市发展和改革委员会、北京市园林绿化局印发《关于本市绿化隔离地区郊野公园环建设的指导意见》的通知，开始启动实施绿化隔离地区公园环建设。至 2008 年两年时间，朝阳区先后实施建成 19 处主题特色突出、景观环境优美、郊野情趣浓郁的郊野公园，总面积达 1037.74 公顷，占全市新建郊野公园个数及面积的一半以上。其中 2007 年建设 9 处，面积 436.53 公顷，投资 2.65 亿元。

截至 2007 年年底，朝阳区已经建成公园 22 家，全区绿化隔离地区累计完成绿化面积 74.03 平方公里，全区城市绿地总面积 1.16 万公顷，绿化覆盖率达 44.2%，绿地率 43.98%，人均绿地 63.29 平方米，人均占有公园绿地面积达 16.65 平方米，成为北京市绿化隔离地区建设任务最重，完成速度最快的区县，初步实现空气清新，环境优美，生态良好，人与自然和谐的城市生态环境目标。

2008 年 4 月，北京市人民政府批转市发展改革委员会《关于进一步推进本市第一道隔离地区建设意见的通知》，意见提出绿化隔离地区建设，取得重大成就，目前已进入一个新的发展阶段，为妥善解决实施进程中出现的新矛盾，新问题，进一步推进第一道绿化隔离地区建设，提出"远近结合，以进为主，先易后难，积极推进"的原则，适当调整绿地建设规划，在保证规划绿地规模总量不减少的前提下，对确实难以实现的，力求市里调整绿地建设规划以提高可操作性，必要时可以通过区域联动，整合土地资源，有条件的可以采用土地置换的方式，将产业用地与绿地置换。提高生态林占地补偿费和绿地养护费，绿隔地区生态林占地补偿标准提高到每亩每年1000元，由市财政承担，绿地养护费，按照城市园林绿化养护管理标准，绿隔地区公园绿地的养护费用提高到每平方米4元，一般生态林提高到每平方米2元，养护费用由市区财政按一比一比例负担，郊野公园建设，资金由市区政府按7∶3比例投入。

朝阳区是北京2008年奥运会主会场，31个比赛场馆有13个设在朝阳区。因此朝阳区的绿化美化环境建设，对成功举办奥运会关系重大。按照市委、市政府绿化美化首都的总体部署，以"新北京新奥运"为主题，绿色奥运、科技奥运，人文奥运为理念，绿化美化全面推进，重点突破，朝阳区的园林绿化建设因此得到迅速发展。

2007年和2008年，道路绿化美化取得了突出的成绩，其中2007年全区共绿化85条重点大街，2008年上半年建成20条特色园林大街，建成了一批体现文化内涵的园林靓丽街道。

2008年上半年还建成7处万米大绿地，区域内绿化建设取得突破性进展。同时重点启动了四项奥运绿化整治工程。特别是涉及奥运中心区周边重点道路和地区的"四街两乡"，以及边角白地绿化整治工程，共完成了近70余处绿化新建改造项目。

奥运中心区南起北四环，北至科荟路，东至北辰东路，西至北辰西路，范围内包含了"鸟巢""水立方"和国家体育馆，是奥运赛时期间的重点保障地区，朝阳区绿化局对区域内13条道路绿化工作高度重视，一方面积极督促其他施工单位尽早腾退绿化用地，另一方面本着最初的设计理念，简洁、整体、快速，以奥运标准加紧组织并实施已有条件的绿化用地，截至5月，近17公顷的绿化建设全部完成，火炬传递路线及"2468"重点大街重点地区近30公顷的奥运绿化整治工程也全部完成。朝阳区承担的奥运绿化工程，从设计水平、苗木质量、施工质量、施工进度等方面给参加奥运建设的领导和相关部门留下了深刻印象，得到北京市的高度认可，为建设"绿色奥运"作出了重要贡献。

公园建设方面，元大都城垣遗址公园是为配合奥运景观建设，充分体现人文奥运、绿色奥运的理念，进行整体升级改造，成为北京城区最大的室外群雕、最大的人工湿地、最大的带状公园，也是全国第一个减震防灾应急避难场所。2008年的奥运沙滩排球比赛计划设在朝阳公园举行，2007年8月，比赛场馆工程顺利通过竣工验收。建设难度最大的奥林匹克森林公园在南区设置了网球、曲棍球、射箭三个比赛场馆。该年还建设了 10 处郊野公园。

绿地建设方面，2007 年朝阳区有 32 块绿地被评为特级绿地，青年路、博大路等十块绿地被评为一级绿地。2008 年上半年建成 7 处万米大绿地。

城市居住区绿化建设方面，2005 年全区有 42 个小区完成新建和改造绿化工程，完成绿化面积 26.41 公顷，创建绿色社区 23 个，建成精品小区近百个。2007 年又新建 6 处绿色示范小区，绿化面积 46 公顷，城市居住区生态进一步改善。

朝阳区是北京奥运会的主赛场，为展现北京风采，烘托奥运气氛，朝阳区从 2007 年下半年开始着手摆花方案的设计，经过多次讨论、修改，总体景观目标定位为"激情奥运，绚丽朝阳"。根据区政府的统一部署，由绿化局负责组织实施花卉布置工作，在组织好专业队施工的同时，充分发动各街道及社会单位的力量。全区共栽摆花卉、绿植 1350 万盆，立体花坛 94 座，摆放大型花钵 700 余个。规模之大、数量之多、用材之广，均超过历史水平。

2009 年 8 月 25 日，北京市朝阳区人民政府"朝政发〔2009〕13 号"文件下发通知，将"北京市朝阳区绿化局"更名为"北京市朝阳区园林绿化局"。该年在区绿指办的主持下，独立统筹、推进绿化隔离地区和农村地区的绿化工作，继续建设了 6 个郊野公园，投资近 2.1 亿元，面积 311 万平方米。

2009 年 11 月，北京市人大常务委员会审议通过了《北京市绿化条例》。次年 3 月，《北京市郊区植树造林条例》和《北京市城市绿化条例》同时废止。

2009 年进行的园林绿化资源普查，是实现城乡统筹，把森林资源和城市绿化结合起来的第一次全面普查。调查结果显示：朝阳区绿地率由 2005 年的 42.31% 上升到 44.45%、绿化覆盖率由 2005 年度的 43.29% 上升到 44.96%、人均绿地由 2005 年 58.24 平方米上升到 68.02 平方米、人均公共绿地由 2005 年度的人均 15.02 平方米上升到 25.97 平方米。

2010 年，按照建设"新四区"的工作目标和再创"三个新优势"的工作要求，围绕创建全国文明城区这一工作中心，区域绿化美化管理职能不断向纵深发展。该年 6 月，朝阳区绿指办成立郊野公园管理中心。望湖公园、庆丰公园、大望京公园等公园陆续向社会开放。朝阳公园的"北京朝阳国际风情节"、中华民族园的民族风情节、元大都城垣遗址公园的海棠花节、红领巾公园的"北京双胞胎文化节"等文化活动成为朝阳区公园的品牌活动。

"十一五"期间，朝阳区城市绿化覆盖率已达 45%，圆满完成"十一五"规划目标。

公园建设方面，到2010年底，全区已有38个注册公园，其中有9个"北京市精品公园"，朝阳公园、奥林匹克森林公园、日坛公园、元大都城垣遗址公园等4个公园被评为首批市级重点公园。

农村绿化建设方面，高标准完成绿化隔离地区绿化850公顷，建成郊野公园25处（20个）；完成京顺路等重点绿色通道建设和环境整治绿化；实施了四环路、五环路、京沈高速路、京承高速路等道路200米绿化带工程以及新迎宾线景观大道、元大都城垣遗址公园改造建设等一大批优质精品绿化工程，全面提升了朝阳区绿化美化的水平和档次，形成了点、线、面、带、环相结合的绿化体系。

城区绿化完成了奥运会筹办、国庆60周年各项建设及环境整治，全区共绿化85条重点大街，建成园林特色大街239条、重要景观节点49处；完成居住区、农民新村的绿化新工86处及老旧小区的绿化改造196处。创建首都绿化美化花园式单位123个、首都绿化美化花园式社区9个。建造绿荫停车场11万平方米；屋顶绿化17万平方米。重点大学绿化建设任务中，有近一半属于奥运项目。

2008年奥运会的举办使得朝阳区进入了重要的发展阶段。这一时期，是朝阳区园林绿化事业发展承前启后、继往开来的时期，是实现"三化四区"目标的关键时期，也是借助奥运，创建良好生态环境、实现跨越式发展的关键时期。奥运建设和绿化隔离地区建设的迫切需要，是将区属绿化职能整合，成立朝阳区绿化局的重要推动因素。

朝阳区按照市委、市政府绿化美化首都的总体部署，确定了"大绿化"的指导思想，实现了绿化建设的"全面推进、重点突破、机制创新"。这一时期实施了城区绿化"五大景观"工程，启动一道、二道绿化隔离带建设，完成了生态环境跨越式提升，为奥运的成功举办营造了良好的城市空间景观效果。

朝阳区委、区政府抓住奥运建设和绿化隔离地区建设这一重大历史机遇，依照"三化四区"发展战略，把加快农村城市化作为首要任务纳入全区"十五"发展计划，全区按照绿化、规划、开发产业的发展思路，把加快绿化隔离地区建设与加快推进农村城市化各项工作紧密结合，加快农村生产、生活、管理方式和思想观念、人口素质等从农村向城市的转变，推动农村经济结构调整和农业产业结构的快速转型。

朝阳区的绿化隔离地区建设体现出鲜明的朝阳特色。首先是注重绿色景观的效果，集中成片打破了乡域的界限，实现成片、连线、连带的大绿化，形成北部、东部、东南部三大绿色板块，打造了一条贯穿区域南北的绿色长龙。其次是注重绿化精品工程建设，按照有特色、有创新、大都市气派、民族特色、文化内涵的建设思路，提高绿化层次。第三是坚持绿化建设与发展绿色产业相结合，建成一批集旅游观光，全民健身和文化休闲为一体的绿色产业项目。第四是绿色社区的创建，形成了"社区建在公园里、公园景观进社区"的绿化美化格局。

# 第十一节　环境优化和生态建设时期
## （2011~2017）

进入"十二五"时期，朝阳区的城乡环境面貌愈加改善，各项绿化建设、区域园林绿化管理职能不断向纵深发展，生态环境建设的力度进一步加大。

2011 年，朝阳区新增绿化面积 152 公顷，改造绿化面积 117 公顷，全区城市绿化覆盖率达到 46.42%，森林覆盖率达到 19.08%。该年将台乡将府公园成为全市第九批精品公园之一，与王四营乡古塔公园成为全市郊野公园中仅有的两家精品公园。各公园景区建设以创建全国文明城区为载体，积极实施景观环境和基础设施改造，挖掘文化底蕴，整合文化资源，打造公园品牌。

2012 年北京市委、市政府作出了实施平原地区百万亩造林工程的重大决策。朝阳区按照区十一次党代会、区政府工作报告的相关部署和要求，园林绿化工作开始围绕"新四区"建设，转变发展方式，提升生态功能和服务水平，全民参与，巩固文明城区绿化美化建设成果。截至该年 10 月 30 日，朝阳区已完成新增、改造绿化面积 285 公顷，完成平原造林工程 9632 亩，高标准完成园林绿化各项任务。该年京城森林公园、勇士营郊野公园、京城体育郊野公园建成开放。

2013 年，绿化美化工作以落实党的十八大"五位一体"总体布局为载体，围绕"建设精品化，管理精细化，运行安全化，职工幸福化"工作目标，加大城乡绿化美化建设和管理力度。全年计划新增、改造绿化面积 200 公顷，实施平原地区造林工程 8654 亩，实际完成 210 公顷，超额完成全年计划的 105.5%，完成农村平原地区造林 8654 亩。在北京市全年绿化养护管理综合评比中，朝阳区位列全市第二名。

2014 年，在中央和首绿委的关心支持下，北京市开始在京津冀更大范围内谋划首都生态环境建设。大力推动京津风沙源治理、京冀生态水源保护林、京津保中心区过渡带生态建设等重大工程，推进京津冀生态环境协同发展，在更大范围内布局首都生态屏障建设。

2014 年 9 月，朝阳区绿指办进行机构调整，部分绿化职能并入区园林绿化局，郊野公园管理中心调整为区园林绿化局下属事业单位。郊野公园管理中心的主要职责是负责组织落实郊野公园行业标准，制定朝阳区郊野公园管理办法和措施；负责对朝阳区郊野公园的景观养护、绿化养护等管理服务工作进行业务指导、监督和考核；负责郊野公园专项补助资金的管理使用工作。

该年朝阳区园林绿化局健全《朝阳区绿化美化事业发展精细化管理手册》和《朝阳区园林绿化局精细化管理手册》，共计形成《"三重一大"民主决策制度》《大额度资金使用工作流程》等内部管理制度、流程 187 项，形成《朝阳区园林绿化局具体行政行为法制审核制度》《朝阳区绿化工程质量监督工作流程》等面向社会的外部管理制度、流程 152 项。

2015 年，朝阳区组织全区各公园参与北京市精品公园、国家 AAA 级旅游景区的创建活动。着力景区改造，完善服务设施，为市民营造安全规范、舒适优美的游园环境，展现了朝阳区公园的文化品位和崭新风貌，大力开展公益性公园精品文化活动，都收到了良好的社会效益。兴隆公园等 6 个公园成功创建国家旅游景区 AAA 级景区。

在"十二五"期间，围绕朝阳区城市功能新的定位，绿化美化建设超额完成"十二五"规划指定的各项指标。全区的居住区达到"优美、清新、舒适、方便"的景观效果。以隔离地区绿化、重点通道绿化、公园建设、立体绿化为突破口，高标准完成 24 条市级、54 条区级环境优美示范大街，完成 18 条区域主干道路绿化改造，朝阳区窗口道路景观全面提升；完成朝阳境内三、四、五环路改造提升工程，绿化总面积达 93 公顷；建成区级健康绿道 2 条，总长度 15.94 公里；建设小微绿地 21 处；绿化养护新增道路面积 326 万平方米。完成屋顶绿化 12.4 公顷，老旧小区绿化改造 82 处，创建首都绿化美化花园式单位 66 个，花园式社区 38 个，花园式街道 1 个，首都绿色村庄 5 个。

截至 2015 年年底，朝阳区有林地面积达到 14.3 万亩，林木绿化率达到 24.94%，森林覆盖率达到 20.97%，城市绿地达到 14497.35 公顷，绿化覆盖率达到 47.5%，人均公共绿地面积达到 15.65 平方米（以现常住人口统计，如按户籍人口统计，则该数据为 30.06 平方米）。参考 1985 年朝阳区的绿化覆盖面积 1691.5 公顷，绿化覆盖率 21.1%。也就是说经过 30 年的园林绿化，朝阳区的绿化面积增长了一倍之多。

进入"十三五"时期，朝阳区作为北京最重要的城市功能区之一，产业空间迅速拓展、城市人口急剧增多、建设用地规模越来越大，给自然资源和生态环境带来了巨大压力。

随着城市发展和集聚效应的加大，城市功能区，特别是中心区土地利用、人口结构的复合化、多样化，对园林绿化的承载能力、服务能力提出了更高的挑战。

"十三五"时期，朝阳区的任务是高水平完成绿隔地区绿化建设，打造城市和郊野两条公园带，"建设提升百条环境优美大街"和"新建和改造百个大中小微型公园"，绿化覆盖率要达到48.3%，提升0.8个百分点（森林面积由9542.37公顷增加到10025.41公顷以上；森林覆盖率由20.97%增加到22.03%；城市绿地由14497.35公顷增加到15176.35公顷；全区公园绿地500米服务半径覆盖率由83.72%增加到92%）。

园林绿化的目标是综合提升园林绿化生态、管理、安全、文化、服务五大功能，实现生态效益、社会效益和经济效益的全面发展。由于城市用地拓展及其他开发建设，园林绿化用地被挤占，区域绿地规划建绿无法实现，代征城市绿化用地作为城市公园绿地的重要组成部分，推进代征绿地的收缴、建设和管理，保障公园绿地均衡分布、规划指标的有效实现，是"十三五"时期朝阳区园林绿化工作面临的重要挑战。

2015~2016年，区园林绿化局规划发展科组织进行《朝阳区"十三五"时期园林绿化发展规划》编制工作。2015年5月由规划发展科牵头启动编制工作，2016年6月形成《朝阳区"十三五"时期园林绿化发展规划》定稿。该规划在总结"十二五"时期园林绿化发展成就基础上，以北京市、朝阳区发展定位为指导，以构建国际商务之都，和谐宜居之城为目标，提出一系列核心项目、重点工程建设，描绘未来五年朝阳区园林绿化发展蓝图，是"十三五"时期朝阳区园林绿化各专项规划编制的重要依据和朝阳区园林绿化事业发展的重要文件。

2016年，疏解非首都功能为加强生态环境建设提供了宝贵的空间和机遇。朝阳区利用见缝插绿、拆迁腾退还绿等途径，将疏解腾退出的空间更多用于森林绿地建设。结合低端产业腾退、棚户区改造和拆除违建，建设城市休闲公园、小微绿地，提高公园绿地500米服务半径覆盖率。该年完成新增改造绿化面积约289.7公顷。其中城区绿化建设改造任务全面完成，平原造林完成任务总量的95%，共计1662.6亩。完成连接首都功能核心区和北京城市副中心的广渠路二期道路绿化26.5公顷。落实区"十三五"规划提出的"新建和改造百个大中小微型公园"任务，重点实施了秀木广场绿地等25处小微绿地的改造建设。完成10处老旧小区改造、实现屋顶绿化2公顷、垂直绿化4.2公里。2016年朝阳区在全市园林绿化公园管理工作考评中获得全市第二名。连续三年被北京市公园绿地协会授予优秀会员单位

朝阳北路位于首都东大门，2016年度区园林绿化局启动环境整治建设项目并跨年

度实施。工程位于朝阳区东部边界与通州区毗邻，属于北京东部楔形绿带，实施环境整治和绿化美化，完善楔形绿带，打造一张进入朝阳东大门的绿色名片。工程2017年3月1日开工，6月30日竣工，总面积1.65万平方米，栽植乔木1322株、灌木及色带8万株，栽植地被、花卉0.4万平方米，铺草0.7万平方米。工程分南北两个地块，跨越朝阳北路，景观设计主题是"筑梦朝阳"，北侧地块依据地形设计为台地式花园，主要景点采用九面流水景墙，表现门启九重的文化含义，南侧地块以流畅的花池与花带为主，梧桐树为骨干树种。年内还完成广渠路沿线环境整治工程双井段项目。

2016年，《北京城市总体规划(2016~2030年)》(草案)出台并向社会公示。新一轮的北京市总体规划修改，提出了疏解非首都功能、优化城市功能体系及产业空间布局、加强生态保护与环境改善等一系列修改调整措施。这对城镇园林绿化从发展思路和方式上提供了新的方向，是难得的发展机遇，同时也提出了巨大的挑战。结合功能疏解，园林绿化工作需要采取增量建设和存量挖潜提升并存的发展思路。利用大量的腾拆空地进行城市绿化，加大对未实施规划绿地的推进落实。同时，从城市风格特色、满足市民多元化需求等方面，通过各种手段突破创新，力求在有限的绿地资源内，对绿地品质进行稳步提升。

2017年是朝阳区园林绿化事业"十三五"时期的攻坚之年，该年举办了党的十九大、"一带一路"国际合作高峰论坛等重大会议活动。园林绿化工作以推进首都生态文明和城乡环境建设为主线，扩大绿色生态空间，打造绿化景观亮点。提升城市公园、绿化成果的管理水平，将管护高水准常态化，扩大绿色惠民成效。该年完成新增改造绿化面积约618公顷及801.7亩平原造林任务，包括25个大中型城市公园、30条重点道路景观提升、10个老旧小区改造、2公顷屋顶绿化及2公里垂直绿化等重点任务。该年还对非法侵占绿地、代征绿地回收、森林防火等问题进行了推动性的检查治理，起到了积极有效的作用。截至2017年底，包括郊野公园在内，朝阳区共有注册公园45个。

随着北京行政副中心的东移、北京为主办城市的2022年北京-张家口冬季奥林匹克运动会的召开，都为北京市与朝阳区的园林绿化事业发展提供了新的机遇。按照《朝阳区"十三五"时期园林绿化发展规划》，逐步实现"一河、两带、多廊"绿地空间布局，完善绿化隔离地区生态屏障功能。融合朝阳区"生态""国际""时尚""活力""宜居"的内涵特征，突出朝阳特色景观，建设首都重要的城市绿色生态保护带。相信在"十三五"期间及下一个五年计划中，朝阳区的城乡环境和地区生态建设将会有更大的改观。

# 第十二节　朝阳区园林绿化工作回顾与展望

## 一、朝阳区园林绿化发展的成就

在各时期的北京城市总体规划的指导下，在整体增长和逐步完善的趋势下，北京市的绿化格局在各个历史发展时期都有所侧重和调整，朝阳区对辖域内的绿化项目、任务都进行了积极的回应与执行。从 20 世纪 50 年代绿化规划经过多次调整，大地园林化背景下的城区园林绿化建设曾与农业生产有机结合，完成了建国早期的朝阳城乡绿化工作。经过特殊时期停滞与建设并存时期，直到 80 年代，大环境绿化开始全面推进，新老公园的持续建设、城乡绿化和群众绿化的广泛开展、再到 90 年代构建比较完整的城市绿化系统，提升绿化美化水平，朝阳区已经建设成为全国园林城市和全国绿化模范城市。

从建国初期城乡园林绿化的基础上，经过"七五"规划到"十三五"规划的建设，朝阳园林绿化已经走过了 60 年的发展历程。尤其是近 30 多年来，朝阳区园林绿化紧密结合四次历史发展机遇，得到了快速发展，并取得了令人瞩目的丰硕的成果。从首都发展的长远规划和地区发展的需要出发，朝阳区的园林绿化建设逐步走向了从宏观到微观的整体布局。并进一步完成了朝阳区园林绿化的规划编制，启动了一批示范项目。尤其是利用见缝插绿、拆违还绿、将疏解腾退的空间更多地用于园林绿地建设，不断提高城市生态宜居水平。

60 年来，园林绿化从早期的普遍建设和重点建设结合，到后期的全面推进，转变方式、疏解功能、治理环境、补齐短板，生态文明和环境建设取得了长足的进步，朝阳区实现了跨越式的发展，城乡绿化一体化全面推进，生态环境得到明显的改善。

60 年间，朝阳区园林绿化机构随着时代的发展完成了多次蜕变，同时，伴随着时代科技的进步与发展，园林专业技术也逐步向机械化、现代化的方向迈进。新技术、新标准、新工艺和新模式的应用和探索，极大提高了园林绿化的建设和管理能力。同时，工作作风有了转变，干部职工更加具有责任意识与担当观念。

社会各界和全区人民的关心与支持，是朝阳区园林绿化工作的最大优势和根本保证。在群众绿化工作中，国家领导人和市区领导多次来朝阳区积极参与全民义务植树活动做出表率，地区广大人民群众发扬了高度的积极性、主动性和创造性，义务植树成效显著，认建认养积极踊跃，纪念树、纪念林比比皆是，群众绿化成果遍布城乡，全区群众与园林绿化部门在共建共享中，共同实现了地区生态环境的巨大变化。

朝阳区在园林绿化工作中，推进城乡环境建设和管理的精细化、常态化、长效化，在园林绿化建设中，强化了尊重自然、传承历史、环保低碳等科学理念，实现了系统化、科学化、人性化的建设成果。比如团结湖公园的建设，具有突出的江南文化韵味和文化亲民气息；红领巾公园的青少年思想文化教育特色；日坛公园在各个时期的历史文化保护建设和大量的公园文化活动；元大都城垣遗址公园对重要历史遗迹的保护和新生，中华民族园从文化内涵到建设经营模式的全新探索；奥林匹克森林公园的环保科技应用、继承文化传统的艺术设计以及承载诸多的历史纪念意义。很多项目深入挖掘了历史文化内涵，结合艺术设计，驾驭科学手段，尤其是真正考虑并结合广大人民群众的需要，让地区人民群众真正分享绿化建设的成果，各类公园、大型绿地、花园式社区和街道、屋顶和立体绿化等为市民提供了更多的绿色生活空间。

林业资源保护和管理方面，对林木，绿地资源的管护逐渐加强，完善征占用林地的规划和代征绿地的管理、绿化实施、审查和服务的机制。森林防火工作取得了瞩目的成绩，截至 2017 年，朝阳区已经连续 32 年无森林火灾记录。有害生物防治工作积极布控，稳步有效。确保了我区森林资源的安全，为美化朝阳，为首都的政治稳定，营造良好的投资环境，做出了积极贡献。同时，科技手段的不断应用，在林地资源普查和动态监测方面发挥巨大作用。

朝阳区位于首都国门，是重要的使馆区所在地，重大节日，重大政治活动，乃至亚运会、奥运会的举办地，因此，美化绿化一直是朝阳区的工作重点。如 20 世纪五六十年代以来的外交摆花任务、70 年代日坛种植见证中日友谊的樱花、使馆区道路的绿化美化、机场路、迎宾线、若干景观大道的建设等，朝阳区的外交职能和国门形象作用日益显著，其中园林绿化起到了至关重要的作用。朝阳区"国际交往的重要窗口、中国与世界经济联系的重要节点、对外服务业发达地区、现代体育文化中心和高新技术产业基地"的功能定位在园林绿化的装点下愈加明晰。

进入"十三五"规划的历史新时期，北京首都的功能分区做了新的调整，行政中心的定位和转移，给园林绿化工作带来新的发展方向和新的课题，朝阳区将落实首都"四个中心"战略定位，进一步推进生态文明建设，建设具有"京津冀"协同发展示范效应和国际一流的生态文明区，建设国际一流和谐宜居之都。朝阳区园林绿化美化事业，对于全面优化提升朝阳城市功能，实现朝阳科学发展、民生幸福，具有重大而深远的意义。

## 二、园林绿化存在的问题和面临的挑战

朝阳区园林绿化工作 60 年的发展历史，是一个在发展中不断革新、修正的过程，发展中必然会有问题，并在挑战中探求和思考。因此朝阳区的园林绿化除了诸多成就之外，还存在着一些不足。

整体上看，首先是总体绿量仍然不足，且在各个区域分布不均匀。其次是林木的质量不高，园林绿化景观的效果虽然取得了一定的成绩，但距离群众期待和国际一流和谐宜居之都的目标还有一定的差距。三是对社会绿化监督管理的力度仍存在不足，社会绿化的养护管理水平参差不齐，专业绿化养护的比例有待提升。四是从地区综合全面发展的角度看，绿化美化工作在朝阳区快速发展的几十年中发挥了重大作用，但重要程度需要一个更合理的定位；五是统筹全区绿化美化工作，各单位部门的组织协调和沟通联系还应进一步加强。此外，科技投入和科研经费投入不足，科研项目的科技含量不足。

具体来说，朝阳区的公园发展在政策和规划发展上还有提升和改进的空间。绿化和园林从科学理性发展方面还存在一些盲目的设计观念：如违背节约成本原则，忽视绿化与景观的协调，硬质景观比例过大；设计违背生态优先的原则，不惜成本追求景观效果，使用大规格树木甚至名贵植物、甚至大量密植，造成树木后续生长的问题。在绿化成果的保护和巩固上。从养护技术、养护资金、养护机制、执法保护等方面需要进一步优化，健全相应的制度办法。如果以 60 年的视角回顾，绿化建设项目有成功的案例，但还有一些项目并没有实现预想的绿化蓝图。

经过朝阳区几十年的快速发展，朝阳区的农村城市化转型基本完成，产业开始围绕绿地，经济发展与绿化争地的矛盾逐渐突出。巩固绿化成果，加强绿地保护成为今后要面对的重要问题。以上问题的逐渐解决，是朝阳区园林绿化事业继续向前发展的新的开始。

## 三、"十三五"规划带来的新的发展机遇

十八届三中全会提出生态文明的发展战略，对城市园林绿化提出前所未有的高要求。为城镇园林绿化工作方向，为建立生态底线思维、改善人居环境、实现城乡健康发展、全面提高城镇绿化水平提供了战略保障。

京津冀协同发展的国家战略背景，为城镇园林绿化建设提供了更为广阔的发展思路。京津冀协同发展下的园林绿化建设，以疏解中心城区人口为目标，以疏解非首都功能腾退空间为切入点，高质量、高标准的进行城镇园林绿化。

建设国际一流和谐宜居之都是中央对北京新时期城市发展战略定位提出的新要求。以国际一流为标准，城镇园林绿化应发挥营造高质量城市环境、体现城市文化品位、增加城市活力、改善民生的多重作用。以和谐宜居为标准，城镇园林绿化应更加以人为本，关注人与自然的和谐相处，提升绿色基础设施的方便性与舒适度。

新一轮的北京市总体规划修改，提出了疏解非首都功能、优化城市功能体系及产业空间布局、加强生态保护与环境改善等一系列修改调整措施。这对城镇园林绿化从发展思路和方式上提供了新的方向，是难得的发展机遇。结合功能疏解，园林绿化工作需要采取增量建设和存量挖潜提升并存的发展思路。利用大量的腾拆空地进行城市绿化，加大对未实施规划绿地的推进落实。同时，从城市风格特色、满足市民多元化需求等方面，通过各种手段突破创新，力求在有限的绿地资源内，对绿地品质进行稳步提升。

另一个重要的发展机遇是北京行政副中心的东移，位于北京市两个行政中心之间的朝阳区作为联系通道的作用将更加突显。

## 四、"十三五"时期朝阳区园林绿化的发展思路与展望

"十三五"时期是朝阳区落实首都"四个中心"战略定位，建设国际一流和谐宜居之都的关键时期。做好朝阳区园林绿化美化事业，对于全面优化提升朝阳城市功能，实现朝阳科学发展、民生幸福，具有重大而深远的意义。

按照"功能首都化、环境宜居化、城乡一体化、民生优质化"的要求，提出了全区作为"首都国际交往的重要窗口区、全国文化创新与交流示范区、具有国际影响力的商务中心区、国际研发创新基地、城市绿色生态保护带"的发展定位。城市绿色生

态保护带的提出，是结合朝阳在新的北京市总规布局下，作为两个行政中心之间的绿化隔离与生态缓冲带，区域定位与城市功能都更加重要，需要更加强调大尺度的生态建设，为未来朝阳区的园林绿化，提供了新的机遇。

"十三五"时期城镇园林绿化的目标是综合提升园林绿化生态、管理、安全、文化、服务五大功能，实现生态效益、社会效益和经济效益的全面发展，按照"一河、两带、多廊"绿地空间布局，完善绿化隔离地区生态屏障功能，积极推进社会绿化，融合朝阳区"生态""国际""时尚""活力""宜居"的内涵特征，突出朝阳景观特色，建设好城市绿色生态保护带。

这一时期的基本原则是坚持生态优先，效益兼顾；坚持服务城市，特色鲜明；坚持改革创新，完善机制；坚持以人为本，共建共享。

首先是贯彻生态战略，建设朝阳生态格局，结合"一河两带多廊"的建设布局，"一河"即温榆河，着力打造温榆河生态景观廊道，加强水系绿廊建设。加强绿化隔离地区生态屏障功能建设，积极推进一道、二道绿化隔离带"两带"规划绿地的实施。优化完善城市休闲公园布局，完善现有郊野公园设施和功能，新增和改造郊野公园，打造郊野公园环。通道绿化"多廊"建设，重点建设多条联系北京市城市中心与副中心等外围组团的楔形绿地、交通绿廊、水系绿廊。

其次是服务城市功能，构建朝阳景观特色。按照朝阳区的六大功能区布局，依据园林绿化为城市功能服务，塑造特色景观环境的理念，加强绿地共享，提高绿地的开放性与公益性，整合资源完善每个城市功能区的公园体系，结合各个城市功能区的特点，强化朝阳景观特色。

三是建设核心项目，拓展朝阳景观品牌。朝阳区园林绿化建设是引领全市的高点，结合朝阳国际化的城市定位，应当高标准、高起点建设核心项目，在城市开发中强调园林绿化的引导先行作用，使园林绿化引导与限定城市发展，拓展朝阳景观品牌。

四是理顺和建立城乡统筹的园林绿化行政管理体制，强化监督、控制管理能力建设；加强人才队伍建设，充分开发人力资源，提高管理水平，健全绿地管理、养护与保障机制，推动科技创新，提高管理效能。

## 五、节约型生态园林——未来园林绿化的发展方向

随着社会经济和城市建设的快速发展，城市土地、水资源和生态环境等面临着巨

大压力，资源紧缺和生态环境问题日益突出。园林绿化建设在实施过程中应充分提高自然资源与各种能源的利用率，以最合理的投入获得最适宜的综合效益，充分发挥园林绿化在城市发展和节约型社会中的作用。重视园林绿化建设和管理过程中的资源节约和高效利用，实现可持续发展，建设节约型园林成为未来园林绿化事业的重要趋势。

## （一）朝阳区的节约型园林绿化建设

朝阳区节约型园林建设坚持以推进生态文明建设、改善人居环境为主要目标，把生态效益和社会效益放在首位，以节水、节地、节约资金为主要手段，促进朝阳区园林绿化建设和发展模式向更为节约、更加科学、可持续发展的方向转变。

### 1. 节约利用水资源

为了更好地提高水资源利用率、缓解居民用水与绿化用水的矛盾，建设节水型园林、推广节水型绿化技术是必然选择。城市绿地作为雨水下渗、补给地下水的重要通道，通过建立城市"绿色海绵"系统有效提升城市绿地集雨节水功能，减轻市政排水压力，打造"海绵城市"。下凹式绿地作为城市"绿色海绵"系统的一个重要组成部分，在朝阳区节约型园林绿化建设中已得到广泛推广。除公园绿地外，小区绿化及道路绿化也不断提高雨洪利用能力，做好雨水收集利用。

作为再生水源的中水，日趋成为工农业及绿化行业除自来水之外的另一种不可缺少的水源补给系统，是节约和保护城市水资源的一条重要途径。2012~2015年，奥林匹克公园南园补充中水量分别为70万立方米、44万立方米、32.5万立方米、32.5万立方米。

要降低园林绿化对城市水资源的消耗，就必须大力推广节水型灌溉技术。目前朝阳区应用较多的是喷灌系统，比地面灌溉可省水30%~50%，而且还节省劳动力，有利于提高养护质量。滴灌除具有喷灌的主要优点外，比喷灌更节水（约40%）、节能（50%~70%），但因管道系统分布范围大而增大了投资成本和运行管理的工作量，目前主要应用于立体摆花的灌溉上。

随着城市绿地中草坪比重的逐年上升，导致乔灌木比重逐年下降，不仅降低了绿地系统的生态效益，也加大了城市园林的用水量。合理的植物种类选择和配置方式，是发展节水型园林的关键所在。因此，在进行园林植物配置时，必须坚持以树木为主体，努力提倡乔、灌、草相结合的复层结构。城市园林绿地系统作为一个人为因素高度干扰的特殊的生态系统，在选择植物种类时，要始终坚持适地适树原则，重视乡土树种的推广应用。乡土树种以其较强的适应性和抗逆性，在长期的演变中形成地域特性和特色景观，是园林绿化的首选树种。此外，选择应用适宜在北京生长的大量耐旱植物，不仅能够节约灌溉用水，还能营造独特的景观。

### 2. 充分利用空间资源

传统的地面绿化形式对土地资源的依赖性较大，绿化用地与建设用地的矛盾随着朝阳区城镇化进程的不断加快而愈加凸显。规划绿地在实际实施过程中同样受到多种条件制约限制。拓展立体空间绿化形式，实施立体绿化，逐渐成为节约型园林绿化建设的重要发展途径。实施屋顶绿化、垂直绿化等立体绿化，不仅对楼体具有降温节能功效，有效缓解城市热岛效应，更是新时期建设海绵城市的一项重要手段。

2006年，朝阳区园林绿化局对全区可绿化屋顶进行全面普查，数据显示全区可绿化屋顶总面积累计约有140万平方米。在此基础上，朝阳区制定出屋顶绿化逐年发展的实施计划和方案。十年来，朝阳区在中北部区域集中连片实施了屋顶绿化，总面积近40万平方米（花园式屋顶绿化约13万平方米）。屋顶绿化的推广，从最初财政补贴的简式屋顶绿化，到屋顶绿化防水一体化的花园式屋顶绿化，从资金投入、方案设计、实施类型都已取得了长足的发展。"十二五"期间，朝阳区实施垂直绿化2万多延米，团结湖、三里屯、垡头街道垂直绿化推广和建设取得了显著的效果。

建设绿化停车场和地下设施覆土绿化充分发掘有限的地面空间，提高土地综合功能，合理增加城市绿量，是传统的地面绿化形式新的发展方向。北京市地方标准《北京地区地下设施覆土绿化指导书》《北京地区停车场绿化指导书》为节约型园林绿化建设提供了有力的技术支持和专业保障。朝阳区结合以奖代补政策投资建设了望京、双井、劲松、东湖等10余处绿化停车场。

节约型园林绿化建设涉及园林绿化设计、施工、养护、管理等多个环节，通过严格保护现有绿化成果、应用乡土植物、强化全过程管理等多项措施，降低建设成本和养护成本，提高绿化资金使用效率。

在城市园林绿化建设中，优先使用成本低、适应性强、本地特色鲜明的乡土树种，尽量减少冷季型草坪的使用比例，逐步用野生地被植物、宿根花卉等代替。除了获得独特的景观效果，良好的生态效益，还可以大大降低养护成本。此外，按照节约型园林绿化建设的要求，严格控制投资标准，严格审查规划设计方案，以此达到从设计源头把控高价建绿，在施工阶段把控工程成本的目的。

## （二）推进节约型园林绿化建设的展望

在园林绿化建设中应充分重视并贯彻节约的理念，充分认识建设节约型园林绿化的重要现实意义，在园林设计、施工、养护管理等各个环节中坚持节约原则，不断探索落实各种节约措施，最大限度地发挥园林绿地的综合功能。同时，最大限度地提高资源的利用率，减少能源和资源的消耗，避免各种浪费，真正实现园林绿化的可持续发展。

一是全市加强统筹协调，提前明确建设任务。"十三五"规划任务经审议通过后，全市各区县应按规划实施未来五年的绿化建设，在年底前明确次年的绿化建设任务和资金规模，2月底前完成招投标程序，争取在春季大规模实施绿化建设，尽量避免反季节施工，力争降低绿化成本，提高苗木成活率。

二是增强节约意识，节约型园林绿化建设是一个系统工程，贯穿于园林设计、施工建设和养护管理等各个环节中。提升主管部门及从业人员的节约意识，在实际工作中应该综合运用各种节能技术和节约措施，真正实现的园林绿化综合功能。

三是增加科研投入，加大推广力度。目前关于节约型园林绿化的系统研究还没有全面开展，从节约型园林绿化的理论到各个层面的实用技术都缺乏科学研究的支持。新材料、新技术的研发尚有广阔的空间，新型运营模式也需要深入探索和研究，各种既有的实用技术仍需有效地集成和推广。

四是创新绿地养护管理模式。有条件的地区尽量采用再生水灌溉绿地，采用科学的灌溉模式，提高水资源的利用率；根据苗木生长需求合理地进行病虫害防控及有机肥使用，进一步研究实施病虫害的可持续控制技术，减少农药和化学肥料的施用量；进一步探索实施绿色垃圾的资源化和循环利用，真正实现变废为宝，减轻城市垃圾处理压力。

五是加强绿地保护。保护好现有绿地，使其发挥良好的功能，是节约型园林绿化整个系统工作中最大的节约措施之一。首先是加强绿地规划、审批的管理。其次是园林主管部门和城管执法部门联合，加大对现有绿地的保护力度。第三是加大加重对侵占绿地的处罚力度。第四是通过多种方式争取社会各界对绿化成果的共同保护。

# 第二章
# 朝阳区园林绿化建设及成果

## 第一节 全民义务植树

### 一、发展缘起

改革开放之初，我国的生态环境问题引起了党和国家的重视，因为当时全国的森林覆盖率仅为12.5%，全国的森林覆盖率过低，严重影响国土环境面貌，因为生态环境的破坏，导致水灾旱灾频繁、生物物种减少等严重的生态问题。

为了遏制国家森林面积逐渐缩小的趋势，尽快改善国土的绿化状况，1980年3月5日，中共中央、国务院作出《关于大力开展植树造林的指示》。1981年12月13日，全国五届人大四次会议《关于开展全民义务植树运动的决议》，把绿化祖国作为国策，靠全民性、义务性、法制性来强化绿化的意义，强化植树绿化，进一步调动了广大群众植树绿化的积极性。

1982年2月。国务院颁布《国务院关于开展全民义务植树运动的实施办法》，把绿化祖国作为公民的义务以法律的形式固定下来。该年邓小平同志发出"植树造林，绿化祖国，造福后代"的号召（《邓小平文选》第3卷），并从战略高度对国土绿化作出许多重要的阐述。

为了切实贯彻这一决议，1985年3月18日，在北京市第八届人民代表大会第四次会议闭幕会上，通过北京市人民政府关于规定全市人民"义务植树日"的建议。由于北京市地处北方，气候偏寒，为了适时植树以提高成活率，便于更多的市民参加植树绿化，并通过这项活动发扬集体主义、共产主义道德风尚，规定每年四月的第一个休息日作为北京市的"义务植树日"。

## 二、组织和领导

1981 年以前，朝阳区建设局内设绿化办公室，主要负责对区内街道、机关、学校、部队绿化的宣传组织和检查指导，为单位提供苗木，组织花展和节日摆花，审批移伐树木等。

随着《决议》与《办法》的出台，1982 年 2 月 25 日，朝阳区人民政府朝阳区绿化委员会成立，组织和领导全区的园林绿化工作，并在该年扩编绿化办公室，区属 21 个街道办事处由绿化办公室各派一名干部，检查指导群众绿化工作。朝阳区绿化委员会第一次会议通过的《关于开展全民义务植树运动的意见》中要求各街道办事处、公社成立绿化领导小组；驻区中央市区属机关、工厂、院校、部队、农场、房管所等单位要明确一名主要负责同志；各单位要建立、充实加强本单位绿化组、绿化队、林业专业队。

朝阳区绿化委员会办公室成立以后，使得全区的城乡绿化得以统一规划，统一部署，使城乡绿化建设走向总体发展的轨道。从 1982 年起开始，大规模的朝阳区全民义务植树活动成为惯例。

1983 年召开的北京市第二次园林工作会议，明确提出园林绿化要实施三级管理体制。朝阳区因此开始修订大环境绿化规划，区绿化委员会办公室开始成为相对独立的政府职能部门，上级对接首都绿化办公室，负责对全区群众绿化进行协调指导。当时的 30 个街道办事处各自成立一个绿化办公室，此外，从区园林局抽调了部分职工下到街道办事处绿化办公室，协助搞好群众绿化工作。

## 三、中央领导在朝阳区的义务植树活动

自 1989 年 4 月 2 日邓小平同志来到朝阳区亚运村建设工地视察，并植下了一棵白皮松之后，党和国家领导人多次来到朝阳区，率先垂范，参加全民义务植树。朝阳区的朝阳公园、奥林匹克森林公园成为国家领导人植树的重要地点。

1992 年 4 月 5 日和 1996 年 4 月 6 日，江泽民、杨尚昆、李鹏、万里等国家领导人到朝阳公园参加植树活动。1993 年 4 月 4 日，江泽民、李鹏、乔石、李瑞环、朱镕基、刘华清、胡锦涛等国家领导人到洼里乡碧玉公园参加植树活动。2001 年 4 月 1 日，

江泽民、李鹏、朱镕基、李瑞环、胡锦涛、尉健行、李岚清等党和国家领导人来到北京奥林匹克森林公园参加首都全民义务植树活动。

2002年4月6日，党和国家领导人江泽民、朱镕基、李瑞环、胡锦涛、尉健行、李岚清等中央领导同志到朝阳区朝来森林公园，参加首都全民义务植树活动。江泽民强调："植树造林，绿化祖国，造福后代我们要再接再厉，一代一代干下去。"

2003年4月5日，中共中央总书记胡锦涛、军委主席江泽民等中央政治局常委及其他领导同志到朝阳区奥林匹克森林公园参加植树劳动。2004年4月3日，中共中央总书记胡锦涛、军委主席江泽民及中央政治局常委到朝阳公园参加首都全民义务植树活动、中央和国家机关有关部门及北京市负责人参加了植树活动。

2005年4月2日，胡锦涛、吴邦国、温家宝等党和国家领导人到奥林匹克森林公园，与首都各界群众代表一起参加义务植树。胡锦涛强调："环境是经济社会可持续发展的依托，是我们共同生活的家园，要求全社会都要坚持不懈地做好爱护环境、保护环境、建设环境工作，努力实现人与自然和谐发展目标。"

2006年和2007年的4月1日，党和国家领导人胡锦涛、吴邦国、温家宝等到北京奥林匹克森林公园同中央军委领导、市委、市政府领导、首都劳动模范、绿化先进工作者、奥运志愿者和基层干部群众代表以及少先队员一起植树。

2008年4月5日，胡锦涛、吴邦国、温家宝、贾庆林、李长春、习近平、李克强、贺国强等党和国家领导人来到奥林匹克森林公园，同首都劳动模范、奥运志愿者和少先队员代表一起植树。胡锦涛总书记同首都劳动模范和北京市、国家林业局的负责同志一起种下一棵白皮松、一棵华山松和一棵紫玉兰。植树活动结束后，胡锦涛说："北京市这些年绿化工作很有成绩，特别是建成了北京奥林匹克森林公园，使北京多了一片'城市森林'。现在离举办北京奥运会和残奥会越来越近了，我们要进一步弘扬'绿色奥运'理念，吸引更多的市民参与到植树造林、美化环境的活动中来，以良好的环境迎接各国体育健儿的到来"。

2013年9月7日，习近平总书记在谈到环境保护问题时指出："我们既要绿水青山，也要金山银山。宁要绿水青山，不要金山银山，而且绿水青山就是金山银山。"表达了党和政府大力推进生态文明建设的鲜明态度和坚定决心。按照尊重自然、顺应自然、保护自然的理念，贯彻节约资源和保护环境的基本国策，把生态文明建设融入经济建设、政治建设、文化建设、社会建设各个方面和全部过程。

2015年4月3日，党和国家领导人习近平、李克强、张德江、俞正声、刘云山、王岐山、张高丽等到朝阳区孙河乡参加首都义务植树活动。

2016 年 3 月 29 日，党和国家领导人习近平同志等人同北京市、国家林业局负责同志以及首都干部群众、志愿者、少先队员在北京市朝阳区将台乡雍家村植树点同首都群众一起参加义务植树活动。在京中共中央政治局委员、中央书记处书记、国务委员等参加植树活动。

2017 年 3 月 29 日上午，党和国家领导人习近平、张德江、俞正声、刘云山、王岐山、张高丽和在京中共中央政治局委员、中央书记处书记、国务委员到将台乡雍家村植树点，同首都群众一起参加义务植树活动。习近平同北京市、国家林业局负责同志以及首都干部群众、志愿者、少先队员一起植树，接连种下白皮松、西府海棠、银杏、碧桃、榆叶梅。习近平强调："植树造林，种下的既是绿色树苗，也是祖国的美好未来。要组织全社会特别是广大青少年通过参加植树活动，亲近自然、了解自然、保护自然，培养热爱自然、珍爱生命的生态意识，学习体验绿色发展理念，造林绿化是功在当代、利在千秋的事业，要一年接着一年干，一代接着一代干，撸起袖子加油干。"

## 四、朝阳区全民义务植树活动

遵循邓小平同志对义务植树的重要批示和万里同志讲话精神，1983 年，全民义务植树活动和树木养护管理工作成为朝阳区的群众绿化工作重点。该年，为了调动各方面的积极性，朝阳区印发了《邓小平批示》和《义务植树分配通知单》，组织了 3 次全区义务植树活动并召开表扬先进大会。该年北京市下达的植树指标是 13 万株、铺草任务是 7 万平方米，朝阳区实际完成植树为 287939 株，铺草面积为 11 万平方米。各种树木成活率达到 89.8%，实现绿化覆盖面积 85 万平方米。该年朝阳区有 22 个集体被评为市级先进单位，涌现了 31 位先进个人。

到 1984 年，朝阳区城乡参加义务植树的工日达到 4 万多个，全年计划植树 20 万株，实际完成为 29.5 万株，超过计划的 47.5%。实现新的绿化中心覆盖面积达到 90 万平方米，超过市里下达任务 10 万平方米。计划栽草 7 万平方米，实际完成了 15 万平方米，超过计划一倍多。

1986 年 3 月至 4 月，朝阳区大环境绿化一期工程共植树 21100 余株，市属部分单位、区属各部门单位和附近各公社都参加了植树劳动。其中安家楼林带共植树 130 亩，计 9453 株。参加义务劳动的单位有 12 个，计 10030 人。参加孙河大桥绿化义务劳动共有 32 个单位，1700 余人。种植树木共计 1383 株。为加快进度，在 4 月组织了全区 500 人参加义务植树，共植树 1.5 万株。

1988 年区绿委办充分发挥组织协调指导作用，按市区一个办事处一条路、两块绿地的绿化任务指标，认真进行了安排落实，调动了 22 个办事处，植树 268500 株，种草 164765 平方米，增加绿化面积 300000 平方米。1989 年全年共植树 306303 株。1991 年春季植树共栽植乔木 34000 株，是计划的 150%；灌木 93000 株，是计划的三倍，超额完成了 1991 年的栽植计划任务。

自 20 世纪 90 年代开始至今，义务植树成为由区绿委办组织，区各级单位与群众广泛参与的全民活动。1997 年全区参加义务植树活动有 20 余万人。植树节期间，市、区领导到朝外大街与园林工人、街道干部一起参加植树劳动。1998 年全区参加义务植树活动有 20 万人次。市、区领导到朝阳公园与机关干部、园林工人一起植树劳动，团区委和民族大学学生开展种民族团结树等活动。1999 年，为进一步提高朝阳区绿化工作水平，区委、区政府多次召开区委书记会、区政府办公会，研究绿化美化工作，提出全区绿化工作要整体推进、重点突破、机制创新，对全区的绿化美化工作进行具体的安排和部署。2000 年全区有 3 万余人参加植树劳动，驻区解放军、武警部队有 10 万人次支援朝阳区绿化建设，共植树 20.3 万株。

2002 年成立朝阳区绿化局，朝阳区绿化委员会办公室下发了《关于开展 2002 年义务植树工作的通知》朝绿委办字〔2002〕3 号。朝阳区绿化宣传工作树立了"大绿化"指导思想，注重提高全民的绿化意识，组织多种形式的首都全民义务植树日宣传活动。

随着 2018 年北京奥运会绿化建设的展开，2003 年初，朝阳区绿化委员会办公室向全区发出"为朝阳建一片绿，为奥运植一棵树"的号召，在全区范围内大力推行绿地认养。社会单位和群众参与绿化美化，开创了义务植树活动新的形式。该年 4 月 3 日，由首都绿化委员会办公室发起，主题为"宣传绿色奥运"植树公益活动在朝阳公园举行。4 月 5 日，北京市委、市政府、朝阳区委、区政府、区人大、区政协的领导和群众一起参加植树活动。朝阳区有 14.5 万人参加义务植树劳动，植树 18.3 万株，挖树坑 20 万个，动土方 8 万立方米，养护各类树木 25 万株。朝阳区绿化委员会办公室、朝阳区绿化局在东大桥文化广场举行以"绿化美化北京，建设生态朝阳"为主题的大型义务植树宣传咨询活动。

2004 年 3 月 27 日，来自 20 多个国家的 80 余名驻京记者和留学生到奥林匹克森林公园参加义务植树。北京市政协民族宗教界委员和市民委、市民族联谊会、民族文化交流中心、雍和宫管理处等单位少数民族和宗教人士近 200 人到朝阳区王四营乡参加植树活动。全国人大、国家民委、中国人民对外友好协会领导到朝阳区参加植树活动。

2005 年 3 月 24 日，中央军委、解放军四总部和驻京解放军、武警部队军职以上部队首长及官兵在奥林匹克森林公园参加首都义务植树活动。全年全区有近 90 万干部群众参加了包括义务植树、绿化宣传、养护树木、清扫绿地等各种形式的全民义务植树活动，植树 20 万株，绿化面积 26.67 万平方米。

2006 年为纪念全民义务植树运动 25 周年，义务植树活动创下历史新高。4 月 7 日，英国贸工部部长 Ian Pearson 在英国驻华大使及使馆官员的陪同下，到朝阳公园参加植树活动。4 月 15 日，全国政协领导和机关工作人员 200 余人到奥林匹克森林公园参加植树活动。世青赛组委会成员、市体育局、朝阳区委、区政府四套班子领导、党政机关干部及武警官兵和中小学生共计 6000 余人，在东五环路平房桥区东南侧绿地及姚家园路两侧参加义务植树。全民义务植树日朝阳区近 20 万人参加义务植树活动，植树 7.8 万株，挖坑 7.3 万个，动土 7 万立方米，养护树木 41 万株，清扫绿地 308 万平方米，发放宣传材料 5.4 万份，出动绿色志愿者 1 万人。北京奥组委和市委市政府组织驻京境外记者参加奥林匹克森林公园植树活动。

2007 年是奥运筹备工作决战之年，极大激发广大干部群众创办绿色奥运、共建生态城市热情，朝阳区的环境建设取得重大突破。2007 年 4 月 1 日，朝阳区绿化委员会办公室、朝阳区绿化局在朝阳公园南门举行"朝阳区首都全民义务植树日宣传及赠送树苗、手拉手活动签字仪式"。全区有 20 万人参加全民义务植树日活动。当天出动绿色志愿者 1.2 万人，植树 5.9 万株。4 月 21 日，朝阳区委、区政府、区绿化委员会在奥林匹克森林公园举行"绿色奥运在北京，朝阳绿化在行动"朝阳区 2007 奥运绿化美化年系列活动启动仪式。5 月 3 日，共青团中央在朝阳区北辰大绿地举行"我与祖国共奋进"中国青年群英会植树活动。年内，朝阳区启动了"绿色奥运在北京、朝阳绿化在行动"奥运绿化美化年大型活动序幕，举办"我与祖国共奋进"中国青年群英会代表义务植树活动和全国"百名市长种植奥运林"等大型活动。

2008 年，朝阳区园林绿化活动以奥运环境建设为重要契机，深入发动群众和社会各界参与奥运绿化建设，通过开展多层次、多形式的大型活动，努力把社会的力量凝聚到奥运绿化建设中来，营造全社会爱绿、护绿、建绿的良好社会氛围。3 月 20 日，朝阳区机关党政干部、驻区部队官兵、中小学生，以及社会团体等 500 余人在立水桥公园参加义务植树活动。3 月 30 日上午，首都绿化老专家在朝阳区开展迎奥运植树活动。4 月 5 日植树日，全区举行"同办绿色奥运，共建绿色家园"大型义务植树宣传活动。朝阳区组织了四套班子领导和委办局、部队官兵植树、朝阳劳模林揭碑及植树、北京 CBD 企业代表元大都公园植树、西藏中学 200 名学生"我为奥运做贡献，北京西藏中学奥运林"植树活动、组织残疾人代表举行的"添北京一点绿色，护北京一片蓝天"植树活动等大型重点植树活动 9 次。朝阳区有 42 万人参加义务植树劳动，植树 22.8 万株，养护树木 172 万株，清扫绿地 568 万平方米。

2009 年，朝阳区园林绿化活动围绕北京市第 25 个植树日及国庆六十周年，营造全社会植树造林、美化环境的良好社会氛围，积极开展各项与朝阳区环境建设紧密相关的实效活动，推进全区绿化美化建设事业持续发展。3 月 28 日，百名共和国部长到朝阳区仰山公园参加义务植树活动。区绿化委员会紧抓春季义务植树这一契机，搭建社会参与平台，组织朝阳青年志愿者植树活动等六项大型义务植树活动。4 月 4 日，朝阳区近 20 万人参加首都全民义务植树活动，植树日当天植树 5.3 万株。当天共青团朝阳区委、区园林绿化局、区青联和欧美同学会在区仰山公园举办以"凝聚青春力量，建设绿色北京，传承奥运精神，共创和谐朝阳"为主题的大型义务植树活动。区园林绿化局、区绿化委员会办公室在红领巾公园南门外举行以"弘扬奥运精神，共建绿色家园"为主题的大型义务植树宣传、咨询活动。区属公园和绿化队也分别结对组织义务植树宣传活动。年内，朝阳区有 30 万人次、500 余社会单位参加义务植树活动，新增纪念林 4 处，栽植树木 17 万株，新造林面积 80 万平方米，认养绿地面积 216 万平方米。

2010 年，朝阳区绿化美化工作紧密围绕"新四区"建设，推进绿化美化事业的科学发展。3 月 1 日，由区政府、市园林绿化局联合主办，区园林绿化局承办的以"坚持科学发展，建设绿色北京"为主题的《北京市绿化条例》系列宣传活动启动仪式在奥林匹克公园中心区拉开序幕。4 月 1 日，朝阳区召开绿化美化总结表彰暨动员大会。会后区领导同全区干部群众到大望京公园植树。该年植树日朝阳区有近 20 万人参加首都全民义务植树活动。当天植树 4.5 万株。该年朝阳区从三个方面入手推进全民义务植树活动。一是规划各类义务植树基地，使全民义务植树活动向基地化、规模化方向发展；二是大力倡导种植"希望林""青年林""民兵林"等纪念林，满足不同年龄阶段公民和不同社会群体参加义务植树劳动的需求；三是积极探索义务植树活动的有效实现方式，通过认建认养，碳汇造林、见缝插绿、共建捐建等多种形式，广泛开展植树造林活动。

　　2011 年是国际森林年，也是首都义务植树工作开展 30 周年，同时也是朝阳区创建全国文明城区工作的关键之年，朝阳区义务植树工作围绕这三项工作内容，承办了"2011 国际森林年中国行动启动仪式暨国际友人义务植树活动"，组织"国安绿色工程"大型公益活动启动仪式暨植树活动等 5 项主题不同、形式不同的大型义务植树宣传活动。4 月 1 日，朝阳区召开 2011 年绿化美化总结动员大会，全面总结朝阳区 2010 年绿化美化工作和"十一五"期间全区绿化美化工作情况，明确"十二五"时期朝阳绿化发展思路，并就 2011 年绿化美化重点任务进行部署和动员。会后，区四套班子领导，区委、区政府各部、委、办、局（处）主要领导，各街道、地区办事处主要领导 200 余人到温榆河大道参加植树活动，种树近 350 株。4 月 9 日，由全国绿化委员会、国家林业局、首都绿化委员会主办、朝阳区政府承办的以"植树造林，减缓气候变化，中国人民在行动"为主题的 "国际友人义务植树暨国际森林年中国行动启动仪式"在大望京公园举行，来自 50 余个国家驻华使馆、20 余个国际组织驻华机构代表，以及北京市群众代表 500 人植树播绿，栽植雪松、银杏、紫叶李等树木 1000 余株。植树节当天，全区 43 个街、乡以多种形式，深入、广泛地进行全民义务植树宣传，20 万人参加义务植树活动，当天植树 2.8 万株。朝阳区对外公布的义务植树点当天也接待来自各界的企事业单位、社会团体及个人 2870 余人。此外，朝阳区进一步加大义务植树登记考核制度的落实工作，大力宣传义务植树的 18 种尽责方式，不断提高尽责率，从而提升朝阳区义务植树的质量和整体水平，全年共有 40 万人在朝阳参加了全民义务植树。年内，朝阳区人民政府被全国绿化委员会授予国土绿化突出贡献单位。

　　2012 年，全区参加义务植树人数近 50 万人次，植树 157 万株 3181 亩，创下了历史新高。3 月 17 日，朝阳区召开 2012 年绿化美化总结动员大会。会后区四套班子领导及党政机关干部，武警官兵代表、朝阳区妇联、媒体、体育界人士、团员青年、教师、大学生以及志愿者等 1000 余人到大望京公园植树。当天栽植各类树木 700 余株。4 月 1 日首都第 28 个全民义务植树日，市人大常委会主任杜德印、市委常委、常务副市长吉林，市人大常委会副主任、秘书长唐龙和区委书记陈刚、区人大常委会主任佟克克等市区领导来到温榆河景观大道绿化带，参加主题"住朝阳、爱朝阳、建朝阳"的朝阳区人大代表植树活动，市区人大代表 400 余人共同植下"朝阳人大代表林"，栽植等各种树木 500 余株。区政协主席辛燕琴，副主席郑煌、张树安，秘书长王玉华，区政协老委员联谊会领导，部分市、区政协委员，以及各民主党派、工商联、区政协机关干部近 200 人，到东坝乡东晓景村万亩平原造林现场参加义务植树活动。"朝阳政协委员林"也同时揭牌。同时，区绿化委员会向农委、社会办、各管委会和各街乡发出"关于广泛发动社会力量积极开展 2012 年全民义务植树活动"的倡议。5 月中旬，驻区部队自行组织参加多项植树活动，动用兵力超过 1 万人次，植树 10 万余株，绿化面积 133.33 万平方米。该年全区参与植树和宣传活动的市民人数比去年同期增长50%，植树 10.5 万株，比去年同期增长 275%。

2013 年 3 月 24 日，首都绿化委员会办公室、市园林绿化局、中直机关绿化委员会办公室、中央国家机关绿化委员会办公室在朝阳公园南门共同主办"购买碳汇履行植树义务"活动启动仪式。3 月 30 日，朝阳区召开 2013 年平原万亩造林启动仪式暨绿化美化总结动员大会，启动 2013 年义务植树工作。该日，区四套班子成员以及区各部、委、办、局（处）、各街道（地区）办事处主要领导和驻区部队官兵在东郊森林公园植树 1000 余株；4 月 1 日，首都各行各业的劳模代表与市总工会机关、事业单位工作人员 200 人在东郊森林公园植树 600 余株；4 月 2 日，市区部分人大代表、各街乡代表联络员和区人大常委会机关工作人员 360 人在东郊森林公园植树 800 株；4 月6 日首都第 29 个全民义务植树日，朝阳区有 21 万人参加全民义务植树活动，植树 5.9万株。4 月 14 日，朝阳区 700 名干警在崔各庄乡义务植树基地开展"绿树见证忠诚 金盾捍卫平安"朝阳公安分局植树活动。4 月 23 日，开展"五一"国际劳动节暨绿色行动植树活动，全区近年获得全国、市级劳动模范荣誉称号的劳模代表和各行各业职工代表 1000 余人植树 1900 余株。全年全区以各种形式参加义务植树的人数近 33 万人。

2014 年 4 月 5 日，中国绿化基金会艺术家生态文化工作委员会 80 名领导和艺术家来到朝阳区广顺休闲公园，种植树木 100 株。区绿化委员会办公室、区园林绿化局和屋顶绿化协会在红领巾公园举办"弘扬生态文明，共建绿色家园"为主题的大型义务植树宣传活动。全区 43 个街乡、8 个区属公园通过设立宣传站（点）、林木绿地养护、结合花园式社区创建启动仪式等多种形式开展义务植树活动。4 月 5 日植树日当天，全区有近 25 万人参加首都全民义务植树活动，植树 4.6 万株。朝阳区义务植树接待点崔各庄乡春季接待义务植树单位 38 家，个人家庭 35 家，参加植树活动 6881 人次，植树株数 8038 株。4 月 17 日，朝阳区绿化委员会 2014 年全体会议在崔各庄地区办事处召开。会后，区长、区绿化委员会主任吴桂英与朝阳区全体绿化委员会成员、驻区部队代表及武警战士、团员青年代表共 300 余人来到崔各庄地区义务植树基地参加义务植树活动。4 月 20 日，副区长王春、第 29 届奥林匹克运动会组织委员会执行副主席蒋效愚、区园林绿化局副局长郝宝刚以及奥促会全体工作人员到崔各庄乡进行义务植树活动，植树 200 株。全年全区以各种形式参加义务植树人数 33.69 万人，植树面积 146.67 万平方米。

2015 年 3 月 18 日，区园林绿化局在一楼东会议室召开朝阳区义务植树工作会。4 月 4 日，朝阳区近 26 万人参加全民义务植树活动，当天植树 4.6 万株。朝阳区绿化委员会办公室、朝阳区园林绿化局在红领巾公园举办以"弘扬生态文明 共建绿色朝阳"为主题的大型义务植树宣传活动。全区 43 个街乡、8 个区属公园通过设立宣传站（点）、林木绿地养护、结合花园式社区创建启动仪式等多种形式开展义务植树活动。朝阳区义务植树接待点崔各庄乡春季接待义务植树单位 36 家，个人家庭 45 家，参加植树 7070 人，植树 8700 株。4 月 9 日，区领导吴桂英、陈涛、杨树旗出席会议并同全体绿化委员会成员、驻区武警官兵、团员青年代表 300 余人，到豆各庄乡孙家坡义务植树地块参加义务植树劳动，栽植银杏、柳树、油松、白蜡等树木 1000 株。

2016 年 4 月 2 日，第 32 个首都全民义务植树日活动，区绿化委员会办公室、区园林绿化局以红领巾公园为主会场，举办"弘扬生态文明、共建绿色朝阳"为主题的大型义务植树宣传活动，庆丰公园、元大都城垣遗址公园、大望京公园等 8 个宣传分会场以及各街乡也结合区域特点分别组织形式多样、各具特色的植树日活动。朝阳区在崔各庄地区办事处义务植树基地接待社会单位和个人植树 250 人，种植国槐、白蜡、水柳和悬铃木等 400 余株。当天朝阳区有 28 万余人参加全民义务植树，共植树 4.7 万株。4 月 6 日，朝阳区 2016 年绿化委员会全体会议召开，全区 40 家绿委成员单位代表和 43 个街乡的主要领导参加会议，区绿化委员会主任、区长王灏主持会议并作重要讲话，区绿化委员会副主任、副区长杨树旗作报告，总结"十二五"期间全区绿化美化工作开展情况，对 2016 年及"十三五"期间全区绿化工作任务进行部署。

2017 年 4 月 1 日，首都第 33 个义务植树日，区绿办以"弘扬生态文明，建设美丽北京"为主题，以"绿动 2017，我为绿色献份爱"为活动口号，在全区开展形式多样的植树日宣传及植树活动。该日全区约有 1.8 万余人参加义务植树，栽植各类乔灌木 3.7 万株。当天区四套班子领导、绿委成员单位主要领导，到萧太后河沿线马家湾地块参加植树劳动；区政协委员约 150 人到孙河乡沙子营 11 号地参加植树劳动。区园林绿化局森林公安处举办"弘扬生态文明，建设美丽北京" 为主题的"爱鸟周"宣传活动。年内，崔各庄义务植树基地接待各界群众 7230 人，植树 9200 株。全民义务植树活动广泛开展，营造了"爱绿、护绿、养绿、播绿"的社会风尚。

## 五、绿地认养

2003 年，朝阳区大力倡导机制创新，建立多元投资机制，多方吸引资金，动员全社会参与绿化美化事业。区绿化委员会办公室制定出台"关于绿地认养工作的意见"，本着"自愿、奉献、参与"的原则，在全区范围内开展林木绿地认建、认养活动。2003 年 5 月 21 日，区政府在元大都城垣遗址公园举办首次绿地认养签字仪式，对认养单位代表和个人颁发荣誉证书，进一步调动社会单位和市民认养绿地的积极性。与此同时，区政府各职能部门通力协作，强化对代征绿地的建设和管理，引进市场机制，积极拓宽社会投资渠道，吸引更多的企事业单位参与绿化美化，共同探索全社会参与绿化美化建设、林木绿地养护管理的新形式。至该年底，朝阳区公共绿地认养面积达178 万平方米。

朝阳区 2004 年完成认养绿地面积 309.37 万平方米，认养树木 2000 余株。其中，区绿化局完成 192.3 万平方米，是计划的 149.5%；朝阳公园完成 3.4 万平方米。参与绿地认养的企业、事业单位 270 家，个人认养 367 人。2006 年完成绿地认建认养面积226.2 万平方米，认养树木 220 余株。2010 年全区共认养绿地面积 216 公顷。2011 年全区 326 家企事业、400 个家庭和个人参与认养活动，认养规模位居北京市各区县之首。

2012 年，朝阳区加大对社会的单位绿地实施职能管理，加强对认建认养代征绿地的绿化养护管理范畴，对其开展监督检查、技术培训及业务指导等多项职能管理。全区共有 326 家企事业单位和 400 多个家庭、个人在朝阳认养林木绿地，掀起了"共建绿色朝阳"的新高潮。2013 年全区认建认养绿地 410.9 公顷，认养树木 11.5 万株。4月 12 日，北京出入境检验检疫局检验检疫技术中心在红领巾公园认养了绿地。

2014 年 8 月 29 日，朝阳区园林绿化局下发《关于加强认建认养绿地管理工作的通知》朝绿委办字〔2014〕8 号。9 月 16 日，首都绿化委员会、北京市绿化基金会、绿地集团京津事业部在朝阳公园南门大草坪举行"绿地·美丽北京"绿地认养发布会，此次认养活动是朝阳公园建园以来绿地认养金额最高的一次，绿地集团认养绿地面积1.34 万平方米，每年认养费用 30 万元，并连续认养 3 年。同年北京电视台主持人志愿服务总队认养绿地 1 万平方米。该年认建认养工作取得新进展，全区共认建认养绿地258 块、面积 719 公顷，认养树木 19 万株，投入认建认养资金达 9000 多万元。

2015 年首都绿化委员会办公室下发了《关于在全市开展绿地认养活动的意见》。

朝阳区绿化委员会办公室印发《朝阳区绿地认建认养实施细则（试行）》的通知（朝绿委办字〔2015〕6号）。

2016年11月14日朝阳区下发了《关于进一步加强和完善绿地认建认养、合作建设绿地管理工作的意见》（朝绿委办字〔2016〕5号）。同时朝阳区成立了认建认养绿地规范管理工作领导小组，加强对认建认养绿地的监督管理，促使认建认养绿地达到城市公园管理水平，充分发挥其公益服务职能。2016年认建认养绿地321块648.3公顷，认养林木7.3万株，累计投入认建认养资金6.06亿元。

2017年，朝阳区对认建认养绿地实施全面摸底和监督管理，建立绿地认建认养完整的准入、监管和退出机制。

# 第二节  朝阳区公园建设及成果

## 一、公园建设与发展概况

中华人民共和国成立之前，北京市的公园并不多，主要是中山公园，天坛、颐和园、动物园等由皇家园林苑囿改造的公园。朝阳区辖域所在的东郊则基本上都是农村，其间有一些元明时期的士大夫私家园林，在清末民初时候大多已经荒颓消失。此外，还有一些存留的历史遗迹，如元代的土城、通惠河和坝河上的古闸址等。除了皇家祭祀的日坛和道观东岳庙外，还有很多佛寺观庵以及民间信仰的神仙殿宇、家庙祠堂。

民国时期，朝阳区辖域也有一些类似于今天公园性质的景点，如通惠河边二闸、日坛边上的黑松林、南磨房北侧的九龙山等地，都是当时北平民众节假日到东郊游玩的去处，其中尤其以二闸最为热闹，堪称京东秦淮。但在这一时期，朝阳区辖域内并没有真正意义上的城市公园。

1953年成立了北京市园林处，负责全市的公园工作。1954年市园林处规划将东郊的日坛建成公园，从1955年开始进行规划设计，同时收取周边的土地，日坛面积因此由6公顷多扩大到21.15公顷，由市园林局第三保养站进行管理。

1958年5月，东郊区更名为朝阳区。该年区房管所、东郊运输社和绿化指挥部合并成立了"东郊区建设局"，机关下设园林科。建设局园林科的设立，是朝阳区园林绿化机构建立的标志。

1958年10月，经过朝阳区各界群众4万多人20余天的义务劳动，团结湖完成了疏浚清淤，团结湖公园的雏形基本建成。同年，通过以青少年为主体的义务劳动，红领巾公园建成，是为朝阳区第一个公园。

1959年北京市规划局在东郊划定508公顷坑洼地带为绿地，筹建水碓公园，即现在的朝阳公园。计划中的水碓公园是北京城区面积最大的公园。

从1960年开始，北京市园林局将朝阳区内的公园交由朝阳区建设科管理。1962年日坛设立公园管理处，正式成立公园，是为朝阳区的第二个公园。该年红领巾公园划归朝阳区建设科，公园易名为朝阳公园，但周边群众及外区单位仍习惯称其为红领巾公园。直到1983年6月1日的儿童节，经区建设局批准，正式改回红领巾公园原名。

1981年，市园林局决定筹建团结湖公园，朝阳区建设局联合相关部门，搬迁了团结湖边高碑店公社八里庄大队的养鸭厂。1982年1月1日，团结湖公园管理处正式成立，开始建设团结湖公园。

1984年1月，北京焦化厂建成了北焦公园。该年4月10日，水碓公园（今朝阳公园前身）破土动工，9月1日建成开园，成为首都东部的综合性、多功能、现代化大型文化休憩娱乐公园。自此经过近10年的建设，到1992年，"水锥公园"改名为"朝阳公园"。

1986年9月26日，团结湖公园建成开园，公园的设计采用了江南民居所特有的水乡风格。该年建成黄渠公园，占地面积7000平方米，是朝阳区较早的村建公园。

1987年元大都城垣（土城）遗址公园（朝阳段）基本建成。1988年建成"旭芳园"景区，修复了"土城墙"。之后又相继建成"马可波罗"景区、"海棠花溪"景区，园林设计体现了鲜明的元朝风格。1988年3月10日，朝阳区园林局土城绿化队改名为"元大都城垣遗址公园管理处"。

1988年南磨房乡在窑洼湖营建隔离片林，1989年开始改建窑洼湖公园，是北京市第一座乡办公园。该年初步建成了窑洼湖、立水桥等四个乡办公园。

1986~1990年的"七五"期间，朝阳区的公园建设发展迅速，设计和建设注重因地制宜，体现园林特色，突出景观效果。如日坛公园恢复了"日坛"、具服殿等古建筑，创作完成了"祭日"大型壁画，复壮了大批古树名木，突出了皇家园林的特色。1989年朝阳区园林局开始对公园进行基本建设，为日后的发展打下基础。红领巾公园、团结湖公园、绿化队的办公用房进行了调整；搬迁和拆迁了红领巾西院、团结湖公园岛、土城的住户和单位占地；自筹资金建设了一些基础设施。为丰富公园活动内容，日坛公园增设了碰碰船，团结湖公园增设了碰碰车、单轨架空车、龙车。两公园还举办了游园、消夏、咨询等活动。

20世纪90年代之前，朝阳区只有日坛公园、红领巾公园、团结湖公园，元大都城垣遗址公园和朝阳公园的前身——水碓公园等几个重点公园。随着1990年亚运会的筹备，大环境绿化工作的有序展开，朝阳区的公园建设也随之步入了一个新的发展时期。

1990年，首都规划委员会提出红领巾公园总体规划，经北京市人民政府批准同意，在红领巾公园建设少年儿童题材的雕塑，使其成为少年儿童爱国主义、革命英雄主义和传统教育的场所。公园建设以朝阳区人民政府为主，当年6月动工，次年5月建设完成。

1991年2月14日，首届日坛公园迎春会开幕，历时7天，共接待游人7万人次，这是朝阳区最早的由政府主导的公园节庆活动。该年小红门乡办公园开始动工建设，由乡政府组织施工。窑洼湖公园完成绿化面积6.26公顷，植树6.15万株。1991年3月20日，由中国中旅（集团）公司投资兴建的丽都公园破土动工。

1992年，洼里乡碧玉公园作为起步片林开始绿化建设。1993年4月14日，国家领导人在此植树造林。碧玉公园后来被融入奥林匹克森林公园的建设，成为奥林匹克森林公园南园的组成部分。

黄渠公园1993年扩建，从原有面积1.5公顷扩建为7.28公顷。该年8月18日，丽都公园建成开放，占地面积6.23公顷，工程投资3000多万元。

1994年6月18日，中华民族园北园建成，总占地面积28.2公顷。是当时第一座大型民族文化基地。同时也在首都为各民族提供一个面向全国和世界的永久性窗口。该年9月，位于王四营乡的个园建成，个园是北京市首家具有个体工商业者投资成分的公园。

1995年元旦，高碑店乡兴隆公园面向社会开放，公园以兴隆片林为基础，从1992年到1995年底分三期建设完成。2002年3月被北京市园林局批准为北京市一级公园。该年9月，基于从京通路移植的1500余株银杏树，朝阳洼里乡建成银杏主题公园，现在也成为奥林匹克公园重要的组成部分。

1996年8月，元大都城垣遗址公园百鸟园观赏鸟类保护中心建成，中心位于公园马可波罗景区，由元大都城垣遗址公园与社会公司合作建成，是当时北京不可多见的观赏鸟类保护中心。该年10月桑梓公园建成，位于朝阳区楼梓庄乡前曹各庄村南，总面积23.23公顷。

1997 年建成朝来农艺园，是一处集高科技生产示范、科普教育、旅游观光、体育健身，休闲娱乐和净菜加工销售为一体的现代农业公园，是北京市首批都市农业项目之一。该年 11 月 3 日，中华民族园二期工程由北京市计划委员会正式批准立项开工。

1998 年姚家园公园建成，位于朝阳区平房乡姚家园村东北，绿化面积 8 公顷。

1999 年 4 月 18 日，北京金盏郁金香花园建成。是北京地区独具特色的生产型花艺园区，年接待游客达 30 余万人次。2000 年 9 月 28 日，南湖公园建成开放。从 1990 年到 2000 年十年间，朝阳区的公园数量增加到了十余个。

2001 年 7 月 13 日，北京奥运申办成功，园林绿化任务重心开始逐步转移到与奥运相关的环境建设上来。红领巾公园、团结湖公园和日坛公园加大了基础建设，加快提升绿化美化水平。9 月 29 日，中华民族园南园建成开放，南北园总占地面积 28.2 公顷，成为集中国 56 个民族传统建筑、特色景观、文化习俗、原生态歌舞、传统手工艺等为一体的大型民族、民俗文化基地，公园在奥运会前的建设中，成为了奥林匹克公园的一部分。该年朝阳区建成了北京市当时最大的社区公园——北苑花园，绿化面积达 3 万平方米。

随着奥运建设的展开，为更好地统筹推进朝阳区的园林绿化工作，2002 年 1 月 28 日，区园林局、区绿办和原区农林局部分职能部门合并，成立北京市朝阳区绿化局，北京市朝阳区绿化委员会办公室同时挂牌。

2002 年底，日坛公园、红领巾公园、团结湖公园、元大都城垣遗址公园分别通过 ISO 质量 / 环境管理体系认证。同时区绿化局对全区乡办、村办、企业办公园实行统一行业管理，通过调查、摸底，确立了以局属公园带动农村公园逐步走上规范化管理的目标，对农村公园不仅从技术上指导，还从财力、物力上给予支持，帮助指导农村公园逐步完善硬件建设。该年 8 月，太阳宫公园一期竣工向社会开放。

2003 年初，朝阳区绿化局设立公园科。同年 3 月，《朝阳区公园建设和管理办法》正式出台。

2003 年 4 月 1 日，为保护历史遗迹，配合奥运景观建设，体现"人文奥运、绿色奥运"的理念，创造高品质的游园环境，朝阳区绿化局对元大都城垣遗址公园进行整体改造并于 7 月 10 日竣工。该项建设正处在非典特殊时期，面对巨大的困难和挑战，各部门和各施工单位没有退却，而是迎难而上，攻坚克难。在 100 天的奋战中，工程按照拆迁、水利、文物、基建、绿化五条线同时进行推进，历时 5 个月，于 9 月 20 日竣工。改造工程量非常巨大，共拆迁公园范围内 172 户居民和社会单位，改造面积 67 万平方米，完成绿化面积 42 万平方米，栽植各种树木 30 万株，栽草 37 万平方米，栽摆花卉 35 万株，完成铺装 11.8 万平方米，完成建筑面积 2.3 万平方米，安装园内雕塑作品 37 组，完成全线的文物保护 21.62 万平方米。此外，还对小月河进行截污还清，新建 7 个水生植物区，修建 5 个木质游船码头和 7 座跨河步行桥，建成了当时北京城区最大的人工湿地。完成防震减灾应急避难设施建设。改造后的元大都城垣遗址公园是北京城区最大的带状公园，拥有最大的室外群雕、最大的人工湿地，成为全国第一个拥有减震避难功能的城市公园。10 月 1 日，元大都城垣遗址公园正式向游人免费开放。

2003 年 7 月和 9 月，四得公园、太阳宫公园建成开放。12 月 3 日，北京市园林局公布北京市十大精品公园名单，朝阳区的团结湖公园、元大都城垣遗址公园榜上有名。该年区绿化局邀请经验丰富的公园管理专家，对全区二十余个公园特别是农村公园进行现场指导，对农村公园存在的环境卫生差、绿化养护管理欠缺等问题提出整改意见。利用局属公园的技术、管理和人才优势，开展了"一帮一"友好公园活动，相互帮助，取长补短，共同提高。该年制定实施了《朝阳区公园建设和管理实施办法》。

2004 年初，朝阳区委、区政府将朝阳公园建设列为朝阳区迎接奥运会、为民办实事的折子工程。当年完成了全园总体规划审批工作、拆迁整治及北部园区建设工作，9 月 15 日全园向社会开放，公园管理突出精品与创新，实施"特色建园、文化建园"。

2005 年 10 月，朝阳公园体育园建成并投入使用。12 月 28 日朝阳公园奥运沙滩排球比赛场馆工程开工奠基仪式举行，工程于 2007 年 8 月 9 日竣工验收。其中沙滩区约 2 万平方米，用沙总量 1.7 万吨，全部产自海南省东方市八所港，比从国外进口节约了三分之二的费用。

奥林匹克森林公园位于北京市中轴线北端，是北京市奥运重点工程，由朝阳区承担建设。公园以北五环路为界，分为南北两园，2006 年 3 月 18 日正式开工，2008 年 7 月 1 日测试运行。公园从 2003 年 4 月 11 日开始筹建，自 2005 年 6 月 30 日奠基至 2008 年 6 月底，一期建设工程完成。公园共占地约 680 公顷，水面 67.7 公顷，绿化面积 478 公顷。公园以五环为界分为南、北两园，南园占地约 380 公顷，北园占地约 300 公顷，横跨北五环路的生态廊道将南北两园连为一体。北园以自然野趣密林为主，建有花田野趣、雨燕塔、大树园等景区，公园南园以自然景观为主，建有仰山、奥海、湿地等景区。公园南区大型自然山水景观西侧设立了网球、曲棍球、射箭三个比赛场馆，在奥运期间成为世界的焦点，而整个森林公园成为中心区赛场的绿色背景和公共花园。2008 年 10 月 26 日，公园正式向游客免费开放。

2006 年 5 月 1 日北小河公园建成开放；11 月东一处公园建成开放。

2007 年北京市开始启动实施绿化隔离地区公园环建设，朝阳区北部、东部诸多的郊野公园的建设。在改善生态环境的同时，促进了朝阳区城乡一体化发展，同时拉动了地区经济增长，更为地区人民群众提供了良好的生活环境和休憩、娱乐场所。至 2008 年两年时间，朝阳区先后实施建成 19 处主题特色突出、景观环境优美、郊野情趣浓郁的郊野公园，总面积达 1037.74 公顷，占全市新建郊野公园个数及面积的一半以上。朝阳区的郊野公园总数达到 20 个（25 处）。2009 年到 2010 年，望湖公园、庆丰公园、大望京公园等公园陆续向社会免费开放。

到 2010 年底，全区已有 38 个注册公园，其中有 9 个"北京市精品公园"。朝阳公园、奥林匹克森林公园、日坛公园、元大都城垣遗址公园等 4 个公园被评为 2010 年首批市级重点公园。朝阳公园的"北京朝阳国际风情节"、中华民族园的傣族泼水节、元大都城垣遗址公园的海棠花节、红领巾公园的"北京双胞胎文化节"等文化活动成为朝阳区公园的品牌活动。

2011 年朝阳区各公园景区建设以创建全国文明城区为载体，积极实施景观环境和基础设施改造，挖掘文化底蕴，整合文化资源，打造精品公园品牌。加强全区公园绿地景观、公共服务设施、特殊群体服务、投诉监督体系四方面工作。全区成功创建 11 个市级精品公园。

2013 年北京市园林绿化局下发了关于推进公园精细化管理工作的意见。在健全公园管理制度、建立公园管理"六台账"两个方面提出了具体要求，各区县选择 1 至 3 个公园进行试点。

2014 年 10 月，望和公园建成开放。望和公园是 APEC 会议主要联络线－京承高速沿途最重要的景观节点。与周边现有的北小河公园、太阳宫公园、望湖公园、望承公园等公园绿地串联起来，为市民提供了不同类型、功能多样的散步休闲的场所，工程完善了北京东北部楔形绿带，形成"望京绿道公园环"。年底，位于北京二环路东南角外的弘善城市休闲公园建成。

2016 年 9 月至 2017 年 9 月，红领巾公园进行整体园区升级改造，改造面积 8.36 万平方米，改造工程包括绿化种植、庭院工程、喷灌工程和照明工程。目的是丰富游客游园景观层次，增加公园有效游览面积，解决公园北湖岸沿线活动面积小、道路狭窄、景观单调、功能不完善、设施陈旧、安全隐患等问题。施工中进行湖底局部清淤，利用清出淤泥堆成湿地 3.13 万平方米，湿地内种植梭鱼草、千屈菜、水葱、荷花等水生植物。通过新增湿地增加物种多样性，净化公园水质，进而改善周边小气候。庭院工程对原有三个广场的两条环湖路进行整修，并在湿地内增加 985.9 米游览栈道，栈道沿线设置树阵广场、台阶广场、亲水平台等节点。

2016 年朝阳区园林绿化局在全市园林绿化公园管理工作考评中获得全市第二名，并且连续三年被北京市公园绿地协会授予优秀会员单位。这一时期区园林绿化局积极组织全区各公园参与北京市精品公园、国家 AAA 级旅游景区的创建活动。大望京公园、北小河公园、庆丰公园、古塔公园等 11 个公园成功创建国家旅游景区 AAA 级景区。

2017 年，朝阳区公园建设围绕改善生态环境、推进"一园一品"特色建设，区属各公园积极争取财政资金、利用自有资金进行老旧公园改造，对原有设施进行了改造和提升。

截至 2017 年年底，包括郊野公园在内朝阳区共有 45 个注册公园。其中有市级精品公园 13 个，市级重点公园 4 个，AAAAA 级旅游景区 1 个，AAAA 级旅游景区 2 个，AAA 级旅游景区 11 个。（详见附表）

## 二、郊野公园建设及成果

1994 年北京市明确绿隔规划，开始启动绿隔建设。经过 20 年的大环境绿化建设以及绿化隔离地区建设，朝阳区从北向东，从北向南，形成了一条宽阔的绿色长龙。截至 2007 年底，朝阳区绿化隔离地区建设累计完成绿化面积 74.03 平方公里，全区城市绿地总面积 1.16 万公顷，绿化覆盖率达 44.2%，绿地率 43.98%，人均绿地 63.29 平方米，人均占有公园绿地面积达 16.65 平方米，成为北京市绿化隔离地区建设任务最重，但是完成速度最快的区县。

2000 年 3 月，朝阳区成立绿化隔离地区建设领导小组及指挥部（简称为区绿指办）。其重要职能之一，就是推进绿隔地区绿化建设和郊野公园建设。区绿指办原属朝阳区农委，2009 年独立，2014 年 9 月区绿指办的部分绿化职能划入区园林绿化局，划入的职能包括绿隔地区绿化建设规划、郊野公园绿化建设、绿地提升、景观保护、绿化养护管理、平原造林的统筹管理等。郊野公园管理中心也同时并入区园林绿化局。

2007 年北京市发展和改革委员会、北京市园林绿化局印发《关于本市绿化隔离地区郊野公园环建设的指导意见》的通知，正式启动实施绿化隔离地区公园环建设。朝阳区委、区政府成立郊野公园建设领导小组，各地区办事处也成立由主管领导挂帅的乡一级郊野公园建设办公室。

郊野公园建设，是在原来片林和绿化隔离带的基础上，增设了不同程度的公园设施如卫生间，座椅，休息游乐设施，锻炼步道等，在景观特色上也进行了独具文化特色的设计和建设，因此形成不同等级的郊野公园。2007年和2008年的两年时间，朝阳区先后实施建成19处主题特色突出、景观环境优美、郊野情趣浓郁的郊野公园，总面积1037.74万平方米，占全市新建郊野公园个数及面积的一半以上，市区投资总额达到6.67亿元。

2007年朝阳区立项建设了9处郊野公园，面积436.53万平方米，投资2.65亿元，已于2008年"五一"全部向社会免费开放。分别是平房京城梨园、高碑店兴隆公园、将府公园一期、东坝郊野公园一期、常营公园一期、来广营朝来森林公园、王四营古塔公园、十八里店老君堂公园、三间房杜仲公园；其中古塔，兴隆和将府公园被评为精品公园，并按照单位公园实行管理。其中平房京城梨园公园是利用原有果园的树种特点，引申为梨园特色公园，并结合北京的京剧传统特色，建设了相应的戏曲文化设施，成为独具特色的主题郊野公园，近几年又在附近增加了电影产业园区。古塔、兴隆公园和将府公园的建设则向单位公园的标准建设，园林绿化和景观、基础设施建设愈加完善，发展成为精品公园。杜仲公园则突出了杜仲林特色，但樱花大道也是其特色景观之一。

2008年立项建设了10处郊野公园，面积601.21万平方米，投资4.02亿元，已于2009年4月29日免费开园。分别是常营公园二期、小红门鸿博郊野公园、十八里店海棠公园、豆各庄金田郊野公园、平房京城槐园、将府公园二期、太阳宫体育休闲公园、东坝郊野公园二期、王四营白鹿公园、东风公园。其中京城槐园的设计，别具匠心。国槐是北京的市树,而且槐树的品种众多,因此公园建设着重渲染"夏木荫荫,槐花飘香"的夏日景观，突出北京地区的民俗文化，在沿湖和山谷种植了十余种不同品种的槐树，如国槐、蝴蝶槐、龙爪槐、刺槐、金枝国槐、金叶槐、香花槐、江南槐等，以"花谷槐香、杨林春晓、湖山胜处、槐林揽春、梨花伴月、杨林野景"为公园的特色。同时在雕塑设计和景观设计上突出了北京地区的"槐"文化。如北海、景山的唐槐，故宫的十八古槐，什刹海的凤凰古槐等，令人怀想北京曾经有过的浓浓的京味文化。2008年建设的郊野公园，在奥运期间为首都北京提供了良好的绿色奥运氛围。

2009年立项建设了6处郊野公园，投资近2.1亿元，总面积311万平方米，包括豆各庄金田郊野公园二期、东坝郊野公园三期、小红门镇海寺郊野公园、来广营清河营郊野公园、大屯黄草湾郊野公园、高碑店百花郊野公园，于 2010 年 4 月 30 日全部对社会开放。朝阳区的郊野公园总数因此达到 25 处（20 个）。其中位于朝阳区北部的清河营郊野公园，临近清河，处于朝阳区与昌平区交界地，公园设计因势而建，以山丘地形进行合理的层次绿化。登山步道有序设计，形成多环状的锻炼线路。因其地处多个大型社区之间，为区域居民提供了非常良好的休息锻炼与休闲空间。

为了发挥专业公园人才、技术和资源优势，提高郊野公园的管理和服务水平；发挥专业公园信息资源优势，为郊野公园健康可持续发展献计出力。2009 年 5 月，朝阳区专业公园和郊野公园"公园手拉手、共建新朝阳"活动。结对情况为：红领巾公园和古塔公园、京城梨园；团结湖公园和将府公园、常营公园；日坛公园和兴隆公园、杜仲公园；元大都公园和东坝郊野公园；四得公园和老君堂公园；北小河公园和朝来森林公园。2010 年，为配合《北京市绿化条例》3 月 1 日正式实施，朝阳区各街道（地区）办事处纷纷举办宣传《条例》系列活动。3 月深入开展郊野公园和专业公园"手拉手帮扶互助活动"，即专业公园与郊野公园互派管理干部活动。6 月，区绿指办成立郊野公园管理中心。

2010 年立项建设来广营朝来森林公园二期、来广营勇士营公园、太阳宫公园二期、将台将府公园三期、平房京城森林公园、平房体育场公园等 6 个郊野公园，占地面积约为 3000 亩。2010 年 9 月，作为朝阳区唯一的农村郊野公园，古塔公园参与了北京市精品公园的创建评选活动，被评为市级精品公园，因此成为全市郊野公园中首家精品公园。2011 年将府公园被评为"北京市精品公园"，与王四营乡古塔公园成为全市郊野公园中仅有的两家精品公园。

2014 年 9 月，朝阳区绿指办撤销后的部分绿化职能并入区园林绿化局，郊野公园管理中心也归并到区园林绿化局。

经过十多年的建设，截至 2017 年，朝阳区共有郊野公园 23 个（31 处）。实施郊野公园建设，全区累计拆除公园用地内原有建筑、道路和设施 27.82 万平方米，外运和造景土方 162.8 万立方米，种植各种高大乔木 85.72 余万株，建成园路、停车场、广场 89.3 公顷。其中兴隆公园、将府公园、王四营古塔公园、白鹿公园四个公园，成为朝阳区乃至北京市成功申报了国家 AAA 级旅游景区的郊野公园。

不同于城区的公园建设，朝阳区的郊野公园建设，是北京市，朝阳区和乡（地区）协同建设的成果，北京市在政策上和财政上予以了一定的支持。2008 年 4 月，北京市人民政府批转市发展改革委员会《关于进一步推进本市第一道隔离地区建设意见的通知》，提出为妥善解决绿化隔离地区实施进程中出现的问题，进一步推进第一道绿隔建设，提出"远近结合、以进为主、先易后难、积极推进"的原则，适当调整规划，在保证规划绿地规模总量不减少的前提下，对确实难以实现的，必要时可以整合土地资源，有条件的可以将产业用地与绿地置换。同时提高生态林占地补偿费和绿地养护费，绿隔地区生态林占地补偿标准提高到每亩每年 2000 元，其中市财政补偿 1500 元，区财政补偿 500 元。绿地养护费按照城市园林绿化养护管理标准，绿隔地区公园绿地的养护费用 2015 年以前为每平方米 3 元，2016 年根据北京市文件，提高到每平方米 4 元（市区各 2 元），一般生态林提高到每平方米 2 元。养护费用由市区财政按一比一比例负担，郊野公园建设资金由市区政府按 7:3 比例投入。

郊野公园的建设直接为地区人民群众提供良好的生活环境和休憩、锻炼场所，提升了群众生活水准和地区宜居水平，改善了地区生态环境。同时，有力地促进了朝阳区城乡一体化发展，对拉动地区经济增长也起到了良好的推动作用。

## 三、朝阳区注册公园的建设与成果

### （一）局属公园

#### 日坛公园

日坛公园位于朝阳门外使馆区，隶属朝阳区园林绿化局，全民所有制差额拨款事业单位。同时是全国文物重点保护单位、国家 AAA 级标准公园景点、北京市一级公园、北京市精品公园、北京市爱国主义教育基地。

公园以祭日古建筑群为中心，外环建有 12 处功能景区。公园古木众多，绿草如茵，繁花似锦，幽雅恬静，是朝阳区唯一的祭坛公园。

日坛始建于明代嘉靖九年（1530 年）。是明清两代每年春分祭祀太阳神的地方。最后一次皇帝亲自祭祀是清代道光二十三年（1813 年）。此后祭日礼仪逐渐废止，日坛也逐渐荒芜。民国时期日坛周围仍有一片松林，日据时期基本被盗伐殆尽。

1956 年，北京市人民政府决定将日坛开辟为公园，至 1957 年先后收地 200 余亩，日坛面积从 6 公顷扩大到 21.15 公顷。1957 年由市园林局第三保养站管理，1961 年市园林局将日坛公园作为分级管理试点下放给朝阳区管理，1962 年日坛公园管理处正式成立。1965 年，北京市提出大种草皮，实现黄土不露天的号召，日坛公园大种草皮，凡是能种草的地方几乎全部覆盖。1966 年日坛的祭台被拆除改为旱冰场、舞池。

自建园至 1966 年的十年中，日坛公园的建设基本以绿化植树为主，实现了园内普遍绿化。1958 年以前采取见缝插针的办法，逐年密植，造成部分树木不能正常生长。1958 年提出绿化结合生产，砍伐了一部分乔灌木，改种 911 株果树。但绿化效果不理想，也得不到应有的经济收益，于是砍掉果树改种常绿树及其他乔灌木。

1969~1970 年周恩来总理三次来到日坛，指出一定要把日坛建设好。1973 年日本首相田中角荣访华，日本国民赠送给我国的大山樱花作为一项政治任务种植在日坛，成为日坛公园一段时期的工作重点。樱花种植采用门头沟灵山的酸性黑土，全年浇水 12 次、施肥 2 次、防止病虫害 7 次，地面铺种草皮，进行春季催芽、冬季风障等养护管理。为保护樱花，还在其周围设立围栏并建看管房舍进行专门看护。当年 180 株樱花全部成活，增高 17 厘米，增粗 0.68 厘米。该年中央和北京市的领导曾多次来园视察樱花的栽培情况，多个日本来华代表团来了解樱花的生长情况，中国赴日代表团还把樱花的三片新叶作为礼物回赠给田中角荣。

20 世纪 70 年代，随着我国国际地位的提高，与中国建交的国家日益增多，日坛周围使馆林立，日坛公园的建设得以逐渐加快，1973~1976 年，日坛公园修建了围墙围栏和南北西大门，绿化了人防工程堆砌的土山，安装了暖气和热力温室，并对公园古建筑进行了油饰修缮。70 年代初期，公园的宣传工作定位为无产阶级的宣传阵地，公园配合有关部门开展对青少年的校外教育，为工农兵开展一些文娱活体育活动。

1976 年以后，日坛公园的建设加快。1978 年在祭台南棂星门外建成牡丹园。1979 年在公园东南部建成"曲池胜春"景区。种植月季数千本，又建成亭台，浚成清池，池状如曲尺，玲珑小巧，故名为曲池。因园中以月季为主景，月季又名胜春，故命名为"曲池胜春"。1980 年在公园东北部建成北京市第一座旱冰场。1981 年建成了第二座自行设计施工的大型棚架，安装了宇宙飞船设施。1983 年修复了北天门，该年召开的北京市园林工作会议上提出，日坛公园应该突出祭日的特点，并且被列为五年北京市重点建设的公园之一。

1984 年日坛被列为北京市级文物保护单位，重建日坛祭台并在公园西南部建成南湖景区。并将拜台按照清代式样修复，西北区开辟为老年人活动区，还在公园南门内建成大型影壁，壁间为彩陶镶拼祭日壁画。

1987 年市政府拨专款重建马骏墓，列为北京市文物保护单位。1988 年日坛公园建立健全了公园管理制度共 12 项，使公园管理向科学化、规范化、制度化前进了一大步。该年对树木进行了多次全面的修剪，对古树、大树进行养护，拆除了破旧石板房，清除了大部分堆物堆料，充实了儿童游艺场的设施，园容大幅度改善。

1990 年公园面积达到 20.62 公顷，其中水面 0.47 公顷。1993 年日坛公园还自筹资金进行了局部绿地改造、树木调整和黄土不露天工程，实现了由公园北门向东南延伸到圆坛东门的大面积绿化。该年获得北京市园林局公园杯竞赛乙组绿化美化先进。

1995 年日坛公园投入自有资金 80 多万元，新铺草坪 3 万多平方米，辅以园路和活动地块的铺装，公园面貌焕然一新。1991~1995 年，园内游人量明显增加，1995 年游客量达到 330 万人次。

1996 年改造绿地 14000 平方米，铺装 250 平方米，安装竹栏杆 1570 米，培植新品种花卉 2500 株，整地堆山 1000 立方米。1997 年公园按照"文化建园"的指导思想，连续两年开展消夏露天电影活动。1998 年马骏烈士纪念馆建成并向游人开放。1999~2001 年公园投资 580 万元完成园内各种设施和绿地改造。2004 年对玉馨园景区进行改造。2006 年投资 33.9 万元更换公园路椅、果皮箱、牌示、古树围栏。2007 年完成对西南水景区、西南山体景区的改造。

2008 年奥运会期间，作为奥运会及残奥会期间境外媒体集会活动场所之一，公园积极配合区政府、街道办事处做好服务、环境和安全保障工作。2009 年初，重新修改《日坛公园效能监察体系》和《日坛公园百分考核制度》。成立文物保护专门机构。年内被评为首都文明景区和首都迎国庆讲文明树新风活动先进单位、朝阳区绿化美化先进单位；荣获"国庆 60 周年"游园活动环境布置一等奖。

2010 年为日坛建坛 480 年，公园设置专人进行史料收集和研究工作，出版了《日坛史略》。年内公园被评为市级重点公园。荣获北京市三八红旗集体、朝阳区绿化美化先进单位等荣誉称号。

2011 年完成古建一期修缮工作并进行二期工程立项筹备工作，完成园内市级爱国主义教育基地马骏烈士墓及纪念馆全面修缮和布展改造。公园与区文化委、朝外街道办事处共同举办第五届春分朝阳民俗节，首次展示清代皇帝祭日礼仪表演活动。年内公园被首都精神文明办公室推荐为"2011 年度首都文明旅游景区"候选单位，被朝阳区交通安委会评为年度交通安全先进单位。2012 年公园强化内部管理。完成古建二期修缮，工程项目包括具服殿及东西配殿、影壁门、钟楼一层。改造绿地 1.8 万平方米。该年公园被评为和谐共建先进党组织和朝阳区交通安全先进单位。2013 年日坛公园完成文物修缮第二期工程建设。2014 年日坛公园进行园区基础设施改造更新，提升硬件服务水平。2015 年完成古建神路修缮工程，完成园内 44 株古树统计汇总。2016 年公园实施绿化和园内健康步道改造工程。

截至 2017 年年底, 公园占地面积为 20.62 公顷, 其中水面面积 4700 平方米, 绿地面积 13.26 公顷、铺装面积 4.64 公顷、建筑占地面积 2.25 公顷。绿化覆盖率 83%。

## 红领巾公园

红领巾公园位于朝阳门外八里庄, 东四环路将公园分为东、西两部分。公园隶属于朝阳区园林绿化局, 是全民所有制差额拨款事业单位。

建国初期, 公园原址是一片窑坑, 名为 "中窑", 常年积水, 杂草丛生。1958 年以青少年为主, 共计 20 万人次参加挖湖清淤、植树绿化。1958 年 10 月建园, 命名为红领巾公园。1962 年红领巾公园划归朝阳区建设局园林科管理, 公园易名为朝阳公园, 但周边群众及其他区县仍习惯称红领巾公园。

1976 年 1 月, 红领巾公园 (时名为朝阳公园) 进行了公园规划。公园当时的特点是水面大陆地小, 水面约为 356 亩, 陆地面积只有 110 亩, 因而考虑增添水上运动。由于东郊距离北京动物园太远, 为方便群众就近看到动物, 曾拟将现有湖心岛建成小型动物园。

1983 年经区建设局批准, 在该年 6 月 1 日儿童节正式改回红领巾公园原名。1988 年红领巾公园开设了台球场地。

1989 年, 红领巾公园多年未能解决的湖水污染被列入国家和市、区重点治污工程, 解决了工业废水污染问题, 同时修建了护岸和环湖步道, 维修环湖路, 建北围墙, 封堵西、北两门, 公园的干部职工把清污作为公园建设的转机和新起点, 借此机会, 全力以赴投入公园建设: 在寒冷气候下湖排水, 为挖泥创造条件; 伐死树、清路障, 积极配合给以方便; 在治污的同时加强养护, 做到了清污和公园管理同步进行, 同时见效。工作得到了各级领导的一致好评。

1989 年开始建设以少年儿童题材的雕塑, 公园成为对青少年进行爱国主义、革命英雄主义教育场所。1990 年公园面积 39.35 公顷, 其中水面 2.99 公顷。1990 年首都规划委员会提出红领巾公园总体规划, 北京市人民政府批准, 同意在红领巾公园增加建设少年儿童题材的雕塑, 使该公园成为对少年儿童进行爱国主义革命英雄主义和传统教育的场所。

1992 年 3 月 15 日, 红领巾公园雕塑工程动工。雕塑基础和安装均由公园职工完成, 雕塑建设以朝阳区人民政府为主, 设计由中国雕塑艺术研究所、中央美术学院雕塑系等机构参与完成。

1993年红领巾公园加强了养护工作。在环湖绿地上栽植宿根花卉5410株，种植草坪3700平方米。1996年，管理处完善公园各项管理制度，并与各班组签订承包协议。由朝阳区园林局投资90万元建三层办公用楼；由公园投资8.5万元，购置猴戏车、碰碰船等游乐设施。

1997年，公园召开第一届职代会，将原职工大会制度改为职代会制度；对管理干部实行岗位责任制。1998年公园实行承包责任制百分考核制度。1999~2000年，朝阳区园林局投资进行红领巾公园一、二期改造工程。公园投资719.06万元用于景区养护、设施建设和购置游乐设备。2000年朝阳区妇联出资50万元，在园内建设"三八世纪园林"。公园举办首届红领巾科普游园会、老年健身操大赛等项文化活动。公园由二级三类行业管理公园升为二级一类行业管理公园。

2001~2002年，公园全面推进行业目标管理，对各班组实行任务和责任承包，班组长与班组成员双向选择。2002年公园通过ISO9001质量管理体系和ISO14001环境管理体系认证。2003年完成人事制度改革，实行全员聘用制。2004年公园通过市、区旅游局AAA旅游景区检查验收。举办北京首届双胞胎文化节、北京青少年科技博览会分会场等文化活动。完成南门景观、西湖绿地改造工程，并将中心岛建成朝阳区未成年人交通安全教育实践基地。年底启用了新版门票及月（年）票。2005年公园被评为北京市精品公园。

2006年7月1日，公园免费向社会开放。2005~2007年，举办北京市第八届学生艺术节闭幕式、朝阳区七色光鼓号队定级、朝阳区中小学生迎奥运书画活动等31项文化活动。2008年奥运期间在公园南门摆放主题"四海一家"花坛，举办北京奥运报道中心成立仪式等16项文化活动。

2010年公园将船班和交通教育班作为试点，实行外包式经营，以降低公园支出成本；在北游乐班使用电子售票系统；举办创建全国文明城区志愿者系列活动启动仪式和"大拇指"系列活动等文化活动。2011年公园强化内部管理，压缩费用支出，调整班组经营模式，将经营性服务班组对外承包。2012年公园重新制作公园网站，及时发布公园各项工作动态及文化活动进展情况，全面实行预算化管理。年内公园被北京市公园绿地协会评为优秀会员单位。2013年公园围绕"团结、创新、服务、健康"管理理念，将精细化管理贯彻到管理全过程。不断创新服务机制，建立多样性服务窗口。2014~2016年公园发挥文娱阵地、教育基地作用，创建公园文化品牌，成功举办第十六届红领巾科普游园会等各类文化活动共 84 项。

截至 2017 年年底，公园总面积 41.99 公顷，其中绿地面积 14.07 公顷、水面面积 16.09 公顷，铺装面积 6.86 公顷、建筑占地面积 1.43 公顷，绿化覆盖率 94%。

### 团结湖公园

1986 年正式建园，江南古典民居风格。公园位于东三环北路团结湖居住小区内，西临东环北路，东与团结湖路相接。隶属于朝阳区园林绿化局，是全民所有制差额拨款事业单位。公园曾先后获得"全国部门造林绿化 400 佳单位""全国绿化先进集体""首都绿化美化先进单位""北京市精品公园""平安旅游景区"和"AAA 级旅游景区"等项荣誉。累计获得各种荣誉 160 多项。

团结湖原是北京市规划局制定北京水系中的十大人工湖之一。1958 年治理环境，发动群众、机关、学校与军队参加义务劳动，将旧窑坑和苇塘疏浚成为环形人工湖泊，取军民团结奋战之意，故名为"团结湖"。团结湖挖成后，原来环形湖东面和南面一度被填死，八里庄大队在这里开办了养鸭场。湖西北面 60 年代曾作为大炼钢铁的高炉场地，后来成为养牛场，此后，建起了院校单位的宿舍楼和灯泡厂。湖水原与区内的水系相连，由于周边城建规划的变动，北、南两面出水口被堵塞，湖水一度依靠园内的两眼深水井供给。

1974 年市园林局投资将公园西部地区开辟为绿地，并种植了树木，以后陆续修建了园路、围墙，并在东北角建了一座方亭。1981 年市园林局决定筹建团结湖公园。搬迁了大队养鸭场。1982 年元旦，正式成立团结湖公园管理处。1983 年修建了东围墙围栏，建造壁画及雕塑各一座，修建东湖码头一座，修筑东湖假山护岸并对东湖湖底做了防渗处理。该年园内铺草 500 平方米。

1983 年 12 月 21 日，第 47 次区长办公会原则同意区园林局提出的第四套方案，决定 1984 年要进行团结湖公园的基础工程建设，整治湖面并进行绿化。市政管理部门配合并动员占地单位尽早搬迁，为公园建设扫清障碍。同时坚持几条腿走路，除市区投资外，发动社会集资建园。

1984 年开始全力建设公园。公园规划充分考虑了团结湖的地理位置和面积局限。在这样一个特定的环境之中，力图设计出一个具有民族色调的自然山水风景园林，公园规划几经讨论。全园由环湖景区、湖区水面、湖心绿地三部分组成。公园建筑仿江南民居风格，灰绿瓦顶，白色粉墙，楠木本色，朴素淡雅。园内以植物造景为主，合理配置树木种类。

1985年4月,团结湖公园春季基建工程和部分绿化工程全面铺开。1986年9月26日,公园竣工并正式对游人开放。公园主要景点有云山、得月廊、水阁荷香、明漪舫、静香亭、晚霞逸晚亭、流水照壁、揽翠轩、仿真海滨乐园等。公园栽植各种树木8676株,草坪36970平方米,绿化用地比例为72%。横亘于湖面的"环波""接秀""引胜"三桥造型各异、风格独特。明漪舫、得月廊、半壁长廊等景观,独具浓郁的水乡气息。以丰富多变的地形、宛若自然的水系、丰富的植物种植配置为特色,创造一个体现自然山水和现代花园式的园林。

1987年,团结湖公园完成园内绿化任务和打备用井一眼。1989年团结湖公园新建了码头、泵房,完成主体工程,拆建配电室进行了增容。1990年公园面积为13.84公顷,其中水面5.41公顷。1993年团结湖公园重点放在了养护管理的提高上,工作抓得紧,中耕适时,病虫害防治及时,宿根花卉入地,温室花卉走出花房,卫生立体保洁不断线。做了大量工作,成绩显著。1996年公园新建办公楼一处,园内铺装改造5000平方米,选石材500吨进行公园西北两座山体改造。累计绿化改造面积5.4万平方米。公园连续三年被北京市爱委会评为先进单位。

2000~2002年完成AAA级旅游景区评定,绿化改造面积1.09万平方米。2003年通过ISO9001质量管理体系和ISO14001环境管理体系的认证工作。2003年公园落实《北京市公园条例》《团结湖公园服务规范》和《团结湖公园行业目标管理制度》,开展"以人为本、微笑服务"为主题的服务班组岗位练兵评比活动。2004年7月,公园被评为AAA级旅游景区。

2006年7月1日开始,公园实行免票制度,采取免票不免责,平稳完成收费到免费性质转换。公园投资220万元对园内设施进行改造。

2008年奥运期间接待中外游客15万人次。投资100余万元进行广播、监控、红外线计数系统的奥运改造工程。公园东门"奔向梦想"的迎奥运主题花坛,荣获北京奥运会、残奥会花卉布置二等奖。2009年聘请专业湖水治理公司采用生物治水的方式治理湖水,确保公园景观水域三类水质效果,新建的垃圾楼解决了多年来垃圾清运不方便问题。2010年在园内营造以桃花为主、海棠花为辅的一园一品的绿色景观,并向湖内投放了3.5万尾锦鲤。2011年9月下旬,举办第五届赏菊观鱼游园会暨团结湖公园开园25周年庆典活动。该年被评为朝阳区交通安全先进单位和朝阳区环境建设工作先进单位。2012年公园举办第六届赏菊观鱼游园会、协助地区办事处和相关单位举办健康健身活动。年内公园被评为北京市公园绿地协会优秀会员单位。

2013 年更换电瓶船 22 条，改造加固码头，完成路面、山道、山坡、中岛水路改造。2014 年内，按照《朝阳区园林绿化局专业公园检查评分细则》开展园内绿化养护、病虫害防治、修剪、花卉布置以及园容卫生等日常管护工作。与区图书馆及团结湖街道办事处举办各类宣传活动 10 次。2015 年开展精细化管理工作，印制《团结湖公园精细化管理手册》。补植各类植物 1 万平方米。增加植物品种，首次种植花毛茛、太阳花草本花卉。

截至 2017 年年底，公园占地面积 12.3 公顷，其中绿地面积 4.2 公顷、水面面积 5.4 公顷、道路面积 0.8 公顷、建筑占地面积 0.4 公顷、铺装面积 1.5 公顷，绿化覆盖率 80%。

## 元大都城垣遗址公园（朝阳段）

元大都城垣遗址公园（朝阳段）位于中轴路东西两侧，中华民族园的南侧，东起太阳宫乡惠忠庵村，西至德清路，北邻土城北路，南与土城南路相接。隶属于朝阳区园林绿化局，是全民所有制差额拨款事业单位。公园为全国重点文物保护单位、国家 AAAA 级旅游景区、北京市爱国主义教育基地。

元大都城垣是元代大都城的北城墙，始建于 1267 年，至今已有 700 多年的历史。明初北墙南移时移存城外，俗称"土城"。1949 年前，土城杂草丛生一片荒凉。1950~1957 年，土城上有农民住房、机关单位、仓库等，占地 31467 平方米。1958 年 5 月，北京市人民政府将土城列为国家重点文物保护单位。由于荒置多年，1959 年有开始植树绿化，称为土城林带。1960 年北京市园林局绿化处第三保养站负责土城绿化，种植油松、臭椿、国槐、白蜡、栾树等树木，形成林带。1960 年 11 月 14 日交由朝阳区绿化队管理，有树木 60000 株。绿化队派一个班进行养护管理。1974 年 9 月 25 日，朝阳区成立了土城绿化队，1974~1975 年在土城进行油松造林。

1983 年开始筹建公园，土城沟即原来的护城河，沿着土城北部贯穿东西，面积 66000 平方米，1984~1985 年对其进行清淤，衬砌河岸，修筑护坡，挡土墙，铺装河路，完成 36 户居民拆迁。通过整治，土城河水质改善。同时确定两岸地型标高，公园界地。1986 年 2 月北京市规划局、市园林局批准公园规划开始建园。于 1987 年 9 月正式开放。

1983 年开始筹建公园，次年进行规划。1986 年经市规划委员会批准开始建园，1987 年公园初步成型，是年 9 月正式开放。1988 年 3 月 10 日，由北京市人民政府正式批准并命名为"元大都城垣遗址公园"。1989 年，朝阳区人民政府在健安桥东西两侧的土城顶部修筑了土城平台，并在西侧平台上建立《元大都城垣遗址》碑。碑石东面刻有元人黄文仲撰写的《大都赋》的节选篇章，碑石西面为《元大都遗址》碑铭，简要介绍了元大都城址700余年的沧桑变迁。1995年元大都城垣遗址公园在养护管理上采取定地块、定人员、定职责、定标准、定奖惩的工资总额承包办法。朝阳区园林局因此在全局推广经验。1996年元大都城垣遗址公园与北京佳科图贸易有限公司合作联建了"百鸟园"，取得了良好的环境效益、社会效益和经济效益。1998年公园举办首届海棠花节，并于2002年通过ISO9001质量管理体系和ISO14001环境管理体系认证。

随着2001年北京申奥成功，朝阳区的绿化美化建设成为重心，"五大景观"工程中，元大都城垣遗址公园作为北京最大的城市带状公园，为配合奥运景观建设，成为重要的城市公园整体升级改造项目。2002年，朝阳区绿化局按照区委区政府的要求，就元大都公园改造方案进行国际招标，从来自国内外的众多设计方案中评选出优秀的设计作品，由国内顶级的园林设计大师、文物保护专家、雕塑大师、史学家、美学家为公园景区、景点规划提供技术支持。

2003年非典特殊时期，区政府成立了公园建设领导小组，改造工程自4月1日施工，9月20日竣工，历时近6个月，投资4.38亿元，完成绿化面积42万平方米，栽植各种树木30万株，栽草37万平方米，栽摆花卉35万株，完成铺装11.8万平方米；完成建筑面积2.3万平方米；对小月河进行截污还清，新建7个水生植物区，修建5个木质游船码头和7座跨河人形桥；建成市内最大的人工湿地。

公园以小月河为主体水景，河南岸为土城遗址保护区，河北岸为绿化景点建设区。景区全长4.8公里，宽130~160米不等，总占地面积67公顷，被南北走向的6条城市道路自然分为7个地段、9大景区。元城新象、大都鼎盛、龙泽鱼跃3个一级景区和双都巡幸、四海宾朋、海棠花溪、安定生辉、水街华灯、角楼古韵6个二级景区，景区景点强调历史文化神韵，保留了原有树木和野生植被，补植了各种花木，增建了园林小品，沿河铺装横贯东西的步道，两岸草地青青、花木丛丛、杨柳依依、与两侧高大树木融为一体，形成一条绿色的"山谷"，构成市区与北部城区之间的一条天然屏障。

元大都城垣遗址公园的建设同时创下了当时四项北京之最：即最大的城市带状公园、最大的室外雕塑、最大的人工湿地、最早的紧急避难场所。改造工程正逢非典期间，朝阳区园林绿化干部职工和相关建设单位仍坚持施工，这种精神值得肯定和铭记的。

2003年改造后，公园开展科学管理、文化管理，先后被评为"北京市精品公园""北京市园林杯精品工程奖""首都绿化美化优质工程"等。北京建都850周年时，被北京市选为纪念活动之一"辉煌北京"大型文艺演出暨元大都城垣遗址公园落成典礼。作为全国第一个应急避难场所试点公园，中央和北京市领导多次到公园视察和指导工作。自公园建成后，这里成为各类活动的重要场所。2006年4月公园被评为AAAA级旅游景区。2007年举办迎奥运中华少儿科技纪念林揭碑仪式等活动。

每逢节庆，公园布置的主体花坛多次获得市级一、二等奖项，如2007年主题花坛获得市级一等奖。2008年荣获北京奥运会残奥会花卉布置二等奖。2009年国庆60周年立体花坛使用花卉数量达34.3万株，荣获国庆游园活动环境布置二等奖。2012年"海棠花节""五一""国庆""十八大"期间，公园在四海宾朋、海棠花溪、安定生辉及大都鼎盛景区栽摆时令花卉8余万株，主题花坛2处。

经过多年建设，公园已成为全国重点文物保护单位、国家AAAA级旅游景区、北京市爱国主义教育基地。2010年登记为北京市注册公园，并被市园林绿化局评为"北京市重点公园"。多年获得市公园绿地协会"2012年优秀会员单位"。2014年通过ISO9001质量管理体系和ISO14001环境管理体系复审。

截至2017年年底，公园总面积67.01公顷，其中绿地面积43.65公顷、水面面积6.49公顷、建筑占地面积6.03公顷、铺装面积10.84公顷（含园路）。公园绿化覆盖率82%。

## 四得公园

四得公园位于朝阳区将台地区将台西路，四元桥西南侧，东邻机场路辅线，西靠机场高速路，南倚西坝河，北为将台路（原赵酒路）。隶属朝阳区园林绿化局，是全民所有制差额拨款事业单位。公园以"体育、休闲、娱乐"为主题，属于公益性免费公园，主要为公众提供娱乐活动场所。"四得"的含义是：使游人能够得到自然清新的乐趣，得到身心的锻炼，得到一定的植物知识，得到健康长寿。

公园的前身，是原朝阳区农林局的绿化代征绿地，1992年搬迁200余户居民，1993年公园纳入城市绿化美化重点工程。1994~1995年公园改造被纳入朝阳区城市绿化美化重点工程计划，原区农林局按照规划方案开始进行建设。1998年公园成立筹建办公室，同年公园基本建成并免费向社会开放。2002年园林绿化机构调整，四得公园由原朝阳区农林局并入朝阳区绿化局。

2003年区绿化局正式成立四得公园管理处，围绕体育休闲主体对公园进行整体改造，改造以基础设施建设和环境景观改造为重点，建成山水园区、老人活动区、儿童活动区、健身娱乐区及垂钓区等景区。重点完成圣火、五环、夕阳红广场铺装；改造四得湖岸；开发垂钓水面并投放了草鱼、鲤鱼；新建游乐设施，引进"小人国"儿童游乐场。2003 年 7 月 18 日，改造后的四得公园正式面向社会开放。

2004 年工程投资 703 万元实施二期改造，完成园内北山铺装 175 平方米、足球场外铺装 694 平方米和足球场边路跑道铺装 600 平方米，在公园南侧建成一处占地 8165 平方米的标准足球场、完成南大门建设铺装工程，铺装面积 3053 平方米。与社会企业合作建成占地面积 3150 平方米的两个 5 人制足球场、一个网球场及配套住房。举办庆"七一"文艺演出，庆"八一"足球赛，迷你保龄球联谊赛等 5 项活动。2006 年四得公园被市园林绿化局评为精品公园，被首都窗口行业奥运培训工作协调小组评为"首都文明服务示范窗口"。2008 年举办"2008 朝阳区五大公园迎奥系列接力活动暨首届'望湖杯'知名企业足球邀请赛开幕式"活动。2009 年公园调整改造面积 3.5 万平方米。2004~2009 年接待游客约 120 万人。

2010~2013 年，公园进行景观改造面积 1.5 万平方米，补换各类草坪面积 1.52 万平方米。2014 年喜迎国庆 65 周年及 APEC 会议，公园设置大型花坛 2 处和花卉地栽 4 处，栽植各种花卉 2.95 万株。2015 年底顺利通过国家 AAA 级旅游景区质量等级评审。

截至 2017 年年底，公园总占地面积 16.13 公顷，其中绿地面积 11.9 公顷、水面面积 0.57 公顷、铺装面积 1.77 公顷，其他面积 1.89 公顷，绿化覆盖率 73%。

## 北小河公园

北小河公园是 2005 年朝阳区投资的为民办实事工程。北小河位于朝阳区东湖地区，东至望京西路，西至京承高速路，南至北小河，北至利泽西街。隶属区园林绿化局，是全民所有制差额拨款事业单位。一期建设工程于 2005 年 8 月 5 日开工，同年 11 月 15 日竣工；二期工程于 2006 年 3 月 8 日开工，同年 5 月 1 日开园。公园分东门主入口、滨河休闲区、湖区、儿童活动区、森林剧场活动区、喷泉广场、雕塑广场、体育健身区及山林活动区等九大景区。2007 年公园被评为北京市精品公园。2008 年公园为奥运保障做出突出贡献。2010 年朝阳区地震局投资建设应急避难场所，内容包括主题广场建设、主题雕塑、应急供水管线等。2014 年完成国家 AAA 级旅游景区的创建和质量环境管理体系认证审核。2015 年通过 ISO9001 质量管理体系和 ISO14001 环境管理体系复审。

截至 2017 年年底，公园占地面积 24.8 公顷，其中陆地面积 24.1 公顷米，水面面积 0.7 公顷。绿化覆盖率 80%。

## 庆丰公园

2009 年春，朝阳区政府结合城中村的拆迁改造进行环境整治并建设公园绿地，是"通惠河滨水文化景观带"率先启动建设部分。通惠河景观工程涉及沿河生态改造，按照"以人为本，生态优先，自然和谐，促进经济发展"的思路，以传承历史文脉、突出绿色生态、体现现代都市景观、满足大众休闲的活动需求，体现了人与自然、传统与现代相互融合的城市开放空间。

庆丰公园隶属朝阳区园林绿化局，是全民所有制差额拨款事业单位。公园紧邻三环路，位于通惠河西部，CBD 南侧。西至灵通观桥，东至庆丰桥，北至京通路，南至铁路线。现有古闸遗址、古槐树及二闸村的民俗文化等历史遗存。公园宽 70~250 米，全长 1700 米，被三环路分为东、西两大景区，分别是沿通惠河两侧拓宽后的滨水景观区和南部的生态文化区；景点有京畿情怀、叠水花溪、文槐忆旧、大通帆涌、新城绮望、庆丰古闸、惠舟帆影、印象之舟。庆丰公园是朝阳区向国庆 60 周年献礼的重点工程，2009 年 7 月 1 日开工、同年 9 月 20 日竣工。2009 年 9 月 28 日正式开园。2013 年被评为"北京市精品公园"，2014 年完成国家 AAA 级旅游景区创建并正式挂牌。2013 至 2016 年连续举办了四届"北京二闸清明踏青节"。

截至 2017 年年底，公园总面积占地面积 20.21 公顷，其中陆地面积 20.01 公顷（其中园林绿地面积 19.64 公顷）、水面面积 0.2 公顷。乔木 3.23 万株、灌木 29.65 万株、竹子 2.13 万株、花卉 15.12 万株、冷季型草坪 11.38 万平方米。

## 大望京公园

位于崔各庄乡辖区内，公园北靠北小河，东南临京顺路，东北至五环路，西接望京规划路。大望京公园管理处成立于 2009 年 9 月 29 日，隶属于朝阳区园林绿化局，是全民所有制差额拨款事业单位。

大望京村是北京著名的城中村，被北京市政府纳入了大望京村城乡一体化试点建设工程，而大望京公园是工程的重要组成部分，进一步推进了绿化隔离地区的环境提升。公园于 2009 年 6 月 14 日开工，2010 年 4 月 30 日竣工，5 月 8 日正式开园。大望京公园以"青山绿水，蝶舞莺飞——美丽望京我的家园"为设计理念，建成了望京台、如意湖、戏水溪流、林荫广场、亲水广场、叠水瀑布等 7 个主要景点。2012 年 10 月大望京公园荣获"北京市级精品公园"称号。2014 年完成国家 AAA 级旅游景区申报创建及迎检工作并正式挂牌。该年在局公园系统全年养护评比中，大望京公园园内养护、园外养护均获得第一名。

截至 2017 年年底，全园占地面积 33.04 公顷，其中绿地面积 25.98 公顷、铺装面积 4.59 公顷、水面面积 2.34 公顷，绿化覆盖率 87%。

### 望和公园

望和公园位于望京地区西南部，由南、北两大园区构成，西临京承高速，南邻北四环路，是望京地区最大的城市休闲公园。2014 年 10 月向社会开放，隶属于朝阳区园林绿化局。

望和公园南园占地面积 22.5 公顷，公园原址为六公主坟村和四元桥汽配城、灯具城。2014 年 5 月开始拆除棚户区。南园交通便利，以户外运动为特色，强调动感活力的氛围。建设有动感天地、童趣迷宫、花海融春等景区。设计亮点在于雨洪利用，规划本着生态性、经济性、美观性的原则，创新设计了十多个连续的圆形雨水花园。

望和公园北园占地面积 16.1 公顷，周边有南湖西园、季景沁园等小区，公园东、西、南方向分布有天仙圣母庙、关帝庙、兴隆寺三座寺庙，围合分布的文物古迹赋予公园平安吉祥的氛围。公园分为"三区两环"。"三区"由南向北分布，分别为数字花园区、香风湖景区、园艺摄影景区。花园注重设计特色的植物配置组，强调种植区道路场地的交错互动，形成多个不同的体验空间和景观空间。"两环"指的是市民健身步道，分别位于数字花园区和香风湖景区的柳岸长堤。

截至 2017 年年底，公园占地面积 38.6 公顷，园区有乔木 1.65 万株、灌木 20.11 万株、水生植物 8.07 万株、竹子 7010 株，栽植黑心菊、玉簪等花卉地被 5.49 万平方米，铺草坪 22.63 万平方米。

## （二）行业公园

### 奥林匹克森林公园

2008 年北京奥运会，是中华民族近百年以来，国家由战乱转入复兴之后，举国期盼的空前盛会。这不仅仅是国力的象征，更是民族尊严、民族自信和民族自豪感的一次集中体现。

自 2001 年 7 月 13 日北京申办奥运成功，奥运的筹备建设工作有序展开，其中奥运会主会场、奥运村和 13 个比赛场馆都位于朝阳区，因此绿化美化环境建设成为朝阳区在奥运之前 7 年时间里的重大任务之一。其中的重大公园建设项目之一，就是奥林匹克森林公园。

朝阳区关系到奥运的公园建设，首先是 2003 年非典期间重新设计建设的元大都城垣遗址公园，属于城市带状公园。其次是扩建的朝阳公园，是北京城区最大的城市公园。第三个就是奥林匹克森林公园，一个综合性超大型生态城市公园。奥林匹克森林公园的建设，是为更加彰显第 29 届北京夏季奥运会"绿色背景"的理念，也为奥运会的举办建设一个大的绿色背景。

2001 年北京申办 2008 年奥运会成功，由北京市人民政府委托朝阳区人民政府承担全园建设任务。2002 年 9 月 26 日，朝阳区成立由区委书记、区长任总指挥，主管副区长为常务副总指挥，17 个政府职能部门主要领导为成员的奥林匹克森林公园建设指挥部。下设区政府临时常设机构奥林匹克森林公园建设管理委员会，开展立项、融资、征地、拆迁、劳动力安置及审计、检查等各项协调工作，履行政府职能。管委会工作人员根据工程进度需要，从区指挥部各成员单位借调，11 月中旬集中办公。管委会工作职能以围绕奥林匹克森林公园建设，配合世奥公司开展协调服务工作，履行政府职能，完成区委、区政府交办的各项事宜。内设综合办公室、审计监察处。世奥公司履行企业职能，落实公园规划、立项、融资、征地拆迁、安置劳动力等工作，组织奥林匹克森林公园及平衡资金用地的一级开发，完成公园建设任务，实现公园经营和可持续发展。

2003 年 4 月 11 日注册"北京世奥森林公园开发经营有限公司"，开始公园筹建工作，2005 年 6 月 15 日公司领导班子到位。

自 2005 年 6 月 30 日奠基至 2008 年 6 月底，历时 3 年，公园一期建设工程完成。公园共占地约 680 公顷，五环路、奥林西路、奥林东路从公园穿过。公园水面 67.7 公顷，绿化面积 478 公顷。森林公园现有乔灌木 58 万余株，植物品种 280 种，绿化覆盖率 95.61%。公园以五环为界，公园分为南、北两园，南园占地约 380 公顷，北园占地约 300 公顷，横跨北五环路的生态廊道将南北两园连为一体。公园南园以自然景观为主，建有仰山、奥海、湿地等景区。北园以自然野趣密林为主，建有花田野趣、雨燕塔、大树园等景区。公园在设计上精益求精，创造现代意义上自然山水文化的同时，采用多项节能环保技术，在人造湿地的地下，隐藏着一套先进的高效水处理设施，每天对清河污水处理厂引入的 2600 立方米再生水和 20000 立方米主湖循环水进行净化处理，实现达标排放。园内卫生间均采用生物降解粪便处理技术，利用微生物新陈代谢原理，将排泄物转化成生态有机肥，并消除异味。

作为国家全民健身示范基地，在南园西部和北园东部分别建有体育园区，现已建成塑胶健走道、乐跑服务站、网球广场、篮球广场、五人制足球场、羽毛球馆、体育文化广场、文化棋园、乒乓球长廊、鹅卵石健身路径等体育设施，满足市民健身娱乐的需求。

2008年北京奥运会期间，位于公园南区大型自然山水景观西侧的网球、曲棍球、射箭三个比赛场馆，成为各国观众瞩目的焦点，森林公园区域成为中心区赛场的绿色花园，这是中国北京2008奥运盛会中浓墨重彩的一笔。奥林匹克森林公园该年被评选为北京市精品公园。

奥林匹克森林公园在圆满完成奥运会、残奥会服务保障任务之后，经过短暂休整，南部园区于2008年10月26日正式免费对市民开放。2009年进一步完善了北园道路、照明、监控、广播、标识等基础设施的建设，于该年9月30日全园免费开放。

奥运会之后，奥林匹克森林公园继续秉承奥运精神，以"绿色奥运、科技奥运、人文奥运"的理念为基础，按照建设"人文北京、科技北京、绿色北京"的城市建设理念，不断发展，以奥运文化与中国精神融合的生态公园为依托，打造以青少年科普及素质教育、生态涵养与观摩、文化演出与交流、体育休闲与体验为主要内容的国际化现代公园，成为北京中轴线北端一颗璀璨的绿色明珠。截至2017年底，公园规划占地面积680公顷，其中水面面积67.7公顷，绿化面积484.8公顷，乔灌木59万余株，植物品种278种，绿化覆盖率95.61%。

奥林匹克森林公园设计营造出的大型自然山水景观，布局独特，山环水照，负阴抱阳，加上林泉高致的中国山水绘画意境，展现出深厚的东方哲学境界和诗性的审美格局，将天人合一，和谐世界的理念，化入其中。其中一些重要景观的设计堪称经典。

仰山景区位于公园中心五环南侧，坐落于北京中轴线上，海拔86.5米，是公园的核心景区。相对湖面水位，仰山主峰高48米。登临山顶可以鸟瞰奥海和奥林匹克公园南区景观。"仰山"得名于原洼里乡"仰山村"之地名，与北京中轴线上的"景山"相呼应，暗合《诗经》中"高山仰止，景行行止"的诗句。"仰山"运用中国传统山水形胜的设计理念，参考景山、颐和园万寿山等山体坡度，形成了仰山"谷脊分明，负阴抱阳，左急右缓；左峰层峦透迤；右翼余脉蜿蜒"的格局。仰山填方总量约500万立方米，利用鸟巢、水立方等周边场馆建设以及公园挖湖产生的弃土，历时5个月精心堆筑而成。"仰山"山体绵延磅礴，以势取胜，气势恢弘，意境深远，演绎了中国文化的传统精髓，依山势设有天境、朝花台、夕拾台和林泉高致等重要景点。

奥海景区位于仰山南侧，是奥林匹克公园龙形水系的龙头部位，水面面积为24公顷。奥海以中国传统园林文化中对仙境的追求模式为蓝本，营造仙山灵岛的氛围，与公园南区曲线形的水系与几何直线的城市格局相映衬，在自然的形态中，蕴含了"奥运中国龙"的象征存在。"曲水架构主轴，游龙若隐，气韵生动，风水流转，气象万千"，奥海与仰山构筑成一副壮美的自然山水景观画卷。

天元位于中轴线上，仰山与奥海之间，是奥林匹克公园龙形水系的"龙眼"，为公园画龙点睛之处。"天元"从仰山南侧余脉伸入奥海水面，形成一个直径20米的圆形滨水广场，与仰山顶峰天境相呼应，隐含月相之意。因其位置独特且景色宜人，故以围棋盘的中心点"天元"为其命名。

天境位于奥林匹克森林公园仰山主峰峰顶，是北京城市中轴线的最北端，公园的最高点。"仰山"山顶有一块被称为"泰山石敢当"的泰山景观石，巨石高5.7米、重达63吨。傲然挺立，古朴凝重，庄严神圣，象征着森林公园平安祥和。山顶四周种有29棵油松，寓意第29届奥运会。登临"天境"，视野非常开阔，南向可以看到"奥海"的全景，远眺景山万春亭，和鸟巢、水立方、国家体育馆等奥运场馆群；北向可以看到北园全景，远眺燕山山脉，是全园的最佳观景点。

林泉高致景区位于主山的西南余脉，是以山体自然形成的谷地设计而成的一条溪间瀑布，其名取自北宋画家郭熙的画论名篇。该景区环境幽静，设有三潭两峰，景区纵深全长约370米。活泼的清流蜿蜒而下，随山势形成一条溪涧瀑流，自北向南汇入奥海。飞泉流瀑，溪石蜿蜒，林木错杂，宛如玉带流觞。有高山雅意，流水知音之美。林荫小径在溪流上穿行，林泉相映成趣，此景可观、可玩、可赏，构成山水相依的空间格局。

花田野趣景区位于北园西南部，面积约26公顷，由河流、密林分割为三个观赏空间，以不同季节的应时花卉为主要观赏特色。该景区四周缓坡林地环绕，中间以大面积的疏林花卉地被为主，视野开阔，向日葵、日光菊与低矮野生花卉相间，条形放射状栽植，随季节交替，不同花卉次第开放，形成了此消彼长、色彩不断变幻的"野趣花田"。中部建有六座观景平台，曲折栈道相连，徜徉其中，花海游弋，给人以不一样的空间感受，供游人赏花、小憩的原木廊架、凉亭散置其中，成为人们放松身心的绝佳场所。

大树园景区位于北五环以北，奥林匹克森林公园的西北角，北临清河，占地80公顷。按中国传统山水理论，营造西北高起25米、环山层层相连的山形；一条3公里长的水系蜿蜒其中，三个大湖面镶嵌其内，水面面积达10万平方米。大树园历时三年建成，保护收集了从部分国家重点工程和高速公路建设过程中移植的大树，最远的来自于三峡库区。园内植物种类丰富，种有名贵树木共计 170 余种，胸径 25 厘米以上的大树近 2000 棵。绿地、灌木、密林高低错落，层层叠叠，成片的野花夹杂其中，与湖泊、溪水交相辉映，形成了以大树为主体的森林自然生态景观。

### 朝阳公园

朝阳公园位于北京市朝阳区朝阳公园南路，东至东四环路，西至朝阳公园路，南至朝阳公园南路，北至亮马桥路。南北长约 2.8 公里，东西宽约 1.5 公里。原称水碓子公园，始建于 1984 年，1992 年更名为北京朝阳公园，是以园林绿化为主的综合性、多功能的大型文化休憩、娱乐公园，也是北京市四环以内最大的城市公园。公园规划总面积 288.7 公顷，其中水面面积 68.2 公顷，绿化覆盖率 85%。是国家 AAAA 级旅游景区、北京市重点公园和精品公园。

从 20 世纪 80 年代满地的废窑坑和鱼塘，到北京城区最大的城市综合性公园，朝阳公园已经走过了 30 多年的历程，对改善北京东部地区的生态环境、丰富市民的文化生活起到了重要的作用。在此过程中，朝阳公园陆续建成了中央首长植树林、将军林、世纪喷泉广场、礼花广场、荷花湖、生态水溪、滨水之洲等 30 多个景点；勇敢者游乐园、体育中心等文化体育设施。逐步形成了"朝阳国际风情节""北京海洋沙滩狂欢节"、"国际马联场地障碍世界杯中国区比赛"等多个品牌文体活动。在 2008 年圆满完成了奥运会沙滩排球比赛场馆的建设和比赛期间的外围服务保障工作。

朝阳公园的建设一直受到中央以及市、区各级政府的高度重视。朝阳公园是经国务院批准的《北京城市总体规划》（1991~2010 年）中的重点项目之一，市规划委员会批准的《朝阳公园总体规划综合方案》，将朝阳公园定义为一处以园林绿化为主的综合性、多功能的大型文化休憩、娱乐公园。

朝阳公园的开发建设模式是边融资、边拆迁、边建园，公园建设可以分四个阶段：一是筹备阶段（1984~1988 年），朝阳区政府向全区发出了"为建设首都现代化的大型公园——水碓公园贡献力量"和"人民公园人民建"的号召书，经过近两年的努力，1986 年 9 月南湖正式对外开放，依托水面初步围合了一个"没有围墙的公园"。二是起步阶段（1988~1995 年），以房地产开发和人文景观建设为主要内容。1992 年 5 月，水碓公园更名为朝阳公园。1994 年实施了"双千亩工程"，即千亩绿地，千亩水面，同时在南部园区建成了世纪喷泉广场、层林浩渺、欧陆风韵等景点。三是加快建设阶段（1995~2000 年），实施"人民公园人民建"工程和"国庆 50 周年献礼"工程，于 1999 年 9 月建成南部景区。四是快速发展阶段（2000 年至今），区委、区政府将朝阳公园的建设列入区重点工程，公司加大了筹资、融资的力度，全力推进景区、景点建设，完成了 3900 余户居民和 40 余家企业的搬迁工作。2004 年 9 月 15 日实现全园向社会开放。

1996 年首规委召开朝阳公园规划建设工作会，要求朝阳公园建设要本着"人民公园人民建"的指导思想，调动社会各阶层力量，集思广益，先把公园的"架子"搭起来。1996 年 6 月，朝阳公园"人民公园人民建"工程项目分工会议召开。要求"人民公园人民建"工程一要讲政治，二要讲贡献，三要讲质量，四要讲进度，五要讲风格。区领导亲自主持召开全区动员大会，部署人民公园人民建工作。区政府分别给相关委、办明确工程项目，规定完工时限，提出具体要求。公园成立了施工指挥部，在区政府领导下，组织协调各委、办展开工作。其中，区农委投资 410 万元，承建水利枢纽工程，主要包括平房灌区地下混凝土方涵，分水闸和一条长 350 余米、宽 20 余米、深 8 米的水面连通渠；区商委出资 300 万元承建煤气用具厂门前的桥梁工程；区街办投资 165 万元建设南北湖水连通工程，挖出一条长 300 米、宽 20 米、深 8 米的水道，并用块石砌岸；由区经委出资 135 万元，修建公园东大门、北大门和东围墙工程；由区建管委出资 460 万元，修建麦子店路朝阳公园路段；北京明海房地产开发有限公司捐资 150 万元，用于公园水面连通工程中的桥梁建设。

1997 年，朝阳公园"双千"工程（也称"9950"国庆献礼工程）被列为北京市迎接国庆五十周年的 67 项重点工程之一。"双千"即 1000 亩水面和 1000 亩园林，是当时北京市唯一一个由区县独立承担建设的重点工程。1998 年 2 月，朝阳区政府常务会决定正式成立"朝阳公园献礼项目工程指挥部"，区建委、区管委、区计委、区规划局、区园林局、区文化局、区财政局等单位领导成员共同组成指挥部。国庆献礼工程全面开工。1999 年 9 月，国庆献礼工程如期竣工。9 月 28 日朝阳公园南部景区开放。

"双千工程"拆迁建设共拆迁居民 700 户，拆迁区、乡属企业 8 家，公园所属企业 12 家。腾清建园场地 300 亩，实现园林建设 800 亩；完成建筑面积 24000 平方米，建成道路 70000 平方米，铺设市政管线 5000 米，安装游艺设备 15 项，建成喷泉 9 组近千支，安装各种灯饰近万盏，新增绿地 275.6 亩，栽植苗木 34391 株，草坪 18 万平方米，苗木品种达 21 种，旧园林养护 1682 亩；建成的主要景区景点有：南门区、礼花广场、世纪喷泉广场、层林浩渺、欧陆风韵和"勇敢者天地"娱乐区。为实现公园全面开放奠定了基础。

1999 年南部景区建成后，朝阳公园建设进入了边经营、边融资、边拆迁、边建设的阶段。陆续完成了公园规划范围内窑口村、大亮马桥村居民的拆迁工作。2004 年，全面完成了市政三公司、市政六公司、欧亚非制冷设备厂、北京市煤气用具厂等企业的搬迁工作，结束了历时 20 年的拆迁历程；2004 年 9 月 15 日，朝阳公园北部园区建成，实现了全园开放。

按照《朝阳公园北部园区建设实施方案》，明确了"三个门区、五个景点"的建设重点。在东、西、北三个门区的规划中，分别突出了运动、艺术、休闲与生态相结合的主题。北部园区建设共平衡土方 130 万立方米，本着"平灾结合"的原则，完成了公园应急避难功能的规划设计及施工，可紧急疏散附近居民 15.3 万人。朝阳公园的应急避难所共由十大部分组成，除了厕所和停机坪外，还有应急指挥中心 2 处，应急避难疏散区 22 处，使朝阳公园成为继元大都遗址公园后北京市的第二座应急避难场所。

北部园区共包括 9 个景区景点：艺术广场、雾泉、生态水溪、生命之源、滨水之舟、万人广场、春花园、荷花湖、北部生态混交林。春花园位于公园北部，绿化总面积达 14 万平方米，有较大规模的春花乔灌木，包括玉兰、海棠、樱花、碧桃、榆叶梅、丁香、紫荆、梨花等 10 余个品种，是春季开展踏春赏花活动的佳境。荷花湖位于公园西部，总面积约 4.3 万平方米，是以荷花为主的水面观赏区。湖岸绿化植物品种丰富，形成优美的湖岸绿化景观带；湖内水生植物以荷花为主，配植睡莲、菖蒲、水葱等 10 余个品种。北部生态混交林位于公园东四环沿线北部，绿化总面积约 3.2 万平方米，采用大量常绿及落叶乔、灌木混搭配植的方式，种植油松、桧柏、侧柏、元宝枫、黄栌、山杏、山桃、太平花等 10 余个乡土树种，凸现了树种的多样性和景观的空间层次，营造出具有本土气息的生态林特色景观。

2005 年 11 月，市发改委京发改〔2005〕2436 号文件，关于奥运朝阳公园沙滩排球场等 4 个奥运会临时比赛场馆立项建设的复函中，同意朝阳公园沙滩排球场等奥运会临时比赛场馆立项建设。2007 年 7 月 19 日，市发改委关于朝阳公园沙滩排球项目变更业主单位的函，同意变更涉及审批事项中业主单位由市"2008"工程建设指挥部办公室变更为北京朝阳公园开发经营公司。奥运沙滩排球赛场属临建场馆，包括一块比赛场，2 块热身场，6 块训练场，总占地面积 18.45 公顷，建筑面积 14169 平方米，其中比赛场馆 1.2 万个座位，热身场 200 个座位。

2008 年奥运会沙滩排球比赛在朝阳公园沙滩排球场馆举行。为切实保证外围保障工作的全面开展，由区委、区政府牵头，组建奥运场馆外围保障工作指挥部，同时下设 8 个相关外围保障专项工作部，另外组建了朝阳公园沙滩排球外围保障工作组。朝阳公园外围保障工作组按照"以场馆为基础、以竞赛为中心、以部门为支持、以属地为保障"的工作原则，一是充分发挥沟通协调作用，确保场馆内外工作的无缝隙衔接，高效落实赛事的筹备和保障任务。二是会同区保障指挥部与各职能部门、场馆团队进行工作对接，交换信息和需求，全面了解沙排比赛特点、赛程及路线，制定更准确的保障方案。三是以公园范围为保障重点，以公园围墙向外辐射 200 米为重点控制区，对保障区域内的"人、地、事、物、组织"全面开展各项基础数据调查。为全面做好沙滩排球比赛公园范围内的外围保障工作。确保赛事的顺利进行。2008 年北京夏季奥运会期间，朝阳公园共接待奥运沙排门票入园 100195 人，持奥运证件 2488 人，外宾 12000 人。朝阳公园圆满完成了奥运会沙排场馆的建设以及奥运会沙排比赛的外围保障工作，获得北京奥运会、残奥会集体功勋大奖。

在市体育局专项资金的支持下，朝阳公园奥运场馆的赛后利用工作得以继续进行，公园新建了 5000 平方米的户外泳池；以"水立方"的水净化系统作为标准，水的纯净度仅略低于饮用水；利用 2 万平方米的奥运沙滩与北京电视台合作举办的"北京海洋沙滩嘉年华"，填补了市民夏季室外文体活动的一个空白。

朝阳公园的特点是面积广阔，南北跨度尤其大，南接姚家园路，北接酒仙桥路。西部毗邻外交人员居住区，西北紧邻国际文化交流中心以及使领馆区域。南部、东部毗邻高级居住区，公园周边的蓝色港湾购物中心、凤凰卫视国际传媒中心成为北京休闲购物、旅游文化的标志性建筑。公园是城区四环内最大的综合性公园，公园设施完备，南门内的礼花广场、下沉广场，喷泉广场都是举办大型活动的理想场所。宽阔的水面，不但有莲花盛开的菡萏风景，也成为户外水上游乐的良好场所，尤其是举办多年的"北京海洋沙滩嘉年华"，已经是炎夏北京地区群众的嬉水项目。中部的玉带桥，连接起南北两区的景观；遍布公园南北的健身步道是市民健身的优质的基础设施。南部的儿童游乐设施是周末的儿童乐园，而索尼探梦、乐高等商业机构为游客提供了优质的产品和服务。西部的足球篮球场地是青少年锻炼的乐园。

雕塑是朝阳公园的特色景观，其中绝大部分是中外友好的见证。除此之外，2008 年北京奥运会，为了给世人留下一笔宝贵的遗产，体现"人文奥运"宗旨，同时也为了提升城市的视觉文化形象，彰显人文内涵，在北京市政府的倡导下，由北京市规划委员会、北京市文化局牵头发起了一场具有开创意义的文化活动——建设百件奥运雕塑，其中落户朝阳公园的雕塑有 13 件。截至 2016 年年底，朝阳公园雕塑区共有雕塑 28 尊。其中约翰·施特劳斯花园、沃尔夫冈·阿玛迪奥斯·莫扎特雕像、奥运圣鼎、冼星海青铜雕像都是难得的艺术精品。

截至 2017 年年底，公园总面积 288.7 公顷，其中水面面积 68.2 公顷，陆地面积 220.5 公顷，绿化覆盖率 87%。其中建筑占地面积 10.4 公顷，道路广场铺装面积 21 公顷，绿化面积 145 公顷，其他占地面积 44.1 公顷。园内现有乔木 4.5 万株，灌木 4.8 万株，色块 3.4 万平方米，花卉 1.6 万平方米，绿篱 1.1 万延长米，草坪 92.5 万平方米。

### 中华民族园

中华民族园位于北四环与北辰路（中轴路）交汇的西南角，是博物馆与公园相结合的旅游景区，上级主管单位为北京市民政局社团办，行业管理隶属市文物局，区园林绿化局，区旅游委。属自收自支、独立核算、自负盈亏的民办事业单位。

中华民族园分南北两园。1992 年 3 月 24 日，经北京市计划委员会京计基字（1992）第 316 号文批准立项。同年 6 月 30 日，经北京市人民政府京政地字〔1992〕97 号文批准开始征地建设。1992 年 8 月开工，1994 年 6 月 18 日北园建成开放。北园内建有民族村寨 16 个景区，园内修建有国内最大的铸铁雕塑及仿真热带榕树林、水中溶洞、盘龙瀑布、岩图画、阿里山神木等特色景观。1997 年 11 月 3 日，由北京市计划委员会正式批准立项中华民族园二期工程，同年 12 月 17 日开工，2001 年 9 月 29 日建成开放。二期工程占地面积 12.89 万平方米。规划建少数民族景区 21 个，文化重点项目 4 个，民族街 5 条，自然景观 29 处。南园有民族博物馆、雕塑广场以及 20 余个民族村寨。全部建筑均采用 1∶1 的比例，真实再现各民族的文化遗存。

中华民族园以举办民族特色活动为龙头，通过举办中国各民族代表性的传统节庆，开展各民族原生态歌舞、传统手工艺、民族竞技、农耕文化等展示活动，以淳朴的民风，生动活泼、极富感染力的形式，让人们"走进民族大家庭"，亲身体会多彩的中华民族文化和民族风情。奥运期间举办清明播种节、端午节、傣族泼水节、白族尝新节、苗族刀杆节、蒙古族马奶节、纳西族三朵节、土族纳顿节、土家族社巴节、藏族雪顿节、佤族新米节、景颇族目瑙纵歌节等节庆活动；举办民族服饰展演、少数民族民歌会等特色演出。

此外，一些大型文化活动也选择在中华民族园举办。如 1994 年北园建成即举办了北京市政府外国使节招待会，第六届远南残疾人运动会闭幕式，庆祝建国 45 周年大庆游园活动"民族会场";1995年举办了国家旅游局"中国民俗旅游年"开幕式;1996年举办了第30届国际地质大会"民族园之夜"欢送晚会。2001年南园子建成,举办了中华民族博物馆更名为中华民族博物院落成开放典礼等大型活动。2002和2003年公园举办"明月共潮声——海峡两岸民族中秋晚会"等项活动,等等。2010年开展各类文化活动19次。2015年,公园发挥爱国主义、民族团结教育基地作用,针对中小学生课外讲堂,开展系列教育活动。

公园建设方面,2004~2009年,新建畲族古民居、珞巴族景区、蒙古族、裕固族、保安族、黎族、满族、东乡族、土族、锡伯族、俄罗斯族、塔塔尔族景区,新建畲族廊桥,重建了羌族观音庙,翻建扩建鄂伦春族、柯尔克孜、裕固、鄂温克、哈萨克族建筑。其中,满族景区复原的清代皇堂子是满族独有的建筑形式,填补了建筑史的一项空白,在建筑、历史、宗教、民俗等方面增添了一处研究与教学的实物例证。截至2017年底,公园占地面积28.2公顷,其中绿地面积17.26公顷;道路、广场面积2.96公顷;水面面积4.3公顷;建筑占地面积3.68公顷。园内绿地面积17.26公顷,乔木4093株,灌木9030株,月季类2072株,攀援类5926株,竹子13.02万株。绿化覆盖率61.2%。

## 丽都公园

公园位于朝阳区芳园西路6号,北临机场高速公路,南邻机场辅路,西临东四环路。是北京市第一家企业办的公园。公园1991年筹建。1993年,中国中旅(集团)公司投资3000余万元建成,同年8月18日正式对社会开放。

2002年丽都公园注册为北京市三级公园。同年将元大都城垣遗址公园的"百鸟园"迁到园内。2005年,经中国中旅(集团)公司授权,丽都公园划归中旅景区投资有限公司经营管理,原公园区内经营的花鸟园自3月退出。2006年7月1日,全园免费向社会开放。

2007年,中国中旅(集团)公司与港中旅集团公司重组为中国港中旅集团公司。丽都公园权属中国中旅(集团)公司,委托中国港中旅资产经营公司经营管理。公园设正、副总经理各一人,下设行政管理部、设备管理部、绿化部、保安部、保洁部五个部门。7月8日,中旅景区投资有限公司推出的"龙佑之夏"系列主题推广活动在丽都公园正式启动。并与纬伦双语俱乐部在丽都公园英语角隆重推出"海内存知己,童心迎奥运"的主题活动。

2008年公园投资100余万元在公园北门内修建一个300平方米的音乐小广场。5

至 10 月举办不同形式的婚庆活动 40 场。2009 年中国港中旅集团公司所属的中国港中旅资产经营公司负责经营管理丽都公园。2010 年丽都公园与专业的保安公司和绿化保洁公司签订合作协议。该年底获得朝阳区园林绿化局颁发的环境进步奖。2011 年丽都公园荣获朝阳区园林绿化局授予的环境突出优秀奖。2012 年荣获北京市公园绿地协会授予的优秀会员单位。2013 年投入 50 万元用于绿化改造项目和景区建设。2014 年公园增加婚礼仪式新的服务项目，携同公园客户连续两年参加中国婚博会，全年举办 68 场婚礼，形成良好的社会效益。2015 年举办婚庆活动 60 场，形成良好社会效益。截至 2017 年年底，公园占地面积 6.15 万公顷，其中绿化面积 4.46 公顷，道路铺装面积 9250 公顷，园内建筑物占地面积 3650 公顷，水面面积 4000 平方米。现有各种植物 1.05 万株。绿化覆盖率 90%。

### 北京金盏郁金香花园

公园位于朝阳区东苇路。建筑面积 6 万平方米。花园隶属朝阳区金盏地区办事处。花园始建于 1998 年 3 月，1999 年 4 月 10 日竣工。4 月 18 日开园。

花园一期工程占地面积 7.33 万平方米。二期工程 1999 年 7 月动工，2000 年 6 月竣工，占地面积 18.67 万平方米，人工湖水面扩大到 1.56 万平方米；2000 年 3 月盆景园竣工，占地 5000 平方米，建筑面积 530 平方米。2001 年种植牡丹园 1 万平方米。2002 年扩大水面 1400 平方米，使园内水面达到 1.7 万平方米。2005 年建成摩锐水世界，室内运动项目多达几十种。2006 年花园建设 1200 米专用流水暗渠，雨水可流入 1.66 万平方米的养鱼塘内，可收集雨水 2 万立方米。2008 年被朝阳区精神文明建设委员会评为"文明旅游景区"。2009 年花园内绿化养护实行微喷自动化、剪草机械化。2010 年种植郁金香种球 40 万粒，实现自繁、自管、自栽的良性循环种植方式。反季节蔬菜大棚种的西瓜、甜瓜、黄瓜、草莓已向游人开放采摘。2011 年继续举办春季郁金香展、夏季荷花展、秋季菊花展和冬季梅花展，其中春季郁金香花展，展出郁金香 30 个品种 50 万粒，面积 6000 平方米。2013 年内，举办春季郁金香展、夏季荷花展、秋季菊花展和冬季梅花展。全年接待游客 36 万人次。2014 年除举办四季花展外，还成功举办北京市首届锦鲤若鲤大赛，名猫名鱼名鸽展等多项活动。截至 2017 年年底，公园占地面积 26.64 公顷，其中水面面积 2 公顷，道路广场铺装面积 2.93 公顷，经营娱乐面积 3.35 公顷，绿化面积 18.36 公顷。绿化覆盖率 76.2%。

### 北京朝来农艺园

北京朝来农艺园位于东北五环路北侧、新生路以西。隶属朝阳区来广营乡农业综合服务中心管理。朝来农艺园通过国家级蔬菜农业标准化示范区考核验收，被确定为国家级蔬菜农业标准化示范园区。被授予工厂化高效农业朝阳示范区、全国科普教育基地、北京市爱国主义教育基地和农业标准化基地。是北京市一级农业公园，北京市首批都市农业项目之一。

朝来农艺园始建于 1996 年。1997 年温室安装全自动微灌系统，每年产生效益不少于 10 万元。1999 年建设智能玻璃温室，占地面积 5.33 万平方米，封闭式电脑控制，全自动化生产。2000 年青少年实践园主楼全面竣工，被全国科协授予全国科普教育基地。2004 年进行大范围的绿化美化改造，8 月被国家旅游局定为全国首批农业旅游示范点；通过 ISO9001 质量管理体系和 ISO14001 环境管理体系认证证书。2005 年完成 ISO14000 环境管理认证体系改版工作。2007 年接待国内外游客 9 万人次，完成中央 610 办公室领导、全国政协机关、本市各中小学校等旅游团体参观考察接待工作。2008 年为弘扬传统农具文化建设了农业回顾馆。特别推出盆栽蔬菜及相关物品，取得了良好的经济效益和社会效益。奥运期间，被列入"市属重点对外参观单位"，实现了园区"安全、秩序、质量、效益"四统一目标。顺利通过由北京大陆航星质量认证中心组织实施的 ISO9001 质量管理体系和 14001 环境管理体系的复评。年内荣获"北京市和谐劳动关系单位""首都文明单位标兵""朝阳区农村地区经济发展先进单位""朝阳区文明服务示范窗口""文明旅游景区""来广营地区服务奥运保障奥运工作先进单位"等荣誉称号。截至 2017 年年底，朝来农艺园占地面积 25.33 公顷，其中绿化面积 5 公顷、林带面积 6 公顷、园内建筑占地面积 5.93 公顷、水面面积 1 公顷、道路铺装面积 7.4 公顷。各种树木 5.2 万株，草坪 1 万平方米。绿化覆盖率 54%。

### 北焦公园

公园位于化工路东口，临近东五环路，东至十一万伏变电所，西至公园路内，南至物流中心围墙，北至焦化厂游泳池，是北京炼焦化学厂厂办公园，隶属北京焦化厂。

1984 年完成北焦公园建设，形成单位庭院配置，以游船、饲养观赏动物及花圃为主，为社区居民提供休闲娱乐场所。2003 年公园有职工 15 人、植物 47 种，其中乔木 378 株，灌木 1061 株，草坪 6338 平方米。2004 年底有管理人员 4 人，临时工 15 人，负责公园和总厂绿化及厂内外门前三包绿化带管理。2005 年底有职工 20 余人。2006 年公园绿化养护工作由北京金桐瑞源园林绿化工程有限公司承包管理。2008 年北京焦化厂搬迁至河北。随着北京焦化厂的停产，公园处于维持状态。由北京金桐瑞源园林绿化工程有限公司承包管理。有职工 16 人，其中正式职工 6 人、临时工 10 人。2009 至 2011 年委托北京金桐瑞源园林绿化工程有限公司管理。2012 年公园在极度困难的情况下，以合作方式对公园进行一些有限的开发，缓解了资金不足的压力，保证了公园浇水、施肥、打药、修剪和动物饲养等常规管护工作，保证了公园花草树木正常生长。截至 2017 年年底，公园面积 2.84 公顷，其中绿地面积 6328 平方米，道路铺装面积 4335 平方米，水面面积 5002 平方米，草坪 5300 平方米，其他面积 7435 平方米。公园被市园林绿化局核定级别为三级公园。

## 南湖公园

公园位于朝阳区望京阜通西大街 20 号。1996 年，北京金隅集团有限责任公司为改善望京地区生态环境，体现以人为本思想投资兴建，2000 年 9 月 28 日竣工开园。

公园占地面积 15.56 万平方米，其中绿地面积 11.23 万平方米，铺装面积 2.52 万平方米，建筑面积 179.7 平方米，待开发绿地面积 1.79 万平方米。绿地覆盖率 80%。种植悬铃木、柳树、松树、柏树、椿树、白蜡、银杏等各种乔灌木 2000 余株，公园有喷泉、花坛、雕塑园、凉亭、中心广场、儿童娱乐场等设施。

2007 年 9 月南湖公园游客服务中心动工，至 2009 年竣工。占地面积 2800 平方米，建筑面积 1.37 万平方米，内设乒乓球、台球、网球、棋牌室、阅览室、游泳池、健身馆等活动场所。2011 年公园根据集团调整划归北京光华木材厂管理，集团投资 92 万元对土山进行绿化美化。截至 2017 年年底，公园占地面积 14.75 公顷，其中绿地面积 10.46 公顷，铺装面积 2.52 公顷，建筑占地面积 0.45 公顷，其他面积 1.32 公顷。

## 东一处公园

公园位于朝阳区双桥东路"东一时区嘉园"小区东侧。2003 年由北京金时代置业有限公司投资 1200 多万元建设，由朝阳区园林绿化局实行行政管理。2006 年 11 月正式免费向社会开放。是全市仅有的几家企业办公园之一。

公园占地面积为 9.78 万平方米，分为自然林区、临水娱乐区、草坪健身区等，极具观赏性和参与性。建设中尽量保留原有林木，种植了以乔、灌木为主的百余种植被，园内景物布局紧凑，错落有序，并运用人工挖湖堆山，改造地形地貌等多种景观表现方法，营造了一个以生态休闲、文化娱乐、运动健身为主题的绿色公园。公园设有羽毛球场 2 个、网球场 2 个、篮球场 2 个和足球场 1 个，设有健身步道 650 米。

2006~2007 年，公园由区园林局负责养护。2008~2016 年公园委托社会力量负责养护。2010 年 10 月，惠河东里社区在园区内举办了惠河文化节。2011 年公园景观利用灌木设计了富有趣味性的迷宫。2012 年开始，公园绿地养护管理严格执行绿化养护特级标准。2015 年新设健身步道 650 米。截至 2017 年底，全园占地面积 9.78 公顷，其中绿地面积 7.42 公顷，水面面积 0.51 公顷，道路广场、运动场面积 1.85 公顷。

## 望湖公园

公园位于望京地区东北部，是东湖地区综合性免费景观花园。公园于 2007 年 9 月 1 日开工建设，投资 1.2 亿，政府负责协调拆迁施家坟村，年底北半部河道、湖面假山、地形道路的土方工程完工。2008 年 8 月 1 日工程竣工，9 月建成公园管理处，10 月 26 日正式开园。2008 年 8 月公园管理权交付给北京望湖经营管理有限公司，属民营企业。公园管理处内设办公室、运营保障部、后勤组。

公园分为六大功能区：运动休闲区、植物展示区、花卉表演区、探险乐园区、湖滨休闲区和入口服务区。园区内有假山、喷泉、人工湖等设施，并有篮球场、乒乓球场和健身器材场。2010 年春公园新增乔木 154 株，灌木 6206 株，花卉 3855 株，草坪 2800 平方米，果树 41 株，新增公园管理用房近 3000 平方米。2011 和 2012 年公园加大了绿化美化力度、完善基础设施及健全服务管理等工作。2013 年实施公园湖岸、道路广场、桥梁下沉广场等景观设施修复工程。2014 年"五一""十一"前夕，精选各种花卉 10 万余盆，在公园北门、西门外等地进行花卉布置。2015 年布置大型花坛 1 个，小型花坛 3 处。2016 年，园区改造面积 6.11 万平方米，涉及植物品种 42 种，栽植树木 200 株，成活率 90% 以上。生态治理水域面积 1.23 万平方米，种植各种水净化植物 3000 株。截至 2017 年年底，公园占地面积 21.75 公顷，其中绿地面积 18.83 公顷，水面面积 0.54 公顷，其他面积 2.38 公顷。绿地率 93%。

## 立水桥公园

公园位于北京市朝阳区来广营乡，2009 年 9 月开园。公园有悬铃木、柳树、松树、柏树等各种乔、灌木 8000 多株，有喷泉、花坛、健身园、中心广场、儿童乐园等设施。2010 年公园继续完善绿化景观。2011 年解决园区积水问题，收回安立路西侧绿化带养护权，同时建立花卉大棚，培育苗木。2012 年添加园内色彩、分散密植树木、协调整体布局、整体修复湖底。2013 年实施公园东小口暗沟绿化工程，绿化面积 3 万平方米，栽植乔灌木 1193 株、色带 2.82 万株、花卉 2.96 万株、草坪地被 2.29 万平方米，重新铺装园路和广场。2014 年 2 个单体建筑项目完成规划验收。2016 年进行西园广场景墙维修 30 延长米，广场地面翻修 300 平方米。

截至 2017 年年底，公园占地面积 21.8 公顷，其中绿地面积 15 公顷，水面面积 0.4 公顷，铺装面积 2.52 公顷，建筑占地面积 1.45 公顷，待开发面积 1.79 公顷，有各种乔灌树木 8000 余株，绿化覆盖率达 75%。

### 八里桥公园

公园位于京通路与朝阳路之间，属公共绿地，为区域性综合公园，是朝阳区实施长安街延长线整治的一处绿化景观工程。公园建设历时 5 个月，2009 年 6 月 1 日起，利用 40 天时间拆迁腾退八里桥村、果家店村住宅共 247 个院落、19 家企业，腾退安置村民 1200 余人。2009 年 7 月 28 日正式开工建设，2009 年 11 月 5 日开园。

公园分为七大功能区：历史文化区、自然生态区、植物观赏保护区、时尚休闲区、游戏健身区、水系生态区、现状保留区。公园以大广场、大草坪、大色块、大树种的形式与文化墙、园林棋盘构造成极富有现代气息的大型公共绿地，与周围景观协调一致。公园整体风格为自然休闲，以植物造景手法为主，结合八里桥历史记忆主题，并加入中式景观元素。截至 2017 年年底，公园面积 32.17 公顷，其中绿化面积 27.75 公顷、水面面积 0.4026 公顷、建筑占地面积 0.567 公顷、铺装面积 3.45 公顷（含园路）。绿化覆盖率 87.4%。

## （三）郊野公园

### 古塔公园（国家 AAA 级旅游景区）

公园位于王四营地区中部，全园占地面积 55.73 万平方米，隶属于王四营地区办事处。是北京市"郊野公园环"建设项目之一，市发改委、市园林绿化局批准建设。2007 年 4 月 20 日开工，2008 年 4 月 29 日竣工开园。2008 年 5 月 1 日成立古塔公园管理委员会。

园内建有四个主要景区：西大门区、中心湖区、山花园区及古塔区。中心湖区为主景区，取名"七彩春花园"。园内种植玉兰、海棠等多种乔木和花灌木，并建有花王台、海棠广场、庭廊组合、平泉叠水 4 个景观小品。

公园建设利用原有林地的 13 万株苗木，新植雪松、油松等常绿乔木 4100 株，悬铃木、白蜡、玉兰、海棠等落叶乔木 1.26 万株，灌木 1.7 万株，花灌木 5 万株，地被面积 14.5 万平方米。湖区水面面积 2.5 万平方米，种植荷花、菖蒲、睡莲等水生植物 6200 平方米。修建管理用房、配套服务设施、科普中心、温室建筑面积 2500 平方米，铺设电缆 8340 延长米，安装节能太阳能灯 120 盏，铺设给排水管线 1.75 万延长米，修建园路 1.95 万平方米、休闲广场 6500 平方米、绿荫停车场 3940 平方米。

2010 年 9 月，古塔公园作为朝阳区唯一农村郊野公园参与了北京市精品公园的创建评选活动。2011 年重新对园内绿地、植物进行合理布局和更新调整，以中心湖景区为依托，沿湖开辟"月季园""玉簪种植园""金娃娃观赏园""沙地柏体验园""睡莲池"花卉观赏区。2012 年对古塔公园中心湖景区花王台广场的绿植进行了合理布局和更新调整。2013 年进行公园银杏林梳理和移植。利用生态自然系统、循环过滤系统等先进技术净化中心湖景区水质，保持水体循环流动，维护水质，实现水生植物多样性，满足公园景观功能要求。利用雨水收集和再生水资源，多水联调，实现水资源的优化配置。建设自动监测和控制系统，实现水质监测和洪水调度自动化，确保防洪及供水安全。建成古塔人口文化园，并举行开园揭幕仪式。2014 年 8 月中旬，经区旅游委测评验收被评为国家 AAA 级旅游景区。

截至 2017 年年底，公园占地面积 55.73 公顷，建筑面积 0.25 公顷，铺装面积 2.73 公顷，水面面积 2.5 公顷，栽植各种花卉及播种地被 15.75 公顷，各种树木 21.77 万株，绿地面积 50.24 公顷，绿化覆盖率 90.16%。

### 白鹿公园（国家 AAA 级旅游景区）

公园位于王四营乡东部，隶属于王四营地区办事处，为北京市第二批郊野公园建设工程，2008 年 11 月开始建设，2009 年 4 月 30 日竣工开园。园内建有白鹿台、栖鹿泉、寻鹿广场、秋实园等主要景点。新植雪松、桧柏、悬铃木、金叶槭等乔木 57 种 1.02 万株，灌木 50 种 5.25 万株，播种地被 9 万平方米。2010 年 5 月 1 日，公园由白鹿公园管理处管理。2011 年公园对高空裸线架空线路进行电缆地埋改造，保障游人安全。2012 年为加快地区旅游事业发展，启动白鹿郊野公园改造项目，完成林荫广场、长廊、公园标识、无障碍设施、座椅、果皮箱等项目。2013~2015 年做好公园常规管护工作，接待游客 140 余万人次。2016 年 9 月被评定为国家 AAA 级旅游景区。截至 2017 年年底，公园面积 28.63 公顷，其中建筑占地面积 1280 平方米，铺装面积 1.56 公顷，绿地面积 26.94 公顷。栽植各种花卉及播种地被 1 公顷，树木 12.75 万株。绿化覆盖率 94.04%。

### 将府公园（国家 AAA 级旅游景区）

公园位于北京市朝阳区将台乡。2007 年根据北京市政府绿化隔离地区公园环建设指示精神，将台乡在京包铁路东侧已有绿化隔离地区林地内建设"将府郊野公园"。

公园一期工程占地 24 万平方米，2007 年 10 月动工，2008 年 5 月竣工并向社会免费开放。公园二期工程 2008 年 10 月动工建设，2009 年 4 月 29 日正式竣工并向社会免费开放。公园种植各类植物 6.39 万株，其中乔木 2.86 万株。公园三期工程毗邻一、二期项目。东至铁路科学院东郊分院，南至东八间房路，西至京包线，北至酒仙桥北路，占地面积 62.13 万平方米。2011 年 3 月开工，2011 年 11 月竣工，2012 年 5 月 1 日向社会免费开放。截至 2017 年年底，公园占地面积 118 公顷，其中绿地面积 107.02 公顷、水面面积 4.17 公顷、其他面积 6.81 公顷。2011 年被评为"北京市精品公园"，2014 年被评为国家 AAA 级旅游景区，2015 年被评为文明风景旅游区。

### 兴隆公园（国家 AAA 级旅游景区）

兴隆公园原为兴隆片林，位于朝阳区高碑店地区，北至朝阳路南红线，南至京通快速路北红线，西至平房西路规划路，东至高井工业区规划路。

1992~1995 年底，公园由高碑店乡政府分三期施工建设。1996 年建汉白玉石孔桥一座、八角双檐亭、水榭和草亭各一个，修衬砌人工湖水面 45 亩，用 12 万立方米土方堆成 8 座小山，修建水泥路面 9360 平方米，栽种 30 多个树种共计 8.1 万余株。2002 年 3 月经市园林局批准为北京市一级公园。

2004 年底开始第二次建设，结合当时北京市"郊野公园环"的建设，公园初步封闭。2005 年 9 月至 2006 年 6 月完成公园南部的整体规划建设。2005 年 12 月 20 日实施封闭式管理，2006 年 2 月 21 日成立公园保安队。2007 年 4 月 9 日至 2008 年 4 月 29 日改造工程竣工。2008 年 5 月 1 日正式向市民免费开放。当年按照《2009 年区政府折子工程应急避难场所建设实施方案》，在兴隆公园建设应急避难场所。2009 年 10 月 1 日，作为区级重点公园游园活动场地被评为国庆 60 周年活动筹办工作先进单位。

2005~2010 年，每年举办一次高碑店金秋艺术文化节活动。2012 年对公园的基础设施进行建设，解决绿地积水问题。每年两次进行栽植花卉，品种有 10 余种共计 4 万余盆。2014 年 8 月 26 日，兴隆公园被评为国家 AAA 级旅游景区。10 月 14 日，兴隆公园被评为北京市第十二批精品公园。截至 2017 年年底，公园面积 50.3 公顷，其中绿地面积 40.3 公顷，水面面积 2.62 公顷，道路、广场及基础设施面积 7.38 公顷。各种乔灌木 3 万余株，园林植物 110 余种。

### 百花郊野公园

公园位于高碑店乡域内，2009 年 11 月 30 日开工，2010 年 4 月 30 日竣工，2010 年 5 月 1 日正式开园。园内设有百花广场、下沉广场、树阵广场、门区广场、景观亭、环形休闲广场、健身广场、儿童游戏场等主要景区。栽植乔木 4569 株，花灌木 2.37 万株，栽植地被花卉 10.41 万平方米，移植树木 8001 株，道路面积 1.33 万平方米，场地铺装面积 1 万平方米。截至 2017 年年底，公园占地面积为 18.8 公顷，其中绿地面积 15.6 公顷，道路及中心环岛面积 3.2 公顷。现有树木 2.33 万株，草坪 6 公顷。

### 北京朝来森林公园

公园位于北京市朝阳区来广营乡域内，隶属于来广营地区办事处。始建于 2000 年 3 月，曾被团中央命名为"国际青年友谊林"。2007 年被列为北京市"郊野公园环"建设工程之一，10 月 30 日动工改建，2008 年 4 月 30 日竣工，5 月 1 日正式对游人开放。

公园建有 6 个广场（其中 3 号广场为下沿式广场），22 条园路。水景区在公园的中央，由两个水面组成。全园分为青年林、长青林、秋色园、密林园和水景区五大板块，由一条 4 米宽的环路贯穿。新植乔灌木 11.6 万株、花灌木 6.61 万株，地被 29.74 万平方米，各种名贵苗木 80 余种，移植树木 2608 株。2009 年春季栽植玫瑰 3 万株，移植各种果树 2600 株。

截至 2017 年年底，全园占地面积 50.67 公顷，其中绿地面积 40.02 公顷，水面面积 5.33 公顷、广场面积 2.08 公顷、道路面积 2.84 公顷、建筑占地面积 0.4 公顷。绿化覆盖率 89%。

### 鸿博郊野公园

公园位于北京市公园环的"东南部公园片区"内，隶属于小红门乡政府。依据《北京城市总体规划》（2004~2020年）中绿化隔离地区"郊野公园环"规划建设。2009年4月成立公园管理处。公园原为绿化隔离片林用地，建设以"森林氛围，假日之园"为主题，分为吟红苑、风荷苑、绚秋苑、咏春苑、百香苑、桃李苑、百花苑、冬韵苑、槐荫苑10个景区。

截至2017年年底，占地面积80.04公顷，绿化面积68.35公顷，水面面积5.87公顷，绿化率85.44%。有休闲场地0.2公顷，运动场地0.13公顷，公共服务设施面积0.37公顷。

### 镇海寺郊野公园

公园前身为牌坊体育公园，位于北京市公园环的"东南部公园片区"内，隶属于小红门乡政府。依据《北京城市总体规划》（2004~2020年）中绿化隔离地区"郊野公园环"建设规划，2009年12月开工，2010年4月29日竣工开园，2010年4月30日成立公园管理处。公园建设以"森林氛围，假日之园"为主题，建设风栖梧桐、松谷怀香、杨林听音、碧草黄花、姹紫嫣红、水岸寻兰、纵横叠影、山林闻松、金色家园、绿谷觅幽10个景区。截至2017年年底，公园占地面积33.55公顷，其中绿地面积30.9公顷、水面面积0.8公顷，其他面积1.85公顷。

### 老君堂公园

公园位于朝阳区十八里店乡老君堂村。2007年5月1日开始施工，2008年4月29日竣工开园并免费向社会开放。老君堂公园在保留70%原有树木的基础上，新栽植乔木1.41万株、灌木2.4万株、草坪花卉等地被26万平方米；修建园路9004米；建设游人活动广场9869平方米；建设绿茵停车场2333平方米；建设公共服务设施2869平方米。截至2017年年底，公园面积48.33公顷，其中绿地面积41.93公顷，建筑占地及铺装面积6.4公顷。现有乔木3.8万株，灌木2.44万株，花卉7.5万株，草坪地被25公顷。

### 海棠公园

因为公园用地分属于两个历史文化深厚的村庄，南侧为海户屯，北侧为老君堂村，鉴于两村历史悠久，在海户屯和老君堂中各取一个字，故将公园命名为"海棠"。

公园2008年10月15日开工，2009年4月29日竣工并对外开园迎接游客。海棠公园在保留大部分原有树木的基础上，增植乔木 5671 株、灌木 2.7 万株；修建园路 1.7 万平方米，铺装广场 8000 平方米，建设各类管理服务用房 1100 平方米。截至 2017 年年底，公园面积 33.1 公顷，其中绿地面积 30.5 公顷，建筑占地及道路铺装面积 2.6 公顷，乔灌木 5.77 万株，花卉 7600 株，草坪 9.5 公顷。

### 常营公园

公园位于朝阳区常营乡西北部。隶属于常营地区办事处。2007 年 4 月 10 日开工，2008 年 4 月 20 日竣工，2008 年 4 月开园，并成立常营郊野公园管理处。2009 年 5 月常营公园二期工程开工，同年 9 月竣工。二期园区扩建面积 39.87 万平方米。公园栽植银杏、悬铃木等大规模苗木 7.38 万株，灌木 2.05 万株，地被、花卉、水生植物 15.41 万平方米，园区绿化率 90%。园区按景观及功能分区为：入口区、管理区、综合文化休闲区、林间场地运动区、绿色健康活动区，并在其中设置空中台地花园、花之舞运动文化林荫广场、树亭园、林间运动场、林间慢跑道等景观内容。 截至 2017 年年底，公园占地面积 74.30 公顷，其中绿地面积 67.31 公顷，水面面积 600 平方米，建筑占地面积 1634 平方米，其他面积 6.75 公顷，绿化覆盖率 93%。

### 东坝郊野公园

公园位于东坝地区五环路以外的北京市第一道绿化隔离地区，权属东坝乡政府。2007 年东坝郊野公园一期工程开工，实施建设面积 62.53 万平方米。2008 年东坝郊野公园二期工程开工，二期项目占地面积 138 万平方米，绿地面积占用率 92.2%，基础设施占地率 7.3%，配套设施 0.5%。2009 年东坝郊野公园三期开工，2010 年 4 月完工，同年成立东坝郊野公园管理处。2010 年 5 月 1 日建设全部完成。截至 2017 年年底，公园占地面积 234.21 公顷，其中水面面积 4.39 公顷，绿地面积 215.5 公顷，道路铺装面积 7.49 公顷。现有乔灌木 20.9 万株，各种花卉及地被 82.29 公顷，绿化覆盖率 94%。

### 东风公园

公园位于东风乡将台洼村，地处东四环、五环之间，是 2008 年由市发改委、市园林绿化局批准建设的郊野公园。园区以青年路划分为东西两部分，东区有春满园景区、自然之路景区，西区为健康园和健身园。2008 年 9 月 26 日开工，2009 年 4 月 29 日对外开放。截至 2017 年年底，公园占地面积 80.01 公顷，其中绿化面积 73.02 公顷，水面面积 0.445 公顷，广场面积 4.3 公顷，体育设施面积 1.7 公顷。其他面积 0.545 公顷。现有乔木 2.94 万株，灌木 4.38 万株，草坪地被 23 公顷。

### 金田郊野公园

公园位于朝阳区豆各庄乡北部，西邻通惠灌渠、北邻三间房地界、东邻双桥西路、南邻王四营地界。

公园分两期建设完成，全园占地面积 180 公顷。公园一期 2008 年 9 月 19 日开工，占地面积 66.67 公顷，2009 年 4 月 20 日全部竣工。同年 5 月 1 日正式对外开放。该月成立了公园管理处即"北京金田华园园林绿化有限公司"。公园一期分为四个景区：南门林间湿地景观区、中心林地休闲体验区、东部特色植物观赏区、西北部生态枣林秋色区。2009 年 9 月公园二期建设开工，建设面积 96.67 万平方米，2010 年 5 月 1 日正式对外开放。公园二期分为三个景区：北部林间滨水景观区、东南部林荫健身活动区、西部科普休闲文化区。截至 2017 年年底，公园占地面积 180 公顷，已建成 163.34 公顷，其中绿地面积 147.96 公顷，水面面积 2.4 公顷，道路 5.83 公顷，绿地覆盖率 90.2%。

### 京城槐园

公园位于平房乡境内，权属于平房乡人民政府，由平房乡（地区）综合服务中心管理。2008 年 10 月施工，2009 年 5 月 1 日开园。

京城槐园以槐树和槐文化为特色，着重渲染"夏木荫荫，槐花飘香"的夏日景观，突出地域民俗文化。"花谷槐香、杨林春晓、湖山胜处、槐林揽春、梨花伴月、杨林野景"为公园的特色景区。公园设置篮球场、小型足球场、健身器材场地、儿童活动场地和下沉式文化广场等设施，是集休闲、游览和民俗活动为一体的郊野公园。截至 2017 年年底，公园占地面积 73.2 万公顷，其中铺装面积 5.1 万余公顷；建筑面积 4115 平方米；绿地面积 65.75 公顷；水面面积 1.27 公顷。园内种植乔木 3 万株，灌木 3 万株。

### 京城梨园

公园位于朝阳区平房乡姚家园路与五环路交汇处东南角，隶属于平房乡人民政府，由平房乡（地区）社会公共事务服务中心管理。2007 年 4 月施工，2008 年"五一"前夕免费对外开放。全园分为梨文化主题中心，休闲活动区和植物观赏区等三大主题景观区。共有梨花广场、林荫树廊、梨花草坪、梨园小屿、梨花山谷、梨园晴雪、梨园舞台和梨园别苑等八个景点。以梨树和梨文化为主题，着重渲染"梨花满枝花似雪，千树万树梨花开"的春季景观。公园设置篮球场、小型足球场、健身器材场、儿童活动场和下沉式文化广场等设施。突出生态环保理念，设计旱河将雨季收集的雨水蓄积到雨水收集湖以回补地下水。2008年种植银杏300株，2010年4月种植银杏300株。2015年园内建设了"京城梨园小农园"。是一个融合梨园文化，集日常健身休憩、现代健康休闲理念和郊野气息为一体的综合休闲公园。

截至2017年年底，公园占地面积62公顷，其中绿化面积55.32公顷，水面面积2347平方米，道路、广场铺装、基础设施占地面积6.11公顷，建筑占地面积3300平方米。公园主要树种有105种，乔灌木4.39万株，地被、宿根花卉、水生植物等38.52万平方米，绿化覆盖率92%。

## 杜仲公园

公园位于三间房乡南部，隶属三间房地区办事处。杜仲郊野公园是在中华本草园的基础上按照公园环建设标准进行升级改造，尤其针对景观效果、植物品种、服务功能，并在专家指导下引种了丹参、地黄、板蓝根、黄芪等7种中草药。园内有各种植物10万余株，主要种植杜仲，并套种银杏、芍药、樱花等植物品种54种。每年四月，樱花大道樱花盛开，在红、黄、绿、紫各色植物的映衬下分外妖娆，形成杜仲公园的独特景观。

2000年实施绿化隔离地区建设，2001年完成千亩杜仲林建设。2001年4月改名为中华本草园。2001年6月被评为"北京市绿化优质工程"；2002年被评为全国农业科普示范基地，并连续多年被区主管部门授予"绿化美化先进集体"的称号。

2007年北京市启动了绿化隔离地区"郊野公园环"建设，被列入十大"郊野公园"建设项目之一，经过专家商议，改名为"杜仲公园"。2007年3月，"杜仲公园"正式开工，2008年4月30日建成。2008年5月1日正式向游人开放。2011年对园内绿化垃圾采用"枝叶还林"的环保方法，实现树木自身资源的循环利用。截至2017年年底，公园有绿地面积46.3万平方米、水面面积2668平方米、建筑占地及铺装面积5.73万平方米，绿化覆盖率90%。

## 太阳宫公园

太阳宫公园建设是北京市人民政府拟办的 60 件实事之一，公园位于东四环路旁，东南与顺景园相连，西北紧邻太阳宫中路。

太阳宫公园一期（体育休闲公园）位于太阳宫乡北部，面积 446 亩，处于北京第一道绿化隔离地区内，是北京市绿化隔离地区"公园环"建设中唯一位于四环路以内的公园。公园东临四环路，南靠太阳宫中路，西接太阳宫北街。公园共分为四个景区、八大景点。四个景区分别是森林氧吧区、综合服务区、特色种植区和健身休闲区；分布在四景区中的八个主要景点是天台远眺、地池秋舞、凌波微步、林中觅幽、蓝桥探春、激情飞扬、蝉噪荷池、乐隐桃林。公园建成后将为太阳宫及周边地区市民提供环境优美的休闲活动场所。

太阳宫公园二期位于北京市朝阳区东北部，被太阳宫一期（体育休闲公园）分成了 A、B 两个地块。A 地块北部紧靠北四环路，南接太阳宫北街，东邻太阳宫西路，西临太阳宫绿地；B 地块在太阳宫公园原址基础上进行改造，北部紧靠北四环路，南接太阳宫北街，西临为太阳宫中路，东侧以现状太阳宫公园绿地中一条南北向的园路为界限，园路以东部分不在本次的改造范围内。2003 年 3 月 26 日开工，2003 年 9 月正式开园。公园分为音乐喷泉区、人工湖、雕塑区、花架廊景区、阳光大草坪、溪流景区等 11 个区域。2011 年 10 月开始进行大规模改造。2012 进行公园全面升级改造，改造面积 24.5 公顷。

截至 2017 年年底，公园总面积 62.97 公顷，其中绿化面积 55 公顷、水面面积 1.3 公顷、道路铺装面积 2.58 公顷、建筑占地面积 0.5 公顷、其他面积 3.59 公顷。有树木 25.18 万株，其中乔木 5.3 万株、灌木 19.7 万株、月季 900 株。

## 京城森林公园

公园位于平房乡政府南侧，以黄杉木店路为中线将公园分为东西两个园区。公园隶属平房乡政府，由平房乡（地区）社会公共事务服务中心管理。2011 年开工，2012 年 1 月 1 日开园。公园有主入口景区、湖景森林休闲区、秋景森林活动区和森林安静休息区 4 个景区，分布有青枫绿屿、红林写秋、柳塘芦烟、香莲碧水、柳弄春晓、冬翠探春、松林听涛、芳林沁春等景点。截至 2017 年年底，公园占地面积 43.33 公顷，其中水面面积 4 公顷，绿地面积 35.73 公顷，建筑占地面积 0.43 公顷，铺装面积 3.17 公顷。

### 黄草湾郊野公园

公园位于朝阳区原大屯乡黄草湾村，隶属北京华汇房地产开发中心，由黄草湾郊野公园管理分中心负责管理。2009 年开工，2010 年 4 月 29 日开园。公园分 A 区、B 区、C 区，主要景点分布在 A 区。按位置和功能特点建有东门广场、南门广场、西北门入口、白桦广场、儿童活动广场、花台广场、老年活动中心、湖区、滨河区、植物展示区和健康大道。截至 2017 年年底，公园占地面积 39 公顷，其中水面面积 0.5 公顷、绿地面积 35.5 公顷、道路铺装面积 2.73 公顷、建筑面积 0.23 公顷。绿化覆盖率 91 %。

### 京城体育休闲公园

公园位于朝阳体育中心两侧，隶属平房乡人民政府，由平房乡（地区）社会公共事务服务中心管理。2011 年开工，2012 年元旦开园。公园主要分为 3 个景区：花港观舞景区、林溪漫步景区和爱心乐园景区。景区分布有民舞花台广场、跳舞广场、生命之语文化广场等活动场地。截至 2017 年年底，公园占地面积 37.49 公顷，由东西两个区域组成，其中绿地面积 33.66 公顷，建筑占地面积 4240 平方米，铺装面积 3.41 公顷。

### 勇士营郊野公园

公园位于来广营地区，隶属来广营乡政府，由来广营地区郊野公园管理分中心负责管理。2011 年开工，2012 年元旦开园。建有文化广场、健身广场、篮球场、乒乓球场各 1 个。公园管理用房 770 平方米，卫生间 2 座，停车场区 1 处。一条长 2200 米的园路贯穿全园，连接各个场地，方便游人进出。截至 2017 年年底，公园占地面积 20.6 公顷，其中绿地面积 17.72 公顷，建筑及铺装面积 1.54 公顷，其他 1.34 公顷。绿化覆盖率 92%。

### 清河营郊野公园

公园位于朝阳区来广营乡东北部。隶属来广营乡政府，产权归属清河营村委会。公园建于 2009 年，2010 年 5 月 1 日开园，整体分为南北两区。截至 2017 年年底，公园占地面积 57.67 万平方米，其中绿化面积 52 公顷，人工湖面积 0.57 公顷，其他面积 5.1 公顷。现有树木 4.56 万株。

朝阳区注册公园一览表（1958~2017 年）

| 公园名称 | 开园时间 | 建设时间 | 类　别 |
|---|---|---|---|
| 红领巾公园 | 1958/10/1 | 1958 | 局属公园 |
| 日坛公园 | 1962/1/1 | 1954 | 局属公园 |
| 北焦公园 | 1984/1/1 | 1984/1/1 | 行业公园 |
| 团结湖公园 | 1986/9/26 | 1982/1/1 | 局属公园 |
| 元大都城垣遗址公园（朝阳段） | 1987/9 | 1988/3/10 | 局属公园 |
| 朝阳公园（1992 年前为水碓公园） | 1992 | 1984/11/26 | 行业公园 |
| 丽都公园 | 1993/8/18 | 1993 | 行业公园 |
| 北京中华民族园一期<br>北京中华民族园二期 | 1994/6/18<br>2001/9/29 | 1992<br>1997/12/17 | 行业公园 |
| 北京朝来农艺园 | 1997/6/8 | 1996 | 行业公园 |
| 北京金盏郁金香花园 | 1999/4/18 | 1998/3 | 行业公园 |
| 南湖公园 | 2000/9/28 | 1996 | 行业公园 |
| 太阳宫公园一期<br>太阳宫公园二期 | 2002/8/20<br>2003/9/ | 2002/4/16<br>2003/3/26 | 行业公园 |
| 四得公园 | 2003/7/18 | 1998 | 局属公园 |
| 东一处公园 | 2006/11 | 2003/1/1 | 行业公园 |
| 北小河公园一期<br>北小河公园二期 | 2006/5/1 | 2005/8/5<br>2006/3/8 | 局属公园 |
| 古塔公园 | 2008/5/1 | 2007/4/20 | 郊野公园 |
| 兴隆公园 | 2008/5/1 | 1995/3/12 | 郊野公园 |
| 京城梨园 | 2008/5/1 | 2007/4 | 行业公园 |
| 常营公园一期<br>常营公园二期 | 2008/4/20<br>2009/ 9 | 2007/4/10<br>2009/5/1 | 郊野公园 |
| 朝来森林公园 | 2008/5/1 | 2000/3 | 郊野公园 |
| 杜仲公园 | 2008/5/1 | 2008/3 | 郊野公园 |
| 老君堂郊野公园 | 2008/5/1 | 2007/5/1 | 郊野公园 |
| 将府公园一期<br>将府公园二期 | 2008/5/1<br>2009/5/1 | 2007/10<br>2008/10 | 郊野公园 |

（续表）

| 公园名称 | 开园时间 | 建设时间 | 类　别 |
|---|---|---|---|
| 望湖公园 | 2008/10/26 | 2007/9/1 | 行业公园 |
| 奥林匹克森林公园 | 2008/10/26 | 2002/9/26 | 行业公园 |
| 东风公园 | 2009/5/1 | 2008/9/26 | 郊野公园 |
| 太阳宫体育休闲公园 | 2009/5/1 | 2008/10/8 | 郊野公园 |
| 海棠郊野公园 | 2009/5/1 | 2008/10/15 | 郊野公园 |
| 白鹿郊野公园 | 2009/5/1 | 2008/11 | 郊野公园 |
| 鸿博郊野公园 | 2009/5/1 | 2008/10/10 | 郊野公园 |
| 金田郊野公园一期<br>金田郊野公园二期 | 2009/2/20<br>2010/5/1 | 2008/9/19<br>2009/9 | 郊野公园 |
| 京城槐园 | 2009/5/1 | 2008/10 | 郊野公园 |
| 庆丰公园 | 2009/9/28 | 2009/7/1 | 局属公园 |
| 立水桥公园 | 2009/9 | 2007 | 行业公园 |
| 八里桥公园 | 2009/11/5 | 2009/6/1 | 郊野公园 |
| 黄草湾郊野公园 | 2010/4/29 | 2009 | 郊野公园 |
| 镇海寺郊野公园 | 2010/5/1 | 2009/12 | 郊野公园 |
| 清河营郊野公园 | 2010/5/1 | 2009 | 郊野公园 |
| 百花郊野公园 | 2010/5/1 | 2009/11/30 | 郊野公园 |
| 东坝郊野公园一期<br>东坝郊野公园二期<br>东坝郊野公园三期 | 2010/5/1 | 2007<br>2008<br>2009 | 郊野公园 |
| 大望京公园 | 2010/5/8 | 2009/9/29 | 局属公园 |
| 京城森林公园 | 2012/1/1 | 2011 | 郊野公园 |
| 勇士营郊野公园 | 2012/1/1 | 2011 | 郊野公园 |
| 京城体育休闲公园 | 2012/1/1 | 2011 | 郊野公园 |
| 望和公园 | 2014/10 | 2014/5 | 局属公园 |

朝阳区公园评定情况一览表（截至 2017 年 12 月）

| 公园级别 | 数量 | 公园名单 |
| --- | --- | --- |
| 精品公园 | 13 | 日坛公园、红领巾公园、团结湖公园、元大都城垣遗址公园、四得公园、北小河公园、庆丰公园、大望京公园、奥林匹克森林公园、朝阳公园、古塔郊野公园、将府公园、兴隆公园 |
| 市级重点公园 | 4 | 奥林匹克森林公园、朝阳公园、日坛公园、元大都城垣遗址公园 |
| AAAAA 级旅游景区 | 1 | 奥林匹克森林公园 |
| AAAA 级旅游景区 | 2 | 朝阳公园、元大都城垣遗址公园 |
| AAA 级旅游景区 | 11 | 日坛公园、红领巾公园、团结湖公园、四得公园、北小河公园、庆丰公园、大望京公园、古塔郊野公园、将府公园、兴隆公园、白鹿公园 |

# 第三节　大环境绿化建设及成果

　　朝阳区的大环境绿化早在中华人民共和国成立初期就已经开始，在当时就提出了"大地园林化"的口号。但真正有计划的施行大环境绿化，则是在 80 年代中期开始的。大环境绿化早期以建设片林、五河十路建设和防护林带为主要任务，中后期则根据北京市的城市规划，实施了绿化隔离地区建设和温榆河生态林带以及平原造林等重点工程。

## 一、大环境绿化建设及建设成果（1986~1999）

### 1. 大环境绿化建设的历史背景

　　1949 年之前，北京市残存的天然次生林和人工林已经很少，森林覆盖率只有1.5%。至 1957 年，朝阳区的绿化是在北京市园林绿化部门实行的一级管理下进行的。1958~1965 年，朝阳区绿化建设由一级管理过渡到市、区两级管理。期间，一部分绿化成果曾一度遭到毁坏，但城乡绿化工作仍在进行。1972 年后重新恢复了城市绿化工作。1973 年春季，朝阳区群众绿化共植树 82083 株，成活率为 92%，是原计划植树数量的 117%。同年还发动了 17 个有条件的单位进行育苗，面积有 27.8 亩，共育苗 95000 株，这些单位可以做到自己育苗，自己绿化。

直至 1982 年，城乡群众绿化工作一直在持续进行，基本没有中断。但园林绿化建设的发展，并不十分理想。随着环境污染的日益严重，风沙紧逼北京，生态保护重新引起了各级政府的高度重视。北京是政治中心，园林绿化建设能否伴随城市建设加速发展，尽快建设成为清洁、优美、生态健全的文明城市，关系到首都北京和国家的形象。而且随着对外开放政策的实施和人民生活水平的不断提高，城市居民和国内外旅游者对首都环境提出越来越高的要求。改善首都大环境，实施大环境绿化，是将北京建设成为现代化国际大都市的首要任务。至此，全面建设园林绿化开始提上日程。

1978 年党的十一届三中全会以后，朝阳区的绿化建设进入了一个快速发展的历史新时期。从实现黄土不露天，到 1981 年开始的全民义务植树，城乡绿化得以轰轰烈烈的展开。1983 年 7 月，中共中央、国务院原则批准实施《北京城市建设总体规划方案（草案）》，这个方案将治理环境放在了突出的地位。1983 年 8 月和 1985 年 12 月，北京市人民政府先后两次召开了北京市园林工作会议，并在第二次会议上明确提出了以大环境绿化建设为中心的发展战略。

到 1985 年，经过普查核实，朝阳区实有树木 404.1 万株，其中专业绿化所属 4.4 万株，群众绿化所属 359.7 万株；草坪 160.79 万平方米，其中专业绿化所属 33.06 万平方米，群众绿化所属 127.73 万平方米；公园绿地 422.5 公顷，人均占有公共绿地 4.69 平方米；绿化覆盖面积 1691.5 万平方米，绿化覆盖率 21.1%。1985 年朝阳区全区实现了平原农田林网化，全区农村林木覆盖率达到 11.9%，村镇林木覆盖率达到 25.3%。

朝阳区的大环境绿化建设，自 1986 年开始到实施绿化隔离地区建设，时间长达 17 年。在此期间，朝阳区的工作重心逐渐由农村转向城区，围绕大环境绿化建设总战略和总目标，高质量、高水准、高速度地新建、扩建和改建了一批公园绿地，全区公园数量（不含居住区公园）由 2 处发展到 28 处，全区公园绿地面积由 32.94 公顷增加到 897.36 公顷。1985 年城区道路绿化养护管理为 164 条，1986 年将 59 条农村道路移交给原区农林局管理后减少到 105 条，至 2003 年增加到 271 条，共计 374.26 公里。建成了一批高水平的林荫路和万米以上的街头绿地 27.16 公顷；桥区绿化从无到有，增加到 6 处。农村主要道路绿化自 1986 年移交养护管理后，到 1995 年累计更新路树 16 条，路长 31600 米，新植树木 12645 株。到 2002 年完成 29 条农村道路绿化，总长度 4.4 万米，绿化面积 12 万平方米；居住区绿化自 1985 年左家庄小区竣工绿化及建成的 4 处小区公园开始，此后的居住区绿化经过改造提高和新建新绿，随建随绿，绿化水平和质量普遍提升，群众绿化水平不断提高，涌现出一大批花园式单位。

### 2. 北京市和朝阳区的大环境绿化规划

跟随国家政策和北京市对园林绿化工作的统筹安排，1983 年 12 月，北京市朝阳区朝政发〔1983〕172 号文件下发通知，将"朝阳区建设局"正式改名为"北京市朝阳区园林局"。党政隶属北京市朝阳区委、区政府领导，业务归北京市园林局领导。这是自 1958 年建设局设立园林科以来，朝阳区园林绿化工作首次单独设立职能局。

1985 年 12 月 16 日，北京市第二次园林工作会议召开。会议明确提出了从首都的大环境着眼，全面安排园林绿化建设。这是首都园林绿化建设上的一个大转变，也是认识观念上的一个大转变，此次会议诞生了城市大园林理念，正式明确了城市大环境绿化建设的发展战略，明确提出要开展以改善首都生态环境为目标，以多层次的绿化带、放射线带和隔离带为主要内容的大环境绿化。按照这一精神，公路、铁路开始沿干线建设绿色走廊，以天安门广场为中心，沿二环、三环、四环、五环及市区外缘建设 5 个层次的环行绿化带。

1986 年 1 月，首都规划建设委员会提出的《首都城市绿化近期规划建设方案》中指出：为把首都建设成清洁、优美、生态健全的文明城市，必须先把绿化建设紧迫地提到工作日程上来。为保证"分散集团式"城市布局的设置得以实现，亟须在规划市区范围内，有计划地植树造林，真正形成城市的隔离绿化带。按照"统一规划、分区负责"的原则，制定具体计划，特别是规划市区边缘绿化带、隔离地带边界林、道路放射带、河流绿化带以及森林公园。同年 3 月，首都绿化委员会第五次全体会议提出了以大环境绿化为中心的各项绿化建设任务。这是北京从"普遍绿化"方针，发展到"大环境绿化建设"发展战略的重大转变。

北京市大环境绿化初步设想是要搞好五个结合，即：市区绿化和郊区绿化相结合；大小结合；点线面结合；绿化与城市建设治理相结合；乔灌草花相结合。制定的近期规划是：建设五个层次的环形绿化带；五条绿色走廊；五处森林公园；四条市区外围河流沿岸的绿化；九片绿化隔离带；在市区还要建设一批新的公园绿地和一批道路、居住区的绿化。之后北京市人民政府又将其概括为：以大环境绿化为中心，以片（片林）、环（5 个环形绿化带）、线（5 大干线公路和道路绿化）、害（治理 5 大风沙危害区和城市环境污染）、景（公园风景区建设）5 个字为重点的方针，并相应地为大环境绿化建设制定了具体政策，保证近期规划的实施。

朝阳区的大环境绿化规划中包括：沿京张、京密、京津等通往外省市干线公路两侧，营造建设放射性绿化带，在城市中心区与周围建设集团之间，建设 4 片绿化隔离带，即东北部安家楼地区、东郊太平庄地区、东南郊大郊亭地区、东南郊南磨房地区；在规划市区外缘，建设宽窄不等的外缘绿化带。

### 3. 朝阳区大环境绿化建设实施

朝阳区的大环境绿化建设是从 1986 年起步的，而且是当时全区绿化工作的重点。这个时期，朝阳区区委、区政府和园林绿化主管部门根据党中央、国务院和市委、市政府以及市园林绿化主管部门制定的一系列方针、政策，结合朝阳区实际采取了一系列新的举措，落实大环境绿化规划任务。朝阳区大环境绿化起步之年，受到市委、市政府和园林绿化主管部门的关怀与重视，并给予了具体的指导，解决了一些具体问题。

1986 年 2 月 27 日，首都绿化委员会常务副主任兼绿化办公室主任单昭祥带领北京市规划局、北京市园林局来朝阳区商量大环境绿化问题，同时传达了市领导的指示，即要求朝阳区在 1986 年春在北京市带头起步进行建设。会议商定先在朝阳区安家楼种植片林的边界林。3 月 5 日，朝阳区区长办公会讨论了安家楼片林的起步方案，随即征用了高碑店乡北花园村葡萄园 200 亩，作为原区农林局的苗圃基地，之后启动了孙河大桥绿地工程，成为朝阳区大环境绿化中第一个高标准示范工程。4 月，区园林局所管农村道路划归原区农林局管理，区园林局主要负责城区道路绿化。6 月，朝阳区区政府召开常务会议讨论区农林局《关于大环境绿化管护人员经费问题的请示》。7 月，召开落实大环境绿化规划会议，全面部署绿化工作。

朝阳区的大环境绿化任务重点在农村，因此 1986 年，朝阳区政府将大环境绿化任务交由区农林局负责，当年完成大环境绿化面积 390 亩，栽植十多个树种共 2.7 万株，成活率为 80%。1986~1989 年上马的重点工程有，京张公路，京密公路，东北郊隔离林带、东郊隔离林带、望京公共绿地、窑洼湖公园、金盏森林公园、立水桥公园和市区外缘环形绿化带。

京张公路朝阳段绿化工程，1986 年开始起步，1988 年春基本完成。占地面积 232.8 亩，植树总量为 26262 株。京密公路朝阳段绿化工程，从 1986 年开始至 1988 年基本完成，实现绿化面积 895 亩，栽植各种树木 76900 株，总成活率达 91%。

至 1989 年，东北郊隔离绿化带南区绿化工程全部完成，共建成片林 1167 亩，建成经济林 220 亩。东郊隔离林带"一期工程"即平房片林，1988 年起步到 1989 年全部完成，绿化面积 862 亩。望京"公共绿地"绿化工程，1988 年开始起步，1989 年初见成效，占地 360 亩、植树 8.13 万株。

窑洼湖公园 1988 年开始建设，至 1990 年初，公园绿化基本完成，规划总面积 550 亩，其中 100 余亩植树 46300 株。金盏森林公园 1989 年开始起步，规划面积约 5000 亩，分为槐树、常绿树、河岸林三个园区，共计植树 20600 株。立水桥公园 1989 年 2 月中旬开始建设，全园植树 5537 株。

市区外缘绿化带规划在朝阳区内总长度 70 余公里，其中可绿化长度为 57 公里，占地 4800 余亩，完成绿化总长 55.5 公里，绿化总面积 4523 亩、栽植各类树木 35.8 万株。

1986 年 11 月，朝阳区大环境绿化领导小组成立，经朝阳区编制委员会批准，在原区农林局设农村绿化办公室，在区园林局设城区绿化办公室，各街道乡成立绿化委员会以及办公室，健全了乡级绿化管理机构。11 月 28 日，市政府、首绿委在朝阳区召开落实朝阳区大环境绿化任务现场办公会，研究解决有关大环境绿化政策问题。

从 1987 年开始，随着大环境绿化建设的大幅度展开，市区外缘防护林带建设也得到迅速的发展。1987 年，朝阳区大环境绿化领导小组为大环境绿化指挥部，办公室设在原区农林局，与林业科合署办公。区农村工作办公室和区农林局各增设一名副职，分管大环境绿化。林业科编制 21 人，负责全区农村范围的植树造林，林政执法，大环境绿化重点工程的规划设计和施工管护。果树站定编 7 人，负责区属十四个乡的果树生产及技术指导和技术推广工作。绿化队定编 30 人，负责农村路树的养护更新工作。此外还借调一些有经验的退居二线的干部充实指挥部办公室，大环境绿化建设所需资金则多方设法给予解决。

1987 年 10 月召开的朝阳区第五次党代会再次提出：坚持以城市建设为重点，使城乡建设和管理有一个新的突破，力争把朝阳区逐步建设成为环境优美、经济繁荣、文化发达、社会安定、生活方便的"文明建设先进区"，提出继续认真宣传贯彻党中央关于首都建设方针的"四项指示"和"十条批复"，努力实现《北京城市建设总体规划方案》的美好蓝图。

自 1987 年开始，原朝阳区农林局正式将经济庭院村的建设列为各乡绿化美化的主要内容之一，并与各乡、办事处签订绿化承包协议。到 1989 年，全区共建成经济庭院村 57 个。全区农村庭院有各种经济树木 17.26 万株。该年全区的农田林网建设超额

115.23% 完成任务，保存率达到 86.23%。1990 年 10 月 20 日，朝阳区人民政府农村工作办公室发出《关于转发农林局 < 庭院经济相试点情况和今后加速推广的意见 > 的通知》，目的在于加速推广庭院经济乡的试点经验。

1988 年，区农林局明确提出当年林网植树保存率在 80% 以上，年林网植树保存率 70% 以上，并作为考核保存率的具体指标。安家楼、平房、望京、金盏、赵家村五处片林开始并持续建设。7 月 28 日区绿化委员会办公室、区农村工作办公室、区农林局、区规划局以及各乡召开落实明春大环境绿化工作会议，会议要求全区 56 公里外缘绿化带全部合拢，形成百里绿色长城。

从 1986 年起步至 1990 年亚运会在北京召开的五年时间里，朝阳区加强苗木生产，召开现场会加强树木草坪的养护管理，举办林政法规学习班依法兴绿、护绿，坚持检查评比，动员全区人民迅速行动，以"满城青翠办亚运，处处鲜花迎嘉宾"办好亚运会。到 1990 年，基本建成市区外缘绿化带 491.27 公顷，栽植各类乔、灌木 625674 株（丛），形成沿市区外缘乔、灌、草相结合的绿色空间。其中市区东外缘绿化带西北起朝阳区洼里乡关西庄东侧，经洼里、南皋、金盏、来广营、东坝、长营、管庄，双桥农场、十八里店至豆各庄乡，全长 70 公里，绿化面积 320 余公顷。

"七五"期间，朝阳区完成的片林绿化面积和市区外缘绿化带绿化面积，分别占全市计划完成面积的 50% 和 80%，为全市大环境绿化建设做出了重要贡献。大环境绿化共完成绿化面积 640 公顷，其中建成市区外缘绿化带 55 公里，绿化面积 302 公顷；建成京密路、京张路朝阳段两条放射线绿化带 21 公里，绿化面积 87 公顷；建成安家楼、金盏、平房等 5 个片林，绿化面积 252 公顷。据 1989 年调查，全区已有各类树木 474 万株，农田林网已经形成 2200 多条，农村林木覆盖率已达到 12%。除了大环境绿化建设作为重点之外，城区绿化同样加快了步伐，1986 年、1987 年，先后建成团结湖公园和元大都城垣遗址公园。

"八五"期间，朝阳区继续加快城市隔离片林建设，并提出"以绿引资、引资开发、开发建绿、以绿养绿"的指导思想并加速推进。1992 年，化工路卫生防护林带建设按规划方案继续完成绿化任务。同时开始兴建的有将台乡环形铁路片林、兴隆片林、八里桥片林、孙河片林、立水桥片林、清河片林。1993 年开始兴建的有古塔片林、肖村片林、楼梓庄片林、孙河片林、平房片林。1994 年开始兴建的有洼里片林、温榆河林带。其中，温榆河林带长 5.7 公里，面积 72.5 公顷。1995 年开始兴建的有香江片林。1997 年洼里 5000 亩片林绿化基本完成。洼里片林，是 20 世纪 90 年代朝阳区完成的一项重要的绿化工程，三年时间实现绿化面积 200 公顷，填补了城市北部隔离带的空白。该片林规模大，植树达 10 万株、树木品种繁多有 35 个品种，林路山水设计别致，景观效果独特。其中银杏园 1500 株大银杏，给首都北京增添了一处独特的风景区。洼里片林的建设为 2008 年奥运会主会场选址朝阳创造了条件，也为奥林匹克森林公园的建设奠定了良好的基础。

按照《北京城市建设总体规划方案》的要求，规划绿化隔离地区要继续通过对粮食、蔬菜生产和乡镇企业用地进行调整，逐步实现以植树造林为主，从而为实现二十世纪末全市林木覆盖率达到 40% 的目标创造必要条件。朝阳区政府提出在实现隔离地区绿化的同时，要发展"都市农业"。在大都市边缘及间隙地带，充分利用大都市提供的科技成果及现代化设备进行生产，为国内市场提供名、特、优、新农产品，为城市居民提供优美生态环境，并具有旅游观赏等特点。1994 年 12 月，朝阳区第七次党代会确定把"重点东移、城乡一体、进入市场，建设以三高为中心的具有旅游、观赏、无公害等特点的都市农业"作为全区农业发展战略方针。

"九五"期间，根据市园林局制定的"九五"园林绿化发展规划，朝阳区进一步加强隔离地区绿化建设。1996 年开始兴建金盏片林、太阳宫片林、辛店片林、黑庄户片林、京通路片林、辛庄北片林，同年完成香江片林二期绿化工程。1997 年开始兴建长店片林、建兴片林。同年完成环铁片林四期绿化工程、香江片林三期绿化工程。1998 年开始兴建朝来农艺园片林、黄草湾片林、紫玉片林、富城片林、沙子营片林。同年完成长店片林二期绿化工程、香江片林四期绿化工程、太阳宫片林二期绿化工程。1999 年 10 月 23 日建成兴隆森林公园，至此朝阳区 12 个片林全部建成。即洼里片林、金盏片林、安家楼片林、平房片林、楼梓庄片林、香江片林、古塔片林、辛店片林、黑户庄片林、紫玉片林、富城片林、兴隆片林。新增片林绿化面积 423.33 公顷（详见附表）。这一时期的城区绿化也继续加快发展，重点是加强改造、巩固提高和创建精品，道路和桥区绿化突出景观效果，居住区绿化增加小区花园，提高群众绿化水平。

### 4. 朝阳区大环境绿化建设成果

大环境绿化建设起步前，朝阳区同全市一样，经过 36 年的建设与发展，园林绿化取得了一定的成绩和进步，但离一流的国际大都市良好健全的生态环境差距很大，沙尘影响日益严重，环境日益恶化。

为把首都建设成清洁、优美、生态健全的文明城市，着眼大环境绿化建设和全面协调发展。朝阳区根据北京市大环境绿化建设的目标任务，在"七五"期间完成的片林绿化面积和市区外缘绿化带绿化面积分别占全市计划完成面积的50%和80%，全区形成环抱市区长达55公里，宽50~100米不等的市区外缘环形绿化带，成为首都东部的"百里绿色长城"，5大片林成为未来市区"林海"的一部分。又经过"八五""九五"的持续建设和稳步发展，包括片林、公园和市区外缘绿化带近1800公顷的绿地，"十五"计划提高了隔离地区绿化带的防护功能，加强了规划设计和树种选择，以多种类、大规格的苗木和复层林结构进行建设，为朝阳区经济和社会全面发展提供广阔的空间。

自1986年大环境绿化建设起步至1999年，经过13年的努力，朝阳区共完成大环境绿化面积1787.62公顷，建成市区外缘绿化带298公顷，绿化隔离片林908.8公顷，公园297.1公顷，绿化带223.6公顷。

城区绿化随着大环境绿化建设也在飞速发展，至2000年，建成区的绿化面积为18799公顷，园林绿地面积7227.19公顷，其中公共绿地面积1460.98公顷，道路绿地面积1034.17公顷，居住区绿地面积758.94平方米，单位附属绿地面积1685.8公顷，城市防护绿地面积2192.72公顷，生产绿地面积94.57公顷.绿地率38.44%，人均绿地面积9.58平方米，绿化覆盖面积6808.21公顷，绿化覆盖率36.22%。实有树木9839684株。草坪15968716平方米。

大环境绿化建设促进了农村绿化整体水平的提高，在174个自然村中普遍实现了绿化，全区有80%以上的村庄利用村庄废地建了小片林、小绿地，改善美化了乡村道路，很多村庄呈现出三季有花、四季常青的景象。朝阳区以每年建设、改造、提高50~80条农田林网的速度，加强了农田林网建设，残破林网逐年减少，新林网逐年增多。新修的道路当年竣工，当年实现绿化美化。河渠两岸的多层次绿化更加郁郁葱葱，城市湿地尽在其中。

朝阳区大环境绿化建设，使朝阳区城乡结合部的生态环境、投资环境得到了巨大改善，同时也改善了首都的大环境，体现着朝阳人为首都环境建设所做出的巨大贡献。如今的朝阳区，已经是"京东绿岛"，铺就了朝阳"百里绿带"，十几年的大环境绿化建设，对朝阳区城乡面貌的变化，为首都北京的环境建设做出不可磨灭的贡献。

## 二、隔离地区绿化及建设成果（1985~2010）

1949 年以后，北京制定了城市园林绿地系统规划。1959 年，北京城市总体规划范围从 8860 平方公里扩大到 16800 平方公里，并提出"分散集团式"的布局方案。依照这个方案，把市区划分为几十个分散的"集团"，"集团"之间保留成片的好菜地、果木、树木、林木，并且种植花草，开辟水面，使城市中心区有 40% 的绿地，近郊区有 60% 的绿地，以实现大地园林化和城市园林化。

20 世纪 50 年代的城市规划设想，为后来城市隔离绿地的建设和发展打下了一个很好的基础。但是由于当时的国民经济暂时困难等历史原因，这一规划方案没有得到认真地执行。

80 年代初，北京市在认真总结我国城市建设历史经验教训的基础上编制的《北京城市建设总体规划方案》，把城市环境建设和绿化放在突出的地位，明确提出了"治山治水，绿化造林，防治污染，兴利除弊，提高环境质量"的方针。

1985 年 12 月，北京市第二次园林工作会议上，正式明确提出了城市绿化隔离带建设方案。这一方案将规划市区范围内城市中心大团与边缘集团之间，以及十个边缘集团之间 240 平方公里地区划定为城市绿化隔离地区。其目的是使北京形成"分散集团式布局"，防止中心大团和边缘集团之间无限"膨胀"，以改善不断恶化的城市生态环境。内容包括建设含朝阳区的金盏地区在内的森林公园 5 处；划定 9 片绿化隔离地带，严禁插建新建筑，逐步发展成为大面积的绿化地带。其中与朝阳区相关的有东北郊安家楼地区、东郊太平庄地区、东南郊大郊亭地区和南磨房地区、北郊清河地区。

1986 年，北京市人民政府提出在城市中心与新建社区之间划定九片隔离林带，严格禁止新建建筑，逐步发展为大面积的绿化地带。第一步先把九片重点控制区边缘进行绿化。第二步从九大片中选择有条件的地段，逐步形成苗圃片林或果园。按照这一规划，"七五"期间朝阳区农村将建成两片隔离林带，即东北郊隔离林带和东郊隔离林带。根据有关文件精神，朝阳区绿化委员会决定在东北郊隔离林带安家楼范围内先搞规划试点。

东北郊隔离林带从 1987 年 1 月 25 日开始动工，到 1989 年，隔离林带南区建设全部完成，中区建设完成一部分，共建成片林 1167 亩。该年，南区在原有的基础上整修了林间道路并建造了微地形。

东郊隔离林带一期工程即平房片林。从 1988 年起步，到 1989 年全部完成，由原区农林局规划设计并指导施工，共绿化 862 亩，栽植各类树木 6.7 万株。东郊隔离林带距市区较近，既起到与新建社区的隔离作用，又可为城市居民提供休息娱乐的场所。

1987 年 9 月 17 日，为进一步落实城市隔离绿化地的建设规划，北京市人民政府召开各城近郊区区长、区委书记会议，明确要求在 1988~1990 年间，完成城市"片林""环形林带" 15000 亩（1000 公顷）的任务。其中朝阳区要完成 7390 亩（492.6 公顷）。同时明确所需资金采取市、区、乡三级负责和集资办法解决，市政府于 1990 年前先拿出 2250 万元补助费，一次性拨给各区。这次会议以后，北京市城市隔离绿地建设即全面展开。至 1999 年，经过十几年的努力，朝阳区共建成市区外缘绿化带 298 公顷，绿化隔离片林 908.8 公顷，公园 297.1 公顷，绿化带 223.6 公顷。

### 1. 第一道绿化隔离带建设成果

按照《北京城市总体规划》（1991~2010 年），在北京市城市中心区周围规划了 240 平方公里的绿化隔离地区，规划绿地面积为 125 平方公里。2000 年 3 月北京市政府发布《关于加快本市绿化隔离地区建设的意见》的通知，提出用 3~4 年的时间完成原计划到 2010 年实现的绿化隔离地区建设任务，建成 100 平方公里左右围绕城市中心区的绿化环带，实现绿化隔离地区"绿化达标、环境优美、秩序良好、经济繁荣、农民致富"目标。并制定了《关于加快本市绿化隔离地区建设的暂行办法》（京政办〔2000〕20 号文件）。

朝阳区在 2000 年 3 月成立了绿化隔离地区建设领导小组及指挥部，领导小组设有"一室四组"，即办公室、绿化组、政策研究组、经济发展组和规划拆迁组。是年 12 月，区委八届五次全会提出，抓住加快绿化隔离地区建设的重大发展机遇，全面推进"三化四区"建设的发展战略，并把加快农村城市化作为首要任务纳入"十五"发展计划。按照"绿化—规划—开发—产业"的发展思路，举全区之力，加快绿化隔离地区建设。

朝阳区第一道绿化隔离地区涉及洼里、大屯、来广营、将台、东风、平房、太阳宫、王四营、三间房、南磨房、常营、豆各庄、东坝、高碑店、十八里店、小红门、管庄等 17 个乡，总占地面积 111.46 平方公里，其中规划绿地面积 68.55 平方公里，分别占全市绿化隔离地区规划总面积 46% 和规划绿地面积的 54.8%。

2000 年 3 月 8 日，朝阳区第一道绿化隔离地区建设全面推开，当年北京市政府下达朝阳区一道隔离地区绿化任务 1.3 万亩，实际完成 1.81 万亩，相当于前 10 年绿化面积的总和。2001 年绿化任务 1.5 万亩，实际完成 2 万亩。2002 年绿化任务 8000 亩，实际完成 1 万亩，植树 130 万株。2003 年完成 9789 亩，植树 50 万株。到 2003 年累计腾退土地 12872 亩，完成绿化总面积达 8.4 万亩，占计划的 81.7%，朝阳区成为全市推进绿化隔离地区建设任务最重、完成速度最快的区县，连续四年获得北京市绿化隔离地区建设先进区称号。

2004 年完成 2845 亩，植树 14 万株。2005 年完成 1848 亩，植树 9.2 万株。2006 年完成 1032 亩，植树 5 万株。2007 年完成 690 亩，栽植 3.8 万余株。2008 年完成 1070 亩，栽植 5.9 万株。2009 年完成 666 亩，栽植 3.7 万株。2010 年完成 270 亩，栽植 1.4 万株。

第一道绿化隔离地区涉及 17 个乡旧有农村占地 1810.8 公顷，涉及农民居民 10.2 万户、21.5 万人。在开展大规模绿化建设的同时，按照同步规划，建设好农民新村的指导原则，拟在绿化隔离地区内规划出 1833 公顷的农民新村和商品住宅建设用地。2000 年 9 月，南磨房和来广营乡作为全市试点，率先启动农民新村小区建设，南磨房乡紫南家园成为全市第一个达到入住条件的农民新村。到 2007 年末，全区累计搬迁农民 5.17 万户、12.18 万人。常营乡成为全区全面完成新村建设，全部实现农民拆迁上楼第一乡。

### 2. 第二道绿化隔离带建设成果

第二道绿化隔离带的范围是从第一道绿化隔离带外推至六环外侧 1000 米，第一道绿化隔离带以外部分全部纳入规划区域。按北京市的规划要求，第二道绿化隔离带在建设景观林、生态林的同时，大力发展经济林，把第二道绿化隔离地区建成北京市的重要生态区、绿色产业区和旅游休闲区。

温榆河生态走廊建设是北京市第二道绿化隔离带建设的重点工程。温榆河干流流经朝阳区段全长 22.8 公里，占温榆河干流总长的 48%。沿河 1.5~2 公里宽的范围内规划为温榆河生态走廊，总面积 45 平方公里，其中绿化用地面积 33.1 平方公里，占总用地的 72.3%。2003 年 10 月，朝阳区温榆河生态走廊建设管理委员会成立。

2004 年的第二道隔离地区绿化工程涉及黄港、南皋、楼梓庄、金盏、孙河、黑庄户、崔各庄等乡，该年北京市林业局下达朝阳区任务指标 497.3 公顷，实际完成 460.8 公顷，植树 7.46 万株。2005 年完成 119.87 公顷，植树 9.8 万株。2006 年完成 141.87 公顷，植树 11.7 万株。2007 年完成 73 公顷，栽植 6 万余株。2008 年完成 37.33 公顷，植树 3 万株。2009 年完成 73.73 公顷，栽植 6.1 万株。2010 年完成 10 公顷，栽植 0.83 万株。

朝阳区的绿化隔离地区建设，凸显出四大特色：一是景观效果，多种树、种大树、种好树；二是集中连线、连片、整体效果明显，形成北部、东部、东南部三大绿色板块；三是绿化精品工程众多，形成朝来森林公园、三间房乡杜仲林等 28 项绿化精品工程以及四环、五环、京沈、京张、京津塘、京承等干路（朝阳段）沿线绿化带建设为代表的"绿随路建、有路皆绿、绿美结合"的道路景观效果；四是绿化建设与发展绿色产业相结合，建成一批绿色产业项目，形成以精品农业为特色的都市型现代农业发展新格局。此外绿化建设有效改善了农村生态生活环境，提升了农村发展环境，为农村加快城市化进程创造了有利条件。

### 3. 防风治沙

朝阳区从 2005 年开始，根据北京市林业局和北京市环保局的要求，正式启动治理风沙源工程，由朝阳区绿化局制订实施方案并负责协调工作，施工管护由工程所在地区办事处负责。

2005 年在五环路绿化带七棵树段（此段位于五环路两侧百米范围内）林下播种二月兰和紫花苜蓿，少量栽植美国地锦、沙地柏等灌木，面积为 40 公顷；一道绿化隔离地区林地内以播种二月兰、紫花苜蓿为主，面积 33.33 公顷。播植季节安排在雨季 6 月下旬至 7 月初进行，灌木栽植根据品种不同，安排在雨季和秋季进行。管护工作由东坝地区办事处农业服务中心负责。2005~2007 年，共完成播草盖沙工程 600 公顷任务。2009 年朝阳区完成市园林绿化局下达的播草盖沙任务 66.67 公顷，其中王四营古塔公园 26.67 公顷；小红门红坊路 20 公顷；金盏温榆河 20 公顷。主要播种二月兰、紫花苜蓿和少量栽植沙地柏等灌木。2010 年完成市园林绿化局下达的播草盖沙任务 100 公顷，分配在豆各庄金田郊野公园和小红门鸿博郊野公园。实现了郊野公园地被覆盖，并起到防风固沙作用。

## 朝阳区大环境片林一览表（1998年7月统计数据）

| 类别 | 项目名称 | 面积（公顷） | 建设时间 |
|---|---|---|---|
| 绿化隔离片林 | 安家楼片林 | 77.84 | 1986 |
| | 将台乡环铁片林 | 61.27 | 1992 |
| | 八里桥片林 | 20.92 | 1992 |
| | 孙河片林 | 9.03 | 1992 |
| | 立水桥片林 | 2.03 | 1992 |
| | 清河片林 | 0.67 | 1992 |
| | 古塔片林 | 20.0 | 1993 |
| | 洼里片林 | 133.33 | 1993 |
| | 平房片林 | 74.17 | 1993 |
| | 肖村片林 | 10.01 | 1993 |
| | 香江片林 | 63.3 | 1995 |
| | 辛店片林 | 40.5 | 1996 |
| | 黑户庄片林 | 46.67 | 1996 |
| | 太阳宫片林 | 17.33 | 1996 |
| | 辛庄北片林 | 84.33 | 1996 |
| | 金盏片林 | 53.42 | 1996 |
| | 金盏长店片林 | 15.33 | 1997 |
| | 建兴片林 | 30 | 1997 |
| | 紫玉片林 | 24 | 1998 |
| | 富城片林 | 23.33 | 1998 |
| | 沙子营片林 | 15.33 | 1998 |
| | 黄草湾片林 | 7.3 | 1998 |
| | 朝来农艺园片林 | 12.0 | 1998 |
| 绿化带 | 化工路林带 | 23.27 | 1991 |
| | 安立路林带 | 15.29 | 1991 |
| | 广渠路林带 | 6.67 | 1991 |
| | 市区外缘 | 298.01 | 1988 |
| | 四环路 | 11.51 | 1990 |
| | 温榆河林带 | 72.53 | 1994 |
| | 京张路 | 3.3 | 2001 |
| | 京密路 | 59.67 | 2001 |

朝阳区大环境绿化面积分乡统计表（1986~1995 年）

| 单位 | 十年合计 | | | |
|---|---|---|---|---|
| | 合计 | 粮田 | 菜田 | 非耕地 |
| 总计 | 20464.3 | 15323.17 | 3098.63 | 2042.5 |
| 小红门 | 610.1 | 37.2 | 561.3 | 11.6 |
| 十八里店 | 302.6 | 284.6 | / | 18 |
| 南磨房 | 827.3 | 334.4 | 435.9 | 57 |
| 王四营 | 883.8 | 622.3 | 234.3 | 27.2 |
| 高碑店 | 1144 | 597.3 | 260.1 | 286.6 |
| 平房 | 1229.1 | 1067 | 153.8 | 8.3 |
| 东坝 | 642.4 | 608.4 | 34 | / |
| 金盏 | 1430.3 | 1011.2 | 322.1 | 97 |
| 楼梓庄 | 1046 | 1033 | / | 13 |
| 将台 | 1833.6 | 1379.02 | 365.78 | 88.8 |
| 来广营 | 898.55 | 898.55 | / | / |
| 大屯 | 147.6 | 122.2 | / | 25.4 |
| 洼里 | 3875.7 | 3624.1 | 117.4 | 134.2 |
| 太阳宫 | 217.05 | 119.5 | 96.55 | 1 |
| 东风 | 365 | 265 | 100 | / |
| 双桥 | 2496.8 | 2072.2 | 338.6 | 86 |
| 东郊 | 2064.8 | 1247.2 | 78.8 | 738.8 |
| 绿化队 | 299.6 | / | / | 299.6 |
| 水利局 | 150 | / | / | 150 |

# 三、"五河十路"及绿色通道建设

绿色通道工程，是在北京市的主要干线公路、铁路、河流沿线两侧植树造林，建设宽厚的绿化带，属高标准、高质量生态环境的重要工程。工程全部完成后，北京平原地区将形成 15 条通往外埠的绿色通道，并与农田林网、治沙片林、城镇村庄绿化连成一体，构成本市重要的绿色生态屏障。

绿色通道工程的指导思想和基本原则是：以建设高标准的林业生态体系、高效益的林业产业体系为目标，实现生态效益、经济效益、社会效益相统一。要与防沙治沙相结合，与调整农业种植结构相结合，与发展速生丰产林等绿色产业相结合。在全市整体规划的基础上，充分发挥绿色通道经过的区县的积极性，保证树种和景观的丰富多样。要推广和应用先进技术，高标准、高起点、高质量地完成各项工程。推行新的造林营林机制。把绿色通道工程作为一项产业，让农民成为经营主体。绿化用地不改变土地使用性质和土地承包关系，谁植树谁经营，使农民在绿色通道工程的建设和管理中受益。

### 1. 北京市"五河十路"绿色通道工程规划

"五河十路"绿色通道工程是北京市建设高标准、高质量生态环境的重要内容，也是朝阳区申奥十大工程之一。对于加快首都生态圈建设和现代化国际城市建设，尤其对于当时申办 2008 年奥运会，都具有十分重要的意义。

"五河十路"指的是北京市绿色通道工程的范围，"五河"是指永定河、潮白河、大沙河、温榆河、北运河；"十路"是指京石路、京开路、京津塘路、京沈路、顺平路、京密路、京张路、外二环等 8 条主要公路和京九、大秦 2 条主要铁路。植树造林总长约 1000 公里，其中"五河" 384 公里，"十路" 616 公里。工程涉及朝阳区、海淀区、丰台区等 12 个区（县）、98 个乡（镇）。

工程规划需要植树造林 2.33 万公顷（35 万亩），其中通道内侧营造 20~50 米的永久性绿化带，面积 0.33 万公顷（5 万亩），通道外侧营造速生丰产林面积 2 万公顷（30 万亩）。绿色通道两侧的绿化带宽度，原则上每侧为 200 米左右。内侧绿化带要突出景观效果，乔灌花草相结合，注重苗木的空间立体配置和植物色彩的多样化；外侧发展速生丰产林、经济林、苗圃等绿色产业项目，提高土地利用率，与促进地区经济增长和农民致富相结合。

"五河十路"绿色通道工程从 2001 年开始，2005 年以前基本完成。2001 年的重点是京石路、京开路、京津塘路、京沈路、京张路等 5 条公路两侧的绿化带建设，总长度 233 公里，总面积 0.7 万公顷（10.5 万亩）。2002 年重点完成顺平路、京密路 2 条公路、大秦铁路和永定河、北运河 2 条河流两侧的绿化带建设，总长度 358.3 公里，面积 0.77 万公顷（11.6 万亩）。2003 年完成外二环公路、京九铁路和潮白河两侧的绿化带建设，总长度 288.2 公里，面积 0.51 万公顷（7.7 万亩）。2004 年完成大沙河、温榆河 2 条河流两侧的绿化带建设，总长度 120.5 公里，面积 0.35 万公顷（5.2 万亩），2005 年全部完成。

## 2. 朝阳区"五河十路"绿色通道工程建设

朝阳区负责的"五河十路"绿色通道工程共有"一河五路"6 项工程，即：温榆河、京沈高速路（京哈）、京津塘高速路、京承高速路、五环路、京张高速路（京藏）。

北京市 2000 年下发了《关于加快首都重点绿色通道工程建设的意见》，首绿委、市林业局提出了《关于加快首都重点绿色通道工程建设意见的请示》的要求。2001 年下发《北京市人民政府关于进一步推进本市绿色通道建设的通知》（京政发〔2001〕30 号）。

根据市绿色通道建设指挥部的有关精神，朝阳区绿色通道工程提出了实施方案：①以绿化促拆迁，做好绿化的各项准备工作。②加大密度，确保绿色通道建设"有气势、绿量大、色彩浓、看不透"。要因地制宜，加大栽植密度，体现出遮挡效果。③严把苗木关，确保质量。外埠调苗必须由区苗圃统一调剂，统一把关，确保无检疫对象。④以点促面，先建标准段。要求每条路都要建一个标准段，由区苗圃统一调苗，区农林局专业施工队伍施工。⑤严格工程管理，落实责任。加强宣传发动，强化检查督促。

2000 年第一季度，原朝阳区农林局组织各乡做好各项绿化准备工作。各乡专业部门按照设计方案备好各类苗木，组织劳力，对具备绿化条件的地块进行了平整和水利配套设施建设。从 2000 年 8 月开始，区农林局技术人员深入各乡实地调查，在区委、区政府的高度重视下，各乡积极行动，分片负责，规划科、林业站(绿化科)等有关科室定期检查，督促推进绿色通道工程的拆迁工作。

根据《北京市人民政府关于进一步推进本市绿色通道建设的通知》（京政发〔2001〕30 号），2001 年朝阳区开始启动京张、京沈和京津塘三条放射线绿化带的加厚加宽工程。按照"因地制宜、适地适树、有气势、绿量大、色彩浓、看不透"的原则，体现以"高大乔木为主，乔灌结合，多树种混交，自然配置，有季相变化"的特点，统一规划，依靠科技，结合农业结构调整，高质量实施区内"五河十路"绿色通道建设工程。

2002 年首先启动 200 米绿化带的实施，按照生态优先，环境优美，高标准，高起点，高质量的原则，突出自然景观效果初步方案为机场路南段绿化宽度为 200 米；机场路北段绿化宽度为50米，有条件的地段实施200米，总绿化面积为220公顷。

**温榆河建设**

温榆河全长47.5公里，朝阳区辖域长度为22.82公里。朝阳区负责"五河"中的"一河"即温榆河工程，朝阳区温榆河绿化建设工程于2002年3月初启动，并于当年完成施工。按照"四多四好"的原则，即多种林、多植物、多色彩、多层次和好种、好活、好管、好看，突出"以水为魂，以绿为本"的绿化效果，在京顺路两侧，机场高速路两侧，绿岛白帆东侧，枫林广场北侧，集体村大桥两侧沿线设计高标绿化地段五处，按照机场高速路以南全线五处200米绿化，机场高速以北部分地段实现200米绿化，分成靠近河堤50米宽的永久绿化带和150米宽的绿色产业带，实现全线50米的绿化要求。

**"五路"建设**

京承高速路绿化工程全长14.2公里，涉及来广营、大屯、望京高科技开发区、崔各庄、黄港、东郊农场等地区，道路两侧绿化带为200米宽，规划绿化总面积350公顷（其中含沿线建筑物及蔬菜保护地约760亩，其中中央、市属单位占地面积约250亩，其余为村庄及蔬菜保护地）。2003年全线各乡绿化主体工程已经基本完工，2004年实现绿化240公顷。

京津塘高速路绿化工程2001年完工，十八里店地区的通道长6.55公里，永久绿化带面积25.96公顷。京沈高速路绿化工程（京哈）2001年竣工，绿化带长11.8公里，永久绿化带面积111.39公顷。京张高速路（京藏）绿化工程2001年完工，途经奥运村地区办事处的通道长6.6公里。

五环路绿色通道（朝阳段）建设工程，全长37.7公里，其中北五环路长15.2公里，东五环路长22.5公里，涉及朝阳区10个乡及望京产业开发区。2002年按照北京市政府要求实施五环路道路两侧百米绿化带（部分地段50米）建设。同时朝阳区政府提出五环路绿化要连接区域内五个边缘集团，突出景观效果，努力做到"三季有花、四季常青、绿不断带、景不断线"的基本要求。

五环路一期绿化工程（北五环）东起首都机场高速路，西至京张高速路，全长15.2千米，沿线有南皋、来广营、洼里3个乡和望京科技开发区等。2002年3月16日开工，10月底竣工，实现绿化面积107万平方米，在沿线栽植常绿树、落叶乔木、花灌木等23万株，形成层次丰富的风景林带，达到季相变化显著的绿化效果。北五环路两侧从内向外分为地被植物区、景观区、背景区等多个层次，依据高速路车速快的特点，绿化手法上不作局部雕饰，而以生态林、风景林带为主线，营造开阔景观，以宿根花卉渲染鲜艳的色带。沿路分成望星园南侧、望京主路、机场路与五环路交界处等6块重点路段和若干标准段。重点路段首次大面积种植丰花月季、矮牵牛、金盏花、美人蕉、万寿菊等花卉，以及元宝枫、小叶白蜡等乔木，西府海棠等风景林带。除油松、桧柏等常绿乔木外，还在精品路道栽植白皮松、雪松等名贵树种。

五环路二期绿化工程（东五环），北起机场高速路，南至京津塘高速路，全长22.5公里，沿线经南皋、将台、东坝、平房、高碑店、王四营、豆各庄、十八里店等8个乡。2003年3月15日开工，5月17日竣工，完成绿化面积216.73万平方米，植树20.92万株。东五环路作为奥运工程的组成部分，连接朝阳区五个边缘集团，绿化参照北五环路的绿化风格，以高大乔木为背景，常绿树、彩叶乔木、花灌木、宿根花卉等组成前景，沿线设计3~5个不同类型的标准段，确定12个重点地段和景区，形成五环路绿色通道。被首都绿化委员会评为"2003年度首都绿化美化优质工程"。2004年五环路朝阳段完成绿化34万平方米，2002~2004年三年完成五环路百米绿化带绿化面积358万平方米。

### 绿色通道建设

2008年朝阳区启动绿色通道建设，根据京发改〔2008〕1270号文件，即"关于2008年朝阳区重点绿色通道建设工程实施方案的批复"，由市园林绿化局牵头，各有关区政府为责任单位，各区园林绿化主管部门为项目组织单位。

朝阳区重点绿色通道绿化建设，本着宜宽则宽、宜窄则窄的原则，道路两侧各建30~50米宽绿化带，体现大气流畅、开放活泼、清新优美、简洁明快、和谐自然的总体建设思路。重点绿色通道在朝阳区有4条，即机场二通道、机场南线、京津高速第二通道和京津城际铁路。涉及金盏、孙河、崔各庄、东坝、平房、十八里店、豆各庄、黑庄户八个地区办事处，绿化带总长度36.51公里。2008年开工，至2010年共完成111.33公顷，其中重点段26.38公顷。2009年9月，朝阳区绿色通道完成部分接受并全部通过了市园林绿化局、市发改委组织的检查验收，其中机场二通道绿化工程被评为全市重点绿色通道建设的优质工程。

## 四、城市防护林带

1950 年，中华人民共和国卫生部就卫生防护林带的建设作出了明文规定。从 1955 年开始，北京先后在西北郊、东北郊酒仙桥工业区、日坛东侧建设了三条卫生防护林带，总面积 62.2 公顷。林带成型后，北京市园林局和北京林学院森林气象教研组合作，于 1962 年 1 月 25 日和 6 月 20 日在林带进行防风效应观测，测得透风系数冬季为 0.61，夏季为 0.44，接近防风效果理想值 0.58。数据证明林带建设树种搭配合理，结构设计比较成功。

东北郊林带始建于 1956 年，全长 4 公里，面积为 42.9 公顷，西起东坝河，东至京包线环形铁路，林带趋延西北，东南至酒仙桥，呈东西走向。主林带有三条，宽度分别为 30 米、30 米、40 米，林带间距离分别为 120 米和 110 米；副林带 7 条，平均宽度为 20 米，垂直于主林带。林带以落叶树为主，为条状隔行混交形式的半透风式卫生防护林，目的是把电子工业区与居民生活区隔离，达到理想的卫生环境。

日坛东侧林带，面积 3.22 公顷，20 世纪 50 年代中期建成。六七十年代全被居民统建楼占用；东北郊林带被电话 477 局等 6 个单位占用 3.15 公顷，80 年代又被一些商业摊群和违章建筑所蚕食，到 1990 年实存 37.96 公顷。

1987 年开始，市区外缘防护林带建设迅速发展，到 1990 年已基本建成市区外缘绿化带 491.27 公顷，其中市区东外缘绿化带，西北起自朝阳区洼里乡关西庄东侧，经洼里、南皋、金盏、来广营、东坝、常营、管庄、双桥农场、十八里店至豆各庄，全长 70 公里，绿化面积 320 余公顷，到 1990 年完成绿化总长度 55.5 公里，栽植树木 31 个品种 433174 株。

朝阳区的东南部主要为化学、制药工业区，大气受到持续的污染，生态环境遭到一定破坏。为改善这一地区的生态环境，1990 年 7 月，市纪委指示对该化工区环境进行综合治理。在反复实际调查的基础上，1990 年 10 月，朝阳区人民政府提出《关于在朝阳区东南部工业区营造多层次卫生防护林的十年规划方案》，推动了整个卫生防护林的绿化进程。1990 年 11 月 23 日，方案经北京市人民政府第 26 次常务会议原则通过。规划的总体目标是营造较完整的覆盖整个地区的多层次的卫生防护林网络。总绿化规划面积 667 公顷，种植抗污染的高大乔木 100 万株，覆盖率达 32%，并根据工业区的实际情况，首先建设化工路东段卫生防护林带，进而推动整个卫生防护林的绿化进程。

为实现方案，经北京市人民政府批准，成立了以宋维良区长为指挥，单昭祥、陈向远等为顾问的指挥部，下设办公室，具体负责营造计划。1990 年底，全市的卫生防护林带共有 4 条（市区外缘防护林带看作一个整体），总绿化面积 554.75 公顷。

1991~1992 年完成化工路东段防护林带绿化。在西北起窑洼湖、东南至焦化厂全长 6.2 公里路段，完成绿化面积 22.56 公顷，栽植千头椿等抗污染高大乔木 26528 株，这一地带初步形成了绿色走廊。西起西大望路、东至铁路桥，全长 3.3 公里的广渠路东段卫生防护林带，本着"因地制宜、适地适树、宜宽则宽、宜窄则窄"的原则，东南侧新建了宽 30 米的防护林带，绿化面积 6.7 公顷，植树 3722 株，该段绿化属新建工程，是朝阳区东南部工业区卫生防护林网络的一部分，由原朝阳区农林局设计，王四营乡和南磨房乡分别组织施工。堡头南（杜家坟）8.33 公顷片林也是卫生防护林带一部分，植树 9021 株，由原朝阳区农林局设计。

## 五、平原造林

森林是生态建设的主体，具有涵养水源、固土保肥、固碳制氧、保护生物多样性、净化环境、防风固沙等生态效益。在平原地区营造城市森林，形成大面积绿色空间，将使城市森林覆盖率尤其是平原地区森林覆盖率大幅提升，增加城市森林资产总价值和生态服务价值，同时增加固定二氧化碳和释放氧气，有效降低 PM2.5 浓度，有效改善首都空气质量；减少农业用水，提升城市宜居环境和幸福指数，满足市民绿色休闲需求，吸纳农民就业并促进农村经济发展。

### 1. 北京平原地区生态规划布局

按照北京城市总体规划、土地利用总体规划和绿地系统规划中确定的"两环、五水、九楔"平原地区生态空间结构要求，平原造林工程空间布局确定为"两环、三带、九楔、多廊"。重点搞好首都机场周边和航空走廊，奥林匹克森林公园向北延伸至六环路，南中轴五环至六环之间绿化，京沪高速、永定河等重点道路、河流两侧加宽、加厚，推进楔形绿地建设，构建大规模的带状区域森林生态体系，促进城市气流和生物流的畅通，同时缓解城市热岛效应。

布局中的 "两环"，是指五环路两侧各 100 米永久性绿化带（包括城市郊野公园环），形成平原区第一道绿色生态屏障；六环路两侧绿化带加宽加厚，形成平原区第二道绿色生态屏障。"三带"是指永定河、北运河（包括温榆河、南沙河、北沙河）、潮白河（包括大沙河）每侧不少于 200 米的永久绿化带。"九楔"是指在九个楔形限建区，通过建设功能明确、规模适度的四大郊野公园组团和多处集中连片的大尺度森林，形成连接市区与城市外围、隔离新城之间、缓解热岛效应、生态作用明显的九大楔形绿地。"多廊"是指重要道路、河道、铁路两侧的绿色通道，以及贯通各区域森林景观、公园绿地的健康绿道（步行道、自行车道等）。

### 2. 朝阳区平原造林发展概况

为落实北京市关于实施平原地区万亩造林工程部署，朝阳区在 2012 年成立了万亩造林领导小组和指挥部，办公室设在朝阳区绿指办。当年，平原地区万亩造林春季计划完成 505.33 万平方米，全年实际完成 642.13 万平方米，植树 37.5 万株，超额完成造林任务。建成一批平原造林精品地块，高水平完成温榆河大堤 1260 亩造林绿化任务，成为全市平原造林示范性工程。

2013 年研究制定了《朝阳区平原造林工程建设项目管理办法》《朝阳区平原地区造林工程建设资金管理办法及拨付使用流程》，明确部门工作职责，规范造林工程专项资金拨付使用流程。加强质量管理，改变往年平原造林简单栽植片林的方式，组建园林景观施工专家组和技术指导组，对平原造林工程从设计、施工到验收，从苗木挑选、修剪到后期养护提出专业的指导意见，确保工程质量符合技术规范要求；同时，集中多方优势，精心设计施工，将东郊公园建设成为朝阳区绿化建设的又一景观亮点。该年的平原造林工程涉及东坝、金盏、孙河、崔各庄、将台、太阳宫等 9 个乡和首农集团双桥农场 1 个国有单位共 35 个地块，分为 5 个项目，建设景观生态林。完成面积 576.93 万平方米，栽植树木 36.17 万株，超额完成全年计划的 105.5%。

2014 年以景观生态林和通道景观防护林为主，涉及东坝、金盏、孙河、崔各庄等 11 个乡，共 92 个地块。完成平原造林绿化 457.91 万平方米，共栽植树木 25 万余株。北湖渠村、崔各庄、孙河、来广营段成为城市森林的景观亮点。该年制定了《平原造林工程林木资源养护管理办法》等一批资源保护的规范性文件。2013 和 2014 两年共完成建设任务 61.7 万亩，植树 3367 万株，平原地区千亩以上生态片林达到 119 块，形成了 11 处万亩以上大型绿色板块，平原地区森林覆盖率从 14.85% 提高到了 20.85%，净增 6%。

2015 年的平原造林工程类型为景观生态林和通道景观防护林，分为二期 4 个项目，涉及小红门、常营、平房、东坝等 14 个乡 32 个地块。建设面积 200 万平方米，栽植乔木 11.9 万株，灌木 16.7 万株。该年 8 月至年底，区园林绿化局进行 2012 年至 2015 年平原地区造林工程建设"回头看"工作，规范档案管理、绘制平原地区森林资源"一张图"等工作。2016 年完成平原造林任务 116.51 万平方米，全部为景观生态林建设项目。

# 第四节 奥运绿化美化建设及成果

2001 年 7 月 13 日，北京申办奥运成功。在规划中，朝阳区是 2008 年奥运会主会场、奥运村和奥林匹克森林公园所在地，31 个奥运会比赛场馆，有 13 个位于朝阳区，朝阳区的绿化美化建设对成功举办奥运会关系重大 2001 年正逢朝阳区落实"三化四区"的第一年，结合迎接奥运环境建设的需要，区委区政府和园林绿化部门对全区绿化美化工作进行了更深入细致的部署，自此，朝阳区的园林绿化任务重心开始转向奥运环境建设。按照市委市政府绿化美化首都的总体部署，朝阳区以"新北京、新奥运"为主题，"绿色奥运、科技奥运、人文奥运"为理念，确定"全面推进、重点突破、机制创新"的绿化美化工作指导思想。市区政府及相关部门大力支持帮助，全区各委办局、街乡、部门通力协作，朝阳区开始全面实施城区绿化美化五大景观工程，迎接 2008 年奥运会的召开。在绿化建设中开展各种义务植树活动，全区形成参与奥运、奉献奥运、共享奥运的浓厚氛围。

自 2000 年到 2008 年，奥运筹备的各项绿化美化工程逐渐展开并取得了丰硕的绿化成果。绿化美化各项工程的策划与实施，使得朝阳区的城区道路、公园、绿地、社区环境、奥运比赛场馆环境，无论是在水平上还是质量上都有大幅度的变化、改善和提升，朝阳区也因此为 2008 年北京奥运会的成功举办，为"绿色奥运、科技奥运、人文奥运"的实现做出了不可磨灭的贡献。

## 一、道路绿化美化

筹备奥运，迎接四海宾朋，道路绿化美化是环境建设的重点。因此朝阳区在道路绿化建设中提出了绿色通道理念。

2000 年，为将四环路建成绿不断线景不断链的绿色大道，在北四环路两侧实施了全线绿化，因此 2001 年继续建设四环路百米绿化带。2002~2004 年分三个阶段完成了五环路百米绿化带工程。2005 年完成了二环路段带的绿化美化，二环路立交桥建设和三环路景点建设，同时形成华鹏大厦北西侧步道外绿地、潘家园桥区、劲松桥区四个角分车带、华威桥北两侧桥头绿地、燕莎桥区及步道外绿地等十几处道路绿化亮点工程。

世青赛景观大道绿化工程是 2006 年绿化工程的重点，2005 年 10 月，朝阳区召开 2006 年世青赛环境建设组织筹备工作会议，决定对工体北路、农展南路、姚家园路绿化进行整体改造，打造成一条景观特色突出、环境建设规范的花园林荫示范大道。2006 年 3 月景观大道全线施工，6 月底竣工，全长 8.7 公里，完成绿化面积 57.28 公顷、栽植树木 4 万株、花卉 130 万株、新铺草坪 19 万平方米，实施铺装包括公交车站地面在内 5000 余平方米，使用景石 30 吨，道路全线呈现出树木茂盛，绿草如茵，鲜花争妍的优美生态景观，成为人文与自然生态景观相结合的首都示范景观大道。2006 年还完成了三环路段带的绿化美化，完成 18 座立交桥的垂直绿化。

民族大道景观绿化改造工程是区绿化局承担的一项市政重点奥运工程，也是一个多专业的综合工程。民族大道位于奥林匹克中心区南部，是奥运中心区的门户，被称为奥运中心区的南大门。南起北土城路，北至北四环路，西接中华民族园，东临奥体中心。全长 1180 米，改造面积 17.62 公顷。工程于 2006 年 4 月 6 日开工建设，2007 年 6 月 30 日全部完成。

民族大道的绿化设计在整体风格上也是以简洁、大气、宏伟为设计主调，采用三排银杏加国槐树阵和北侧奥运中心区相呼应，使南中轴路得以延续，从而形成一个完整的贯穿北京市的南北轴线。林荫化以大面积大规格乔木种植为主，道路中间为整齐的树阵，由南贯穿至北端，树阵下为略带坡度的草坡及铺装，两侧绿化带里则采用自然式种植，形成绿色氛围，游人在进入比赛场馆前，先穿过一个绿色、大气、内敛的廊道，由此产生欲扬先抑的效果。

为了体现中国的特色文化，由北京市雕塑办负责在民族大道最南端设置了一个极具民族特色的广场，广场铺装以汉白玉为主，镶嵌彩色琉璃马赛克，在汉白玉上雕刻了天干、地支、24 节气等文字以凸现民族特色。琉璃广场的设计理念来自于中国的 56 个民族，每一个民族都用一朵具有该民族特色的琉璃花卉造型体现，成树状分布在小广场两侧，象征着中国的 56 个民族同气连枝，同时在琉璃花内侧，布置有照明灯具。同时在农历坛的南侧设置了两个雕塑，突出民族大道"入口"的概念。雕塑以石材及陶板为主要材料，表面雕刻了象征中国人民生活的浮雕，整个雕塑高 20 米左右，气势宏大。

2007 年底，全区共绿化 85 条重点大街，并建成科荟路、林萃路等工程亮点。这些重点大街绿化建设任务中有一半属于奥运项目，涵盖了奥运中心区及赛事路线、联络线等主要干线。属于奥运道路绿化美化的项目还有安定路绿化工程、北辰西路绿化工程、北苑路绿化工程、和平里西街绿化工程、和平里西街北延绿化工程、民族园路绿化工程、五环路绿化工程（三工区）等。到 2008 年上半年，共建成 20 条特色园林大街。此外，城区绿化以奥运建设为契机，不断增添绿化美化新亮点，采用公园绿化手法，形成花园式道路的绿化美化景观，建成了一批体现文化内涵的靓丽街道。

## 二、建设城市公园

自 2000 年开始，朝阳区的公园建设，开始注重创建精品公园，为群众提供良好休闲娱乐空间。

朝阳公园是经国务院批准的北京市城市总体规划中的重点项目之一，是当时北京市最大的城市公园，2008 年的奥运沙滩排球比赛计划设在朝阳公园举行。2004 年初，区委区政府将朝阳公园建设列入朝阳区迎接奥运会，为民办实事的第一号工程和区政府 50 件实事及折子工程，当年按计划完成公园总体规划审批工作，拆迁整治工作及北部园区建设工作，于 9 月 15 日全员向社会开放，公园总面积 288.7 公顷，绿地面积 2500 亩。2005 年 10 月，朝阳公园体育园建成并投入使用，是年 12 月 28 日，举行奥运沙滩排球场工程开工奠基仪式。2007 年 8 月 9 日，朝阳公园奥运沙滩排球比赛场馆工程顺利通过竣工验收，该项目沙滩区约 2 万平方米，用沙总量 1.7 万吨，全部产自海南省东方市八所，比从国外进口节约了 2/3 的费用。

元大都城垣遗址公园建成于 1987 年，1988 年 3 月 10 日由北京市人民政府正式批准命名。2003 年区政府为配合奥运景观建设，充分体现人文奥运、绿色奥运的理念，保护元大都城垣遗址的同时，为群众创造高品质的游园环境，对元大都城垣遗址公园进行整体升级改造。工程于 4 月 1 日开工，9 月 20 日竣工，高质量完成近 5 万平方米的铺装照明喷灌及监控设施等基础工程，实施改造面积 67 公顷，新植树木 3.96 万株、绿篱 26.29 万株、花卉 33.37 万株、铺草 37.42 万平方米，摆放花卉 1.5 万盆，设置大都鼎盛大型雕塑群，配置数十组精致绿化小品和人工湿地，建成双都巡幸、四海宾朋等九大景点，完成防震减灾应急避难设施建设。建设完成后，公园成为北京城区最大的室外群雕、最大的人工湿地、最大的带状公园，也是全国第一个减震防灾应急避难场所，为广大市民提供了一个充满历史人文色彩，景观环境优美，设施齐备完善及文化休闲和应急避难于一体的大型户外场所。2006 年公园被列入全国重点文物保护保护单位。

奥林匹克森林公园是北京市重点奥运工程，位于北京市中轴线的北端，公园被北五环路分为南北两园，朝阳区担任建设，公园规划面积 680 公顷，其中水系面积 67 公顷。2005 年 6 月 30 日奠基，2006 年 3 月 18 日正式开工，2008 年 6 月公园一期建设工程完成。2008 北京奥运会期间，坐落在森林公园南区的网球、曲棍球、射箭三个比赛场馆成为各国观众瞩目的焦点，整个森林公园成为中心区赛场的绿色大背景和公共花园。

截至奥运举办前的 2007 年，朝阳区共建成公园 22 家，其中直属公园 6 家，行业管理公园 16 家，其中精品公园 5 家。

## 三、建设城市集中绿地

为体现绿色奥运的主题，城市绿地的建设遵循多栽树、多品种、多色彩、少栽草、不搞喷泉水景的原则，加快生态环境建设，推进绿地系统形成，实现城市绿肺功能。2005 年建成亮马河灌区水景花园、八里庄朝阳无限生态片林、松榆里小区绿地、三源里夏园等四处万米大绿地，呼家楼北里、麦子店曲院风荷等 11 处小绿地。在 2007 年市园林局绿地等级评定中，朝阳公园桥仰山绿地等 32 块面积为 160.5 万平方米绿地被评为特级绿地，青年路、博大路等十块面积为 22.14 万平方米绿地被评为一级绿地。2008 年上半年建成 7 处万米大绿地，区内绿地建设取得了突破性进展。

## 四、奥运绿化整治工程

2008 年上半年，朝阳区开展了四项奥运绿化整治工程。城市主要交通设施周边绿化整治完成 12 处，798 艺术园区内外绿化整治全部完成，尤其是涉及奥运中心区周边重点道路和地区的"四街两乡"，以及边角白地绿化整治工程，共完成了近 70 余处绿化新建改造项目，对提高奥运环境水平起到重要作用。截至奥运前的 7 月 20 日，实现新增绿化面积 330 公顷，实现绿化改造 220 公顷，完成了 200 余处绿化新建改建项目，实现奥运中心区周边无死角的目标。

　　绿化整治工程在超额完成任务的基础上，还建成一批景观亮点：摩根大厦北侧绿地采用规则式栽植方法建成绿荫停车场，成为奥运场馆重要的配套设施；北苑公园利用有限用地范围，创造层次丰富、和谐生动的现代园林精品；裸露的代征绿地被改造成融"自然、优美、休闲"为一体的开放式居住区公园；京顺路拆迁后绿化新工与原有林地改造实现良好结合，成为出入城区的一条生态景观大道。

## 五、改善城市居住区生态环境

　　2000 年，朝阳区的城市居住区绿化建设开始体现以人为本的理念，从满足百姓需求出发，优化设计，创建绿色社区，形成社区建在公园里、公园景观进社区的绿化美化格局。各街道办事处加大绿化改造投入，努力创造和谐自然健康优美的社区环境。2005 年，安贞街道对社区公园进行改造，实施改造面积 1.8 万平方米，种植各种乔灌木及花卉 90 余种，公园建有舞台、公共阅览室、露天舞池、儿童乐园、健身园等活动区域，建有无障碍进出口停车位、绿化用房、雨水收集系统等设施，成为生态环境优美、集文化娱乐、休闲健身于一体的综合性社区公园。该年全区有 42 个小区完成新建和改造绿化工程，完成绿化面积 26.41 公顷，创建绿色社区 23 个，建成精品小区近百个。2007 年又新建 6 处绿色示范小区，高标准完成安慧北里、柳芳北里等 56 个旧小区的绿化改造，绿化面积 46 公顷，城市居住区生态环境得到了进一步改善。

## 六、奥运环境景观布置

　　朝阳区是 2008 年北京奥运会的主赛场，为迎接奥运会，展现北京风采，烘托奥运气氛，从 2007 年下半年开始，朝阳区开始方案设计，经过多次讨论、修改，总体景观目标定位为"激情奥运，绚丽朝阳"。根据区政府的统一部署，由区绿化局负责组织实施花卉布置工作，在组织好专业队施工的同时，充分发动各街道及社会单位的力量做好花卉布置工作。截至奥运会前的 7 月 25 日，朝阳奥运环境布置工作全面完成。全区共栽摆花卉、绿植 1350 万盆，立体花坛 94 座，摆放大型花钵 700 余个。规模之大、数量之多、用材之广，均超过历史。2008 年的花卉布置，充分展示了植物特征与丰富多彩的图案造型，花卉品种主要以四季海棠、凤仙、千日红、万寿菊、金光菊、孔雀草、彩叶草等为主。

朝阳区专业绿化负责的花卉布置，重点放在奥运比赛训练场馆、场馆间联络线、城市快速路、城市主干道、高速公路、城市开放空间、立交桥、商业圈等地。花卉布置形式多样，包括地栽花卉、容器摆花、立体花坛等。地栽花卉总面积约 15 万平方米，摆花 792 万盆，其中立体花坛 17 座，大型花钵 100 个。立体花坛主要包括位于建国路金地国际中心的"时尚·马球"、东风北桥西南角的"万众一心迎奥运"、东风北桥西北角的"出水芙蓉"、四元桥的"与时俱进迎接奥运"、朝阳公园东门的"五龙戏珠"等。奥林匹克中心区栽摆花布置地栽花卉 8 万平方米，计 320 万盆，集中种植在北辰桥区、国家体育场南路等重点地段。

朝阳区公园系统结合公园及局部区域特点，布置了 17 座规模不同、造型各异的花坛，共栽摆花卉约 40 余个品种，128 万盆，烘托了奥运热烈喜庆的氛围。日坛公园围绕"喜迎奥运、五福临门"主题，在公园布置"五福临门"主题花坛、"卧龙仰首迎宾客"花卉布置组合、"日坛文化展示"花卉布置组合、"同一世界、同一梦想"模纹花组，既保持了景点原貌，展现日坛古典风格，同时也表达了对 2008 年奥运会的深切祝福。另外还有四得公园的"和谐"主题花坛、红领巾公园以奥运五环为主题的花坛设计、兴隆公园以"新北京、新奥运"为主题的花坛布置、朝来农艺园的景墙布置等。

朝阳区街道系统摆花达到 110 万盆。全区 23 个街道办事处，摆放花坛 60 余座，花钵 600 个。各街道分别在重点道路、重点地区安排了不同主题、不同风格、不同材质的花坛布置，花坛造型逼真、色彩艳丽、富有神韵，营造了良好的奥运氛围。

# 第五节  公共绿地建设

## 一、公共绿地（公园绿地）

1949 年以后，北京市早期几次城市总体规划的编制与修订中，均编制和修订了相应的绿地系统规划。随着规划的实施，促进了城市绿化的进一步发展和城郊一体化格局逐步形成，但是由于规划的深度不够，在具体指导绿地建设和管理中缺乏可操作性。

从 2000 年开始，北京市规划委员会，北京市园林局和北京市城市规划设计研究院对北京市区绿地分布、绿地面积等相关情况进行了详细的调查，根据对调查结果的分析与研究，撰写了《北京市区绿地系统规划》初审稿。2002年6月4日，北京市人民政府正式批准《北京市区绿地系统规划》。

新的《北京市区绿地系统规划》针对北京市绿地系统的实际情况做了大量的修改和补充。针对绿地布局松散、绿地系统不完善、城区绿化覆盖面积减少、热岛效应突出、公共绿地分布不均且存在盲区，公共公园容量超负荷等主要问题，提出了以人为本、生态优先、城乡一体、完善系统、美化城市、文化建园、发挥绿地多种功能，创建最佳人居环境的指导思想。

规划中涉及朝阳区的重点项目有四环路景观防护林带；结合河道、道路放射线和绿化隔离地区绿化建设的楔形绿地，朝阳区有小月河，机场路，来广营等绿地；绿化隔离地区公园环中的奥林匹克公园；五环路防护林带等项目。

自2007年开始，公共绿地开始改称为公园绿地。在园林指标解释中，公共绿地又称为公园绿地，其中不包括道路绿地和附属绿地。公共绿地中应该建有园林附属设施如座椅、园路或小广场等，即可供游人休闲游憩的集中绿地。居住区中的集中绿地，如果建有一定的附属设施且面积达到4000平方米以上，也按居住区花园计入公共绿地。桥区绿化不计入公共绿地，从引桥围合范围全部按道路绿化计入绿地指标。

### 1. 公共绿地建设概况

朝阳区街头绿地建设始于20世纪60年代的东大桥三角地，随着城市建设的发展，街头绿地的建设水平逐年提高。1970年以后，随着城市道路的改扩建，利用道路两侧和路口空地建设绿地有了一定的发展，先后建成了小关、大山子、酒仙桥、八里庄等街头绿地。1976年东大桥三角地建设成为街心花园，1990年经过改造提高，其绿地功能更加显著。

自1980年朝阳区第三次党代会提出"以城市工作为重点"后，绿化美化工作开始提升到十分重要的位置。随着绿化工作的广泛开展，北京街头绿地也呈现出建设高潮。1982年2月，北京市园林局在《认真贯彻中央书记处四项指示种树种草种花，绿化美化首都》的报告中提出："积极创造条件，发展街头绿地"，并总结了发展街头绿地的可行性及其社会效益："利用道路两侧的小片空地，把它建成街头小公园绿地是近期提高城市绿化美化水平比较切实可行的办法。"当时面积稍大的街头绿地，除了种树种草种花外，还修建了小型园路、广场、花坛、栏杆和棚架等园林小品，设置一些座椅、果皮箱，供附近居民乘凉休息，练太极拳，读书看报。

1983 年朝阳区建设局更名为朝阳区园林局，负责城区专业绿化美化工作。经过 1984 年庆祝建国 35 周年、1990 年举办亚运会两项大型活动，朝阳区城区街头绿地的数量逐年增加，面积逐年扩大，绿化美化水平随之得以逐年提高。1980~1990 年，朝阳区先后建成工体北、新源里、大望路、广渠门外大街、三里屯东楼前、亮马桥、白家庄、和平街、团结湖西门外、三里屯服务楼、农业展览馆正门前、朝阳剧场前、关东店、芳草地、化工路等街头绿地。1989~1990 年是亚运会前的重要建设期，北京市新增城市园林景点和景区 20 个，其中元大都城垣遗址公园的"海棠花溪"和西坝河桥区的"坝桥金色"两个景点位于朝阳区。

1990 年以后，"八五"期间市政府提出了"巩固、完善、提高、发展"的方针。1991 年春季，北京市领导在进行绿化检查时提出了绿化美化的具体标准"四十字要求"，即"市树为主，品种众多，多多益善，四季常青，三季有花，花无断时，几花并开，灌草多乔，盆花点缀，宿根入地"。

随着城市道路建设的快速发展和道路绿化水平的提高，尤其是建设优美城市、健全生态环境的需要，朝阳区街头绿地建设水平逐年提高，形成了独具特色和多功能的都市园林街头景观。尤其是提高了园林艺术水平、扩大了绿地面积，使朝阳区的绿化美化建设迈上了一个新的台阶。

"八五""九五"期间，按照北京城市建设总体规划确定的目标，认真贯彻"八字方针"和"四十字要求"，适应城市建设和经济发展，朝阳区开始大力美化城市、改善环境，加大道路绿化的改造力度，注重层次感、立体感、色彩感，增强景观效果。各级各类绿地要求结构与布局合理，按照系统的整体布局成为其组成部分，体现古都风貌与时代精神，力争每一处绿化都成为样板工程。同时开发应用新优品种，丰富绿化景观。1991 年完成的"坝桥金色"二期绿化工程展现出壮观的金秋景色。同年建成的"丹凤朝阳"八里桥环岛绿地成为由东部进入朝阳区的入京第一景观。

区政府 1993 年提出"以绿引资，引资建绿，引资养绿"，将美化绿化和发展经济紧密结合起来，并取得一定的成绩，其中以兴隆公园和四得公园项目尤为突出。

1997 年建成大面积草坪的郡王府绿地，1998 年建成文化部绿地、郡王府文化休闲广场绿地，其中郡王府文化休闲广场绿地评为优质工程，成为园林艺术中西结合的最佳典范。同年东大桥三角地绿地经过改造，其绿化美化质量和景观效果受到上级绿化部门的奖励。1998~2000 年建设小绿地 65 块 11.6 万平方米，对朝阳路东段南侧、亚运村旧安立路、安贞外馆斜街、六里屯八里庄南里等实施拆违建绿 58 万平方米。1999 年，朝阳区为全面落实市政府制定的改善城市生态环境的一系列重要措施，在迎接国庆 50 周年之前，对主要道路和重点地区进行绿化整治，并结合综合整治拆违还绿，做到见缝插绿，实现黄土不露天。

从 1999 年开始，市园林系统以城市中心区集中绿地建设为重点。在城郊八区土地紧缺的情况下，连续四年开辟万平方米以上集中绿地，有效地改善了首都城市的生态环境质量。共完成万米大绿地 14 处，面积 31.45 公顷，其中朝阳区建成安贞西里"风之广场"万米绿地。2000 年北京市继续加大集中大绿地的建设力度，并将其列入市政府为群众办的 60 件实事之一。朝阳区建成罗马花园、阳光广场、水碓子三个万米和万米以上大绿地。2001 年朝阳区完成了大山子和郡王府两处大型绿地。其中郡王府绿化广场占地面积 5.89 公顷，是北京城区最大的绿化广场。郡王府绿地是四环路进入朝阳使馆区及 CBD 中央商务区的重要入口，是朝阳区重要绿化工程之一。郡王府绿地二期工程绿化面积为 14127 平方米。二环路绿地朝阳段于 2002 年改造完成，同时建成了太阳宫两块大绿地。该年先后建成 8 块万米以上的大绿地，结合旧城改造建成了近 200 块小绿地。万米大绿地工程和小绿地建设，是朝阳区坚持以人为本、实施城区绿化的五大景观工程之一，为朝阳绿化美化增添了新的亮点，大大改善美化了朝阳区的城市环境。

到"十五"末期，城市绿化覆盖率达到 43%，城市人均公共绿地面积 15 平方米。"十一五"（2006~2010 年）时期，完成奥运会筹办、国庆 60 周年各项建设及环境整治任务。建成世青赛景观大道、民族大道、奥运道路连接线等园林特色大街 239 条、安立路大绿地等集中绿地和四惠桥、四方桥等重要景观节点 49 处。五年间全区新增绿化面积 1227 万平方米，改造绿化面积 1217 万平方米，城市绿化覆盖率达到 45%，比"十五"末期增加 1.8 个百分点；人均公园绿地面积达 25 平方米，比"十五"末期增加 10 平方米。

到"十二五"末期，城市绿地达到 14497.35 公顷，绿化覆盖率达到 47.5%，人均公共绿地面积达到 15.65 平方米（因市局统计口径有所改变，将原户籍人口改为现常住人口，所以此项指标下降。如果按照户籍人口，人均公共绿地面积是 30.06 平方米）。

## 2. 公共绿地重要建设成果

### 坝河绿地

绿地位于北三环东段，以坝河桥为中心向两侧延伸为狭长绿化带，长 2093 米，面积 76967 平方米。一期工程于 1990 年 2 月开始施工，同年 9 月竣工。二期工程于 1991 年 3 月 20 日开工，同年 4 月 20 日竣工。"坝桥金色"景点设计取五行之首"金"为主题，金是光辉、美好、丰收的象征。一期工程植物配置以片状和带状自然栽植为主，树木花草复层栽植，银杏作为基调树种。此外还选用了黄花、黄叶的植物种类，四季皆有金色景观。在坝河桥东南立有一黄色花岗岩雕成的状似银杏叶的石碑，上面镌刻着由书法家王遐举书写的"坝桥金色"四个金色大字。二期工程以银杏、栾树、白蜡等黄花黄叶树木为骨干，景区的种植以片状和林带的方式配置为主，其中栽植银杏 1000 株，乔灌结合，高低错落，疏密相间，金秋的景色尤为壮观。二期工程共计栽植各种乔灌木 3 万余株，计 30 个树种。1992~2003 年间先后多次进行改造。1999 年被评为北京市亮丽工程三等奖，2002 年荣获市级精品绿地称号。

### 郡王府绿地

郡王府文化休闲广场南起农展南路，东与东四环路相接，北邻朝阳公园，占地 5.89 公顷，是 2008 年北京奥运会世界各国运动员休息和娱乐的俱乐部，也是北京最大的文化休闲广场。郡王府文化休闲广场绿化是北京市万米绿地建设重点工程，2001 年 5 月 15 日开工，9 月 13 日竣工，9 月 15 日向市民开放。一期工程完成绿化面积 5 公顷，植树近 2000 株。广场以绿地为主，其中大树占绿化面积的 75%，与郡王府建筑交相辉映，形成宏大整体气势，显示出中国传统的山水园林特色和皇家园林风范。广场门前有仿古牌楼，内设静态叠泉、雾喷泉、石桥，取意于朝阳区标志"丹凤朝阳"的花带造型、"一帆风顺"和仿悉尼歌剧院的"贝壳"索膜结构建筑造型等，充分体现了中西园林艺术完美结合的理念。二期绿化工程于 2002 年 5 月开工，6 月 30 日竣工，完成绿化面积 6820 平方米。绿化设计以天圆地方传统布局为主，道路与花带图案采用凤飞九天的元素、以郡王府中轴线为中心向外扩散构成布局。绿化种植体现西方规整式栽植手法与中国自由式园林相结合。花池由常绿乔木、常绿灌木、时令花卉组成，形成一个巨大的自然盆景。

### 公园大道万米绿地

绿地位于农展南路与东四环相交的朝阳公园桥西南角。2007年朝阳区绿化局实施绿化建设，绿化面积2.6万平方米。绿地主体为L形，有两大景区。南侧及西侧为居住区的栅栏围墙，北侧紧邻农展南路，东侧为两湖连通的河道。农展南路一侧设计起伏的微地形种植各类苗木，将绿地分割成2块；邻近道路一侧主要栽植各类观赏树种及奥运新优花卉，营造色彩变幻，高低有序，一步一景的自然式城市景观；邻近居住区一侧主要栽植各种高大乔木形成绿色屏障，遮挡道路噪音。以四季有景，春花秋叶为主题，将原有外露电信井改造成优美的景观假山。该项目被评为2007年度朝阳区绿化局优质工程奖。

### 仰山大绿地

绿地位于安立路东侧，西至安立路，东至绿地红线，南至北五环路，北至立水桥。绿化面积13.33万平方米。2007年9月建设，历时两个月，改造面积2.8万平方米。种植乔木1018株、落叶灌木4058株、月季1100株、竹子207株、色块1882株、宿根花卉1万株、草坪2.03万平方米。绿地中设有地形起伏，在地形上修建园路及广场。游览道路沿地形平面曲折布设，形成竖向的高低起伏和平面的空间朝向变化。植物种植风格大气，植物品种丰富，复层植物种植结构明确，形成不同欣赏空间，为特级绿地。

### 绿无限公园万米生态林

该地东起十里堡中路，西至京包铁路，南临朝阳无限小区，北邻二道沟河。该区域建设前属城市代征绿地，有近8000平方米的施工暂设且垃圾成堆。2005年进行公园建设，绿地占地面积1.42万平方米（总长237米，平均宽度60米），其中绿地面积9400平方米，广场600多平方米、甬路4000平方米、人工湖200平方米。分为运动区、娱乐区、休闲区、儿童娱乐区、生态区五大区域，是集运动、休闲、娱乐为一体的免费开放生态公园。

### 大屯文化广场

原称阳光广场，西侧紧邻奥运景观大道安立路，距离鸟巢800米，2000年由北京市建工集团开发公司代征绿地建设成街头公共绿地。2007年3月大屯街道办事处实施大规模改造升级并定名为大屯文化广场。工程面积2.67万平方米，其中绿化面积1.73

万平方米、铺装面积 9360 平方米。栽植常绿乔木 560 株、落叶乔木 313 株、常绿灌木 950 株、落叶灌木 2670 株、色块 1000 平方米、竹类 1150 墩、藤本植物 30 株、木本花卉 1300 株、宿根花卉 3.6 万株、时令花卉 3 万株、草坪 1.32 万平方米。该项目获得首都绿化美化优秀工程一等奖、首都绿化美化优秀设计二等奖、区街道系统园林植物修剪评比一等奖。

## 二、小微公园

小微公园,是由朝阳区率先提出的进一步完善全区绿地的系统规划。建设小微公园的目的,是合理利用城市街道社区的零散空间和垂直空间,针对人口密集同时绿化基础相对薄弱的地区,通过拆违建绿、见缝插绿等措施,以居民出行 500 米可见公园绿地为基本目标。充分利用社区周边小面积的街头、道路绿地,建设"小微公园"。小微公园的建立,可以配合立体绿化、垂直绿化、屋顶绿化、阳台摆花等形式,打造并形成地区自然生态,立体交互的绿色开放空间,是绿化工作进一步深入群众的便民工程。在朝阳区"十三五"规划中,计划自 2016 年起每年建设小微公园 20 个,五年共完成 100 个小微公园的建设目标。

2016 年,朝阳区园林绿化局为落实区"十三五"规划提出的"新建和改造百个大中小微型公园"任务,重点实施了秀木广场绿地、宜家门前绿地、潘家园小绿地等 25 处小微绿地的改造建设,共新建、改造公园绿地约 26.67 公顷。

2017 年新建、改造 25 个大中微型公园。其中两个中型公园为坝河公园和大望京国际科技商务园区绿化景观公园,坝河公园面积约为 19.3 公顷,大望京公园约为 7.3 公顷。完成松榆里公园、东风北桥地铁口、华侨城小公园等 23 个小微公园建设。其中枫竹园是该年朝阳区首批建设改造的大中小微型公园,位于东风北桥地铁站西北角,总面积约为 1.9 公顷。以枫树、槭树科植物和竹子为主要特色,形成四环辅路绿化转角的地标性景观。

小微公园的建设,进一步提高辖区内公园绿地 500 米服务半径覆盖率,提升公园绿地的绿化品质,促进公共绿地的均衡布局,为居民提供更多更便捷的休闲健身和文化活动场所。

## 小微公园建设项目统计表（2016~2017 年）

| 年份 | 子项目名称 | 面积（平方米） |
|---|---|---|
| 2016 | 昆泰酒店周边绿地绿化景观提升项目 | 47667 |
| | 机场二通道（东坝中路进京方向） | 8300 |
| | 秀木广场（朝阳公园桥东北角） | 17400 |
| | 通惠河北路休闲公园 | 4200 |
| | 丽泽公园 | 6395 |
| | 东土城路口小公园 | 682 |
| | 文学馆路西侧小公园 | 576 |
| | 文学馆路东侧小公园 | 1242 |
| | 新悦公园 | 11808 |
| | 望京西园一区小公园 | 3100 |
| | 水碓子小公园 | 2000 |
| | 广顺南大街地铁口小公园 | 10000 |
| | 观悦公园（王四营） | 16345 |
| | 紫薇公园 | 39000 |
| | 惠新西街南口地铁口小公园（小关） | 610 |
| | 惠新东街南口小公园（小关） | 1909 |
| | 小关三角地小公园（亚运村） | 3220 |
| | 大屯小营北路代征绿地小公园 | 8500 |
| | 管庄北二里代征绿地小公园 | 7012 |
| | 大屯文化广场 | 26700 |
| | 司辛庄 | 4800 |
| | 家乐福北侧片林 | 8400 |
| | 德云文化广场绿化工程 | 11500 |
| | 潘家园 | 15600 |
| | 家乐福门前 | 9700 |
| 2017 | 楼梓庄桥东北角小公园 | 16997 |
| | 平房桥区小公园 | 18768 |
| | 松榆里公园 | 10165 |
| | 东风北桥地铁口小公园 | 20997 |
| | 延静里西街小公园 | 1473 |

| 年份 | 子项目名称 | 面积（平方米） |
|---|---|---|
| 2017 | 垂杨柳南街小公园 | 1200 |
| | 百子湾南二路小公园 | 518 |
| | 安苑里东侧小公园 | 1185 |
| | 华龙美树小公园 | 11113 |
| | 将台东路公园 | 74646 |
| | 营盘沟路及中街小公园 | 19224 |
| | 广渠路与东四环交叉口西北角小公园 | 3071 |
| | 紫檀大厦小公园 | 24420 |
| | 华侨城公园 | 33120 |
| | 垡头健康大道小公园 | 4700 |
| | 草场地代征绿地 | 6532 |
| | 来广营中关村电子城代征绿地 | 23273 |
| | 王四营小公园 | 20000 |
| | 望京东站小公园 | 48629 |
| | 常青藤小区代征绿地 | 3159 |
| | 常营连心园 | 3000 |
| | 来广营村代征绿地 | 16700 |
| | 吕家营海棠休闲公园 | 7000 |
| | 大望京商务科技园区 | 72000 |
| | 坝河休闲公园 | 193000 |

# 第六节　道路河道绿化

## 一、道路桥区绿化

### 1. 城区道路绿化

中华人民共和国成立初期，朝阳区辖域内仅有朝阳路、北苑路两条较为成型的路，行道树极为稀少，品种多为杨树、柳树和槐树。20 世纪 50 年代初期，北京市园林绿化实行一级管理，先后绿化了安外大街至和平里、朝阳门至东大桥、呼家楼至红庙路段、东直门路至酒仙桥等街道。

1955 年 2 月 5 日，中共北京市委作出关于加强北京市造林绿化工作的决定，要求对新辟的主要干道应有计划的种植农村的行道林带，逐步地建成林荫大道。1956 年中央号召大搞四旁绿化，北京市委继而提出三年绿化北京的任务，使街道绿化迎来了一个建设高潮，建设速度因此大大加快，到 1958 年形成道桥绿化第一次高潮。与此同时，中共北京市委又提出了绿化结合生产的方针，朝阳区的道路绿化开始向农村扩展，出现了大量栽植果树的新形式，从大郊亭到焦化厂的道路两侧栽植了核桃树，还在东直路（首都机场路）两侧收地 260 多公顷，进行全面规划，1959 年进行了大面积的路树栽植，共计有各类乔灌木 6 万余株，苹果、梨、桃、葡萄、山楂等果树 10 万多株，建立街心公园 3 处。

自 1958 年开始，北京出现了三块板式道路，这种道路绿化的形式开始伴随北京道路、桥区建设与发展，逐渐形成了北京道路建设独特的风格。1960 年朝阳绿化队成立，负责全区南至广渠路、化工路，北至北苑路，西至德胜门，东至八里桥共计 21 条道路 30 余万株行道树、1000 余平方米草坪的养护、管理。该年先后绿化了日坛西路、三环路、东大桥路。1960 年绿化了日坛西侧路，建国路和东大桥路。1961 至 1964 年绿化了北三环路、化工路、日坛北路、东三环路、日坛北街、百子湾路、针织路、光华路、使馆路、西大望路、京通路、和平东路等道路。

1963 年，朝阳区道路绿化由区政府所属建设科、农林科共同负责组织国、社合栽行道树，共计道路 63 条，栽植杨树、柳树、国槐等树木 4 万余株。随着国民经济的好转，从 1964 年开始，城市道路绿化水平逐渐提升，城区道路绿化面临着上档次、上水平的形势，注重环境绿化效果，力求"黄土不露天"。1965 年 9 月北京市对全市几十条道路绿化状况进行了全面勘察。包括朝阳路、建国路、广渠路、北苑路等道路，都采取了见缝插绿，增植花灌木的办法，增加绿化层次、厚度，逐步向乔、灌、草相结合的立体化绿化模式发展。至此，朝阳区辖域内所有土路、柏油路全部实现了绿化，开始向三块板式的多层次、立体化绿化模式发展。该时期成为朝阳区绿化建设中道桥绿化由一般绿化向精品绿化发展的一个新的转折。

1966~1976 年期间，道桥绿化并没有处于停滞状态，城市道路绿化工作基本处于局部调整状态，但也没有大的发展，部分原有道路进行了更新补植，少量新建道路进行新植。至 1972 年，绿化队管辖的道路已达 130 条。1976 年北三环更新落叶乔木 300

株。1977 年东三环植树 830 株。

20 世纪 60 年代中期和 70 年代初期，是世界各国与中国建交的两个高潮期，60 年代又在三里屯开辟了北使馆区。南、北两个使馆区内和周边建有道路 33 条，总长度 23.03 公里，道路绿化和养护管理由朝阳区专业绿化队伍负责，先后新植绿化了三里屯 5 号路、东外大街、三里屯东街、三里屯东一街、建外秀水路、秀水南路、秀水东路、日坛路、日坛东路、东光路。行道树以单一品种为主，体现出当时"抓革命，促生产"的绿化效果。

1978 年党的十一届三中全会召开，标志着社会主义建设进入了改革开放的新时期。1978 年春季，北京市委要求种树种草、种花，绿化美化首都，当年全市共植树 110 万株。东大桥南北线的绿化改造从 1981 年开始，增加了绿篱、草坪，安装了护栏，新植了大桧柏、花灌木、乔、灌、草结合，三季有花、四季常青，全线绿化美丽壮观，立体感强，有层次、有厚度，受到市、区领导和园林绿化主管部门的肯定与表扬。朝阳路的绿化改造重点是红庙至十里堡段，绿化改造后的"纺织城"干线焕然一新，在一段时期内体现和保持了当时道路绿化的较高水平。

80 年代初期，随着城市道路的改扩建，出现了大量的三块板式道路，朝阳区把新建道路绿化统一纳入道路基本建设，在道路建设的同时铺设绿化用水管线，北京的城市道路绿化进入了一个新的发展阶段。重点绿化了机场路、建国门大街等若干干道。至 1982 年，朝阳区城区先后完成 37 条干线道路绿化和绿化改造任务，重点有朝阳路、和平街、劲松路、东大桥南北线的绿化改造。1983 年重点绿化了朝外大街、朝阳路、工体路、劲松路、广渠门外大街、姚家园路、酒仙桥路、和平街、西大望路、新东路、使馆区路等重点大街，植树 10192 株。新建扩建了三里屯南路、关东店北街、东外大街东段、亮马河北岸、京通路等道路，植树 6886 株，其他道路和公园植树 3666 株，工程植树共计 20744 株。该年朝阳区全区普遍推行"门前三包"责任制，2225 个沿街单位共承包道路 122 条，绿化 474 处（计 80552 平方米），树木 39978 株。

1984 年，中央绿化委员会对京、津、沪三市绿化进行了检查，对北京市的绿化建设给予了肯定，认为道路绿化气魄大、行动快。1985 年北京市围绕着"一条线、两条河、十五条道路"开展绿化，朝阳区为东大桥南北线、亮马河、朝阳路。1985 年 12 月召开的北京市第二次园林工作会议，明确一段时期内城市道路绿化以天安门广场为中心，沿二、三、四、五环和市区边缘建设 5 个层次的环形绿化带。

城区道路绿化养护管理 1985 年为 164 条，1986 年将 59 条农村道路移交给原区农林局管理后减少到 105 条，至 2003 年增加到 271 条，374.26 公里。1986 年至 1988 年北京市对道路绿化重点进行调整和充实，1986 年第四季度开始对二环路进行了大规模环形绿化带的建设。

1989 年庆祝建国 40 周年、迎亚运和 1990 年亚运会召开，道路绿化继续要求上水平、上档次。为迎接第十一届亚洲运动会在北京召开，重点绿化了城市主干道和各体育场馆连接线，全年共完成工体北路、东外大街、姚家园路、旧安立路等线路，其中重点是北四环路的绿化。朝阳区养路队发扬了自力更生、艰苦奋斗的精神，克服了条件艰苦、材料奇缺、投资少、任务重等困难，坚持了少花钱多修路，不花钱也要修好路，以创收保养护的指导思想。1990 年完成北四环路、安立路、朝阳路、三环路东段的绿化工程。

1991 年 9 月，朝阳区第六次党代会提出要继续认真宣传贯彻党中央关于首都建设方针的"四项指示"和"十条批复"，把广大干部、群众的思想和行动统一到中央的指示上来，本着"人民城市人民建，人民城市人民管"的精神，发动群众为实现《北京城市建设总体规划方案》的美好蓝图，齐心协力，共同奋斗；提出要加强城乡环境建设，继续发动和依靠社会各单位及广大群众，治理脏乱差，努力完成"七五"绿化规划。1994 年 12 月，朝阳区第七次党代会对今后五年经济和各项事业建设的主要任务中提出：城市各项新的建设要注意保持古都风貌，体现时代精神、民族传统和地方特色。

1996 年区园林局管辖的 116 条道路绿地中，63 条一级路，34 条二级路均做到了青枝绿叶，长势旺盛，无病虫害，无缺株。按局绿化养护达标升级要求，在全面达标基础之上进行验收，一级路达 68 条，二级路达 38 条。在一级道路及绿地中，迎宾线、安华桥按花园式道路和绿地进行改造和加强养护管理。该年在养护管理上向集约式管理迈出步伐，与此同时，养护管理注重了科技的运用及推广，如冷型草栽植及养护、花卉新品种试用，生物农药推广使用等。

1999 年，全区街道系统完成亮丽工程，其中示范街全长 18875 米，铺设彩色广场砖 184294 平方米，盲道 26151 米，铺草坪 112411 平方米，种植花卉 153713 株。"黄土不露天"工程完成 50 条道路，铺草 218776 平方米，铺装 49245 平方米，从空间到地面满目青翠，绿草如茵，清新美观。

2002 年，由朝阳区绿化局组织实施的全区重点道路绿化工程完成，包括 16 座桥体和四环路部分路段垂直绿化工程。东四环路百米绿化带新增绿化面积 12.46 公顷，改造 16 公顷。北五环路一期百米绿化工程、京顺路进京形象工程、京津塘路和京沈路两侧永久绿化带加宽加厚工程，共完成绿化面积 300 公顷，植树 90 万株。

1993~2003 年十年间，朝阳区继续贯彻北京市提出的绿化美化"八字方针"和"四十字要求"，贯彻落实《北京城市建设总体规划方案》，把园林绿化作为建设一流水平的现代化国际城市的重要基础设施，道路绿化在调整、巩固、充实的基础上，着重提高绿化水平。

2004 年，以二环路、三环路、四环路为重点的道路改造取得显著成效，进一步提高环路两侧绿化水平。改造望京地区城铁沿线，绿化改造面积 9840 平方米，使沿线一带环境得到有效改观。区域内其他重点道路绿化改造取得新进展，完成朝阳路十里堡至青年路北侧步道外、姚家园路两侧步道外、化工路王四营路段两侧步道外绿化改造，启动朝阳北路绿化喷灌系统工程大幅度提升重点道路的绿化档次。

2005 年，完成二环路段的绿化美化，二环路立交桥建设和三环路景点建设，同时完成华鹏大厦北西侧步道、潘家园桥区、劲松桥区、华威桥北两侧桥头绿地等十几处建设。2006 年，朝阳区结合专群和道路移交情况，全面完成三环路绿化美化工程，完成十八处立交桥垂直绿化，重点实施惠新东桥、望京桥及东四环迎宾线的所有立交桥垂直绿化。2007 年，朝阳公园桥、仰山绿地等 32 块面积为 160.5 万平方米绿地被评为特级绿地，青年路、博大路等 10 块面积为 22.14 万平方米绿地被评为一级绿地。2008 年的重点绿色通道绿化建设工作，在朝阳区有 4 条，涉及八个地区办事处，总长度 36.51 公里。计划实现绿化面积 153.03 公顷，年内完成 99.9 公顷。年内完成的绿化项目任务还有南四环百米绿化带建设、京顺路（大山子桥）绿化改造工程、建外街道东长安饭店南侧新建绿化工程等十几项工程。2009 年春季，重点绿色通道绿化建设任务全部完成。完成区折子工程要求的道路绿化改造 50 条。2010 年内，朝阳区完成重点绿色通道即机场二通道、机场南线、京津高速第二通道和京津城际铁路扫尾工程。完成辛店路东延、湖光中街立交桥西侧绿化、太阳宫西路道路绿化等 28 项工程。

2011 年，实施城市景观绿量提升，三环路增绿添彩工程使朝阳区境内的三环路整体提亮增色，展现出"月季成环、大树成线、绿色成链"的优美景观。重点建成老迎宾线、朝外大街等 55 条环境优美示范大街，完成地铁十五号线周边绿化。2012 年，以服务市民休闲、改善区域生态环境、提升城市形象为目标，实施"增绿添彩"工程，通过丰富绿地植物种类和层次，完成全区范围内三环路、四环路、五环路 78 万平方米绿地的改造提升。其中四环路改造提升工程亮点突出，完善提升绿地面积占四环路整体绿化面积的四分之一，全线建成南四环环城两侧带状绿地、十八里店桥、朝阳公园桥3处景观节点，形成多层次立体化的道路景观效果。此外还完成朝阳路、京通路、京哈高速等18条重点道路的绿化改造。2013年，完成了成寿寺路二期绿化改造工程、裕民路绿化改造工程等市级环境优美大街绿化工程。完成东风中心路绿化改造工程、南使馆区等8个转角绿化工程。完成朝阳路绿化工程、日坛西路绿化工程、小营北路等区级环境优美大街绿化工程以及朝阳区环境优美大街建设等环境整治。2014年，实施高标准道路绿化，重点对区域范围内的铁路、城铁、地铁周边、交通枢纽周边的17条重点道路实施改造提升，总面积49.75万平方米。

2015年，实施区级重点道路绿化美化项目（一期），总面积8.09万平方米，包括中轴路绿化、二环路外交部门前绿化、百子湾南一路等四条道路绿化。完成了APEC会议途经包括京承、京包、五环在内的7条道路38.58公顷的绿化工程，突出了京承高速沿线绿化改造这一亮点，总施工面积约20公顷，创造首都别具特色、景观一流的绿色通道。2016年。完成连接首都功能核心区和北京城市副中心的广渠路二期道路绿化工程；完成机场二通道、樱花东街、广顺北大街、育慧南路等区域内24条重点路段绿化改造。2017年，完成奥林西路、北苑路等30条重点道路改造。

### 2. 道路绿化重点精品工程

#### 二环路（朝阳段）

1986~1988年，北京市对道路绿化进行重点调整和充实。1986年第四季度开始，对二环路进行了大规模环形绿化带的建设。二环路全长24.8公里，各区按地段进行了占道违建的清理和拆除。从1987年开始，根据统一规划设计、统一计划投资、统一调配苗木的原则，各城近郊区分别组织实施二环路建设。同时动员各区单位居委会参加绿化义务劳动共计8.3万人次。1987年完成绿化面积52.8万公顷。1988年扩大绿化面积10公顷。二环路绿化建设根据环境地形，因地制宜，在已经实现城市规划的环路外侧，按照永久性绿地建设，以改善城市生态环境为目的，组成多品种、多层次、色彩丰富的植物景观。1987年，朝阳区的东外二环路绿化突破了常规季节，创造了朝阳区园林局有史以来大树移植数量最多、规模最大、品种也最多的一年。道路绿化施工双方互相配合支持，争时间抢速度，做到道路完一段绿化种一段，腾出一块种一块，创造了我市道路和绿化同步竣工的历史。自二环路绿化建成以后，朝阳区进行了多次改造和提升，建设养护工作一直是朝阳区道路绿化的重点。

### 三环路（朝阳段）

1988 年，为迎接建国 40 周年和第十一届亚运会，市政府决定整治三环路。三环路全长 48 公里，贯穿朝阳、海淀和丰台三个区。东、南、北三环在 20 世纪 60 年代就已经建成通车，而西、南、东南三环则除了栽种几行行道树外，道路外侧存在大量破旧房屋和临时建筑，影响绿化观瞻。市政府提出确定了"将道路规划红线内外的空间和腾退出来的地块统一加以绿化，已绿化的地带，要进一步提高绿化水平"的原则。1989 年 3 月开始绿化，1990 年 7 月完成任务。三环路绿化采取了边拆迁、边整底、边绿化的办法，共拆除房屋 16.4 万平方米，完成绿化面积 76.4 公顷。其中新增绿地 52 公顷，植树 52.4 万株，栽花 8.1 万株，铺草 13.9 万平方米。东南三环的面貌有了巨大改观。

### 迎宾路（朝阳段）

该路段是首都机场路进入城区连接长安街的必经之路，北起新东路北口，南至永安里，全长 4.5 公里。1964 年该路为一块板式道路，绿化标准是"一条路、两行树"，行道树为立柳。1967 年道路两侧栽植毛白杨、核桃等，形成片林。1969 年将立柳更新为国槐。1977 年道路扩建为三块板式样，并提高绿化标准。1995 年进行了改造，突出绿化立体效果。1999 年市政府推进的"黄土不露天"工程，完成了迎宾线两侧隔离带绿化，铺设高羊毛地毯式草坪 2 万平方米，全部安装地埋式喷灌。

首都机场路起自首都机场（今一号航站楼），西南至三元桥，全长 18.7 公里，其中西南段原为东直门路的一部分。

1959 年，为迎接中华人民共和国成立十周年，市园林局对机场路实施绿化，栽植了馒头柳和杨树，两侧绿地种植了苹果、桃、梨等果树，并在沿线开辟了两处街心花园，完成绿化面积 293.33 公顷，其中果树 10.45 万株。1977 年，牛王庙至原机场路一段道路改名为首都机场。1992 年，首都机场路绿化了新建的六座立交桥，在道路两侧各辟 50 米宽的绿化带，绿化总面积达到 140.27 公顷，同时对首都机场辅路两侧绿化带和果园进行了改造。自 1991 年 11 月至 1993 年 12 月，历时两年，共植树 36.14 万株、9.09 万平方米、移伐树木 15.7 万株。整个线路绿荫浓厚，景色壮丽，生机益然。1994 年 10 月至 1995 年 5 月，市园林绿化处再次对首都机场高速路两侧进行绿化改造，伐除各种树木 8455 株、移栽树木 3041 株、栽植毛白杨 3.97 万株。首都机场路沿线有各种树木 29.54 万株，花卉 10.5 万株草坪 23.21 万平方米。为争办 2000 年奥运会，首都机场路改建成高速路，全长 16.3 公里。2001 年北京市园林局实施首都机场高速路百米绿化带建设，完成绿化面积 49.15 公顷，其中新增绿化面积 32.74 公顷、景点改造面积 16.41 公顷、栽植树木 14.89 万株。

首都机场路全线以落叶乔木为主要树种，统一风格，形成层次鲜明，富于变化的段落，实行组团式配置，与片林相结合，具有层次分明的景观效果，形成以高速路护网为中心，向两侧扩展到一百米的绿化带，乔灌木结合，花草结合，绿带宽阔，层次丰富，三季有花，四季常青的林荫路，被誉为国门第一路。

**北中轴路**

北中轴路（朝阳区绿化局负责绿化的路段）位于安华桥以北至熊猫环岛以南，全长 0.53 公里，绿化面积 15000 平方米，是北京市园林局 2001 年下放朝阳区管辖的绿地之一，是通往奥林匹克公园的重要干道，是贯穿北京市的南、北走向的中轴线的重要组成部分。

朝阳区绿化局负责的北中轴路段绿化改造，改造方案突出"绿色"主题，以植物造景为主，对原有苗木进行了调整，保留一部分油松、雪松、千头椿等高大乔木，在绿地中做出自然山形，并点缀山石、花卉，营造出充满自然情趣的园林景观。改造后的北中轴路段，"绿色"主题更为突出，经报请市园林主管部门批准，将已经老化的行道树、柳树全部换成法国梧桐，砌树池围牙，安装成品花坛，栽摆绿巨人、法冬青、非洲凤仙等 7 个品种时令花卉。全部改造工程共计栽植各种树木 7491 株，其中乔木 260 株，灌木 2431 株，早园竹 4800 株；铺草坪 10400 平方米、安装布景石 800 吨、安装喷灌管线 4384 米，喷灌覆盖面积 13700 平方米，栽摆时令花卉 17758 株。改造后的北中轴路局属负责路段，油松、桧柏、悬铃木等高大挺拔，早园竹四季常青，色彩艳丽，辅以迎春、丝兰、萱草、鸢尾等花卉，层次丰富、鲜明，形态各异的景石点缀其中，整条道路给人一种宛若天成的自然之美。

**东四环路新迎宾线绿化工程**

东四环路新迎宾线建设工程，是四环路景观大道建设工程的重要组成部分，是北京市重点工程项目。新迎宾线北起四元桥，沿东四环路至四惠桥，向西通往国贸桥与长安街相接，全长约 11 公里，是 2008 年奥运会期间中外来宾飞抵北京后的必经之路。2003 年 7 月 20 日开工，9 月 30 日竣工。新迎宾线景观大道是集绿地、园林小品、水景、土建工程、桥体灯光、民房拆迁、楼体粉饰等为一体，以中国传统文化的"五行术"（金、木、水、火、土）来糅和传统文化与现代文明，并以此充分丰富和激活整体规划设计理念。"金、木、水、火、土"五大主题板块，分别以"亮金、秀木、灵水、旺火、厚土"命名。"厚土"段由四元桥至东风桥，长2.5公里，时隐时现的"中国墙"形成京味文化风景，对远处杂乱景象起到遮挡作用，以石为载体的"石林广场"融水景、石刻、雕塑和植物于一体形成文字表象，展示中国传统民族文化精神；"秀木"段由东风桥至朝阳公园桥，长3公里，"秀木广场"通过四季变换的植物，体现"绿色奥运，绿色北京"的自然魅力；"灵水"段由朝阳公园桥至红领巾桥，长1.5公里，"泉歌"是其灵魂，采用纵横水势，与闪烁的灯光营造出气势磅礴的水景效果，红领巾公园水文化广场的水面与陆地呼应体现水的婉约与宁静；"旺火"段由红领巾桥至四惠桥，长1.5公里，自然向都市过渡，历史与未来对接，以桥体照明和楼体绿化效果展现"新北京，新奥运"的激情与梦想；"亮金"段由四惠桥至国贸桥，长2.5公里，CBD的门户，长安街的序曲，以平直的墙景、清澈的水波、亮丽的灯光、绿色的植物架构出新北京的安定与繁荣。东四环路新迎宾线景观大道建设工程改造绿化面积58公顷，拆除民房、新增绿地面积5公顷，移植树木3322株，色块1.91万株，移除草坪6.83万平方米，新植树木15.5万株，色块植物12.37万株，绿篱2670株；铺草坪1万平方米；清理扎土6800立方米，回填好土5300立方米；桥体挂花槽3851个，栽植宿根花卉13个品种16.26万株。

东四环路新迎宾线建设工程，被首都绿化委员会评为2003年度首都绿化美化优质工程。

### 北四环路

东至四元桥，西至健翔桥。1998年建成，2004年进行改造，工程投资211.78万元。种植乔木3379株、灌木208株、色块7.31万株、宿根花卉6.58万株，草坪1.2万平方米。2005年安装喷灌设施。2006年进行绿化改造，绿化面积3.77万平方米，工程投资1087.28万元。种植乔木3536株、灌木4751株、月季6313株、色块14.59万株、宿根花卉11.64万株、绿篱1.24万株，草坪230平方米。2007年由市财政投资1028.33万元进行建设。绿化面积10.25万平方米。种植乔木726株、灌木9429株、月季7300株、竹子1.05万株、色块5.33万株、宿根花卉3.72万株，草坪4.21万平方米。北四环路为特级路。工程利用高低起伏的地形，将高大乔木、灌木、花卉及地被植物进行合理组合栽植，层次丰富。在宜家休闲广场采用大量形态各异的天然花岗岩材料，构成流畅、自由铺地图案；采用大量木质结构材料（如木栈道、木平台）等进行绿地设施建设。水池采用基材防水技术，有效防止水池渗漏和水质污染，保证水池蓄水量。绿地内堆设地形，点缀山石，种植雪松、油松、白皮松等常绿树作为主景树，中间穿插银杏、栾树、合欢、元宝枫、小叶白蜡作为背景，种植灌木、花卉40多个品种，突出不同季节园林景观，营造出"春季新枝初放、夏季百花盛开、秋季枝叶婀娜、冬季苍松翠柏"的四季园林景致。该工程荣获朝阳区绿化局2007年度优质工程奖。

**东四环路**

1998年建成。东至四惠桥，西至四元桥，2001年进行绿化新工，种植常绿乔木4252株、落叶乔木1.62万株、常绿灌木2602株、落叶灌木1.22万株、月季3.2万株、攀缘植物2315株、竹子967株、绿篱495株、色块4.8万株、草坪32.19万平方米。2003年进行节水设施安装工程。安装喷灌管线长度8.14万米、喷头3129个，喷灌覆盖面积27.2万平方米。同年，对东四环路进行整体绿化改造。绿化面积18.79万平方米。本着立体绿化、多元绿化的思路，突出景观大道特点。以高大乔木为背景，段落式栽植，局部微地形处理，中间配以各类彩叶树种及花灌木，前端种植色彩亮丽的时令花卉。隔离带以常绿乔木及大面积色带为主，配以美人蕉等大量花卉，成为北京又一条彩色的花带。工程首次采用在东四环沿线各桥区桥体悬挂玻璃钢盒进行桥体挂花，花盒内栽植矮牵牛、万寿菊、鸡冠花、彩叶草、百日草、羽衣甘蓝等17种时令花卉，冬季摆放假牵牛，假小菊的方法达到立体绿化、彩色绿化的效果。工程被朝阳区绿化局评为2003年优质工程。

**朝阳北路**

朝阳北路建设及道路绿化是朝阳区和北京市2003年市政道路建设和绿化美化建设重点项目，是推动朝阳区实现"三化四区"奋斗目标的一项重要举措。

朝阳北路东、西走向，西起东大桥，东至朝阳区与通州区交界，全长14.08公里，一期工程西起东大桥国安宾馆，东至红领巾桥，道路长2.5公里，绿化面积3.18公顷，2003年3月开工，6月23日竣工。二期工程西起红领巾桥，东至通州区交界，道路长11.58公里，绿化面积19.8公顷，2003年10月3日开工，11月10日竣工。设计施工突出主体层次感效果，种植多种植物，合理搭配，体现自然。东大桥至水碓路口段有小叶黄杨、金叶女贞组成彩虹状植物色块，半圆形图案由红、黄两色月季花卉组成；水碓路口至金台路段采用自然式微地形堆土造坡，栽植青竹、油松、白皮松、桧柏等树木，以及独株与片林相结合的彩叶灌木，由 40 种鲜花组成的花带、花簇，缀以山石、草坪，构成峰峦起伏的自然式景观；红领巾桥至东五环段道路两侧行道树为国槐，多种特色植物合理搭配种植，显现出丰富的自然景观，和谐优美；五环路至通州交界段多品种的高大乔木和灌木自然栽植，科学配置，实现绿色和隔离效果。

### 新姚家园路（世青赛景观大道）

位于朝阳区姚家园路朝阳公园桥至平房桥段，总长 3.5 公里，横跨东风地区办事处及平房地区办事处辖区。2006 年，朝阳区为迎接第十一届世界田径青年锦标赛而建设成世青赛景观大道，工程投资 3732.04 万元，绿化面积 27 万平方米，栽植常绿乔木 1633 株、落叶乔木 3080 株、花灌木 1.94 万株、月季 6.12 万株、芍药 200 株、宿根花卉 50.61 万株、应时花卉 74.98 万株、沙地柏 13.25 万株、早园竹 1.07 万株、箬竹 100 墩、绿篱 580 米，铺冷季型草坪 17.58 万平方米，点缀景石 2.89 万吨，挖土方 552 立方米，广场花岗岩铺装 2776.22 平方米，园路铺装 115 平方米，砂石铺装 288.75 平方米，樱花红刻字花岗岩 12 块，樱花红花岗岩生肖石 12 块，修补路牙 1100 米。施工通过营造微地形和植物组团设计手法，形成植物层次错落有致、节点空间疏密得当景观特色。在统一整体风格下，根据不同路段地形地势特点，对每一段进行特殊处理，形成一条不断变化景观链。姚家路段充分体现"自然式生态景观"主题，部分绿地内放置造型各异山石。空间搭配利用植物材料不同特性，注重高低宽窄组合，形成林缘线起伏分明、层次多样、协调舒适植物群落。色彩运用注重色调互补与映衬，将黄叶乔木与紫叶灌木搭配，在造型植物、绿化植物小景周围栽种颜色艳丽时令花卉或宿根花卉。工程被北京市园林绿化局和北京市园林绿化企业协会评为 2006 年精品工程。

### 朝阳路绿化工程

西至大黄庄桥，东至通州八里桥，2005 年 3 月由区绿化一队移交给大黄庄苗圃进行养护。养护面积 12.67 万平方米，全长 7.5 公里，移交时苗木有桧柏 1026 株、油松 257 株、栾树 133 株、泡桐 27 株、国槐 558 株、洋槐 27 株、垂柳 140 株、毛白杨 1679 株、银杏 81 株、灌木珍珠梅 77 株、棣棠 1188 株、锦带 885 株、丰花月季 3226 株、中国地锦 1650 株、黄刺玫 298 株。2007 年 4 月朝阳路全线进行扩建，大黄庄苗圃移植朝阳路上植物到圃地。2009 年对朝阳路进行绿化，绿化面积 2.6 万平方米。东五环外至杨闸环岛，贯穿朝阳区东部地区，连接通州区界。节水灌溉面积 2.6 万平方米，回填土 806.5 立方米，渣土外运 2025.85 立方米。种植常绿乔木 354 株，落叶乔木 1585 株，常绿灌木 468 株，落叶灌木 1.43 万株，色带苗木 14.08 万株，花卉 1.35 万株，草坪 1.02 万平方米。

### 朝阳区亮丽示范街

1999 年朝阳区在国庆 50 周年和迎接澳门回归祖国及新千年活动中，拆除违章建筑，撤销占路市场，全面进行城市环境综合治理，集中力量建设一批示范大街。各街道办事处在辖区范围内建设有较高水平的景观道路，统一标准，统一规划，统一设计，统一施工，要求沿街两侧无违法建设，便道铺装为彩色广场砖，铺设盲人甬道，绿地种植冷剂型草坪，绿地内设置草坪灯，树照灯，沿街设工艺或商业广告，艺术造型果皮箱、路椅，示范街两头设中、英文标示牌，示范街口设园林小品或艺术雕塑，沿线单位落实"门前三包"责任制。亮丽示范街的选址、规划设计等方案均由区政府审核后实施。全区街道系统完成亮丽工程投资 10283 万元，示范街全长 18875 米，铺设彩色广场砖 184294 平方米，盲道 26151 米，铺草坪 112411 平方米，种植花卉 153713 株，安装各种灯具 6272 个，小品雕塑 97 座，路椅 972 个，设置灯箱广告、宣传栏 644 个，围栏 28229 米，公用电话亭 90 个。国庆 50 周年前夕，朝阳区街道办事处的 22 条不同风格、不同特色的亮丽示范街全部亮相，形成京城文化的新景观。

### 香河园精品亮丽示范街

香河园精品亮丽示范街位于香河园办事处辖域内的左家庄东街至曙光西路，是朝阳区街道办事处系统 1999 年亮丽示范街工程中的一条示范街，绿化面积 16700 平方米，1999 年 4 月 26 日开工，7 月 1 日竣工。设计施工按照精品、亮丽、示范的要求进行，以人为本，为附近居民营造良好的可供休闲、娱乐、观赏的生态环境，力求绿化效果和环境景观成为精品。建有喷泉、旱喷泉各一组，棚架、花坛各一处，800 平方米活动广场两个，配置雕塑 5 座，儿童活动广场一个，配有组合滑梯，并铺设了塑胶草坪。在路边和绿地边安置了欧式栏杆，安装了彩灯和庭院灯，铺甬路 700 余平方米，路边设有路椅。种植国槐 34 株、小叶黄杨球 3 个、金叶女贞球 7 个、红叶小檗球 30 个、紫薇 136 株、大桧柏篱 483 株、小桧柏篱 3940 株、小叶黄杨篱 5200 株、丰花月季 1200 株、曼海姆月季 280 株、金玛丽月季 100 株、美人蕉 1835 株、铺冷季型草坪

15000 平方米。香河园精品亮丽示范街荣获北京市 1999 年度绿化美化三等奖。

### 通惠河北路

位于 CBD 核心区域。东起四惠桥，西至东二环。2007 年建成绿地，绿化面积 8.01 万平方米，工程投资 776.1 万元，栽植常绿乔木 452 株、落叶乔木 1370 株、常绿灌木 444 株、落叶灌木 1932 株、绿篱 4.28 万株、色块 8774 平方米、竹子 836 平方米、各类花卉 86 万余株、草坪 4.4 万平方米。采取自然式种植方式，配以多样化的植物种类，并选用大量奥运新优花卉品种，如月见草、马齿苋、榕树盆景及羽扇豆等，增加道路景观色彩。被评为 2007 年度朝阳区绿化局优质工程奖。

### 北苑路

南至小关三角地，北至立水桥。2000 年建成。2007 年北苑路中心隔离带（高架桥下）北四环至立水桥外区界之间进行绿化改造，绿化面积 4.62 万平方米。种植乔木 1620 株、灌木 2.33 万株、月季 1.59 万株、攀缘植物 6790 株、色块 19.27 万株、宿根花卉 27.67 万株、时令花卉 19.41 万株、草坪 1.73 万平方米，清除渣土 3.7 万余立方米，土建铺装 1799.43 平方米。工程采用在高架桥下栽植具有一定高度的落叶乔木，自然群落搭配色带的种植手法，达到改善生态环境，植物搭配丰富，层次清晰、色彩明快的效果。该工程荣获朝阳区绿化局 2007 年度优质工程奖。

### 民族大道

南至熊猫环岛，北至北四环路。2007 年建成，是北京市立项的 36 个重点工程中唯一的绿化工程。全长 1.4 公里，包括中心隔离带及步道外绿地。施工面积 7.6 万平方米，种植落乔 518 株、落灌 46 株、色块 5200 株、草坪 7840 平方米。工程施工中利用水准仪进行地面水平测量。采用网格放线法，利用经纬仪进行大苗木栽植，做到苗木栽植的横向和纵向排列、树干与树干之间平面误差小于 5 厘米。要求国槐胸径在 20~22 厘米，银杏胸径在 18~20 厘米。2008 年进行绿化，面积 3.38 万平方米，种植乔木 681 株、落灌 1719 株、竹子 312 株、色块 5.93 万株、宿根花卉 7694 株，草坪 3.09 万平方米。民族大道为特级路，截至 2010 年，绿化面积 14.46 万平方米，乔木 2133 株、灌木 1.63 万株、绿篱 17.9 万株、早园竹 462 株、草坪地被 6.7 万平方米。行道树为同规格千头椿、银杏，中心隔离带以"御道"贯穿始终，御道两侧搭配以银杏、国槐树阵。采用花灌木循环搭配种植，机辅隔离带种植大叶黄杨色块并穿插种植红叶碧桃、紫薇等灌木。步道外两侧根据原有植物情况加以适当调整，并铺设新的广场以供游人驻足。整条路植物品种繁多，色彩搭配丰富，气势恢宏。

### 平房西路

位于姚家园路与朝阳北路之间。全长 2 公里。2006 年 3 月 6 日至 8 月 4 日实施绿化，绿化面积 1.61 万平方米。栽植常绿乔木 96 株、落叶乔木 724 株、常绿灌木 6589 株、落叶灌木 1667 株、月季 1.42 万株、色块 1.73 万株、宿根花卉 1.64 万株，铺草坪 1.28 万平方米。以世青赛景观大道建设大环境为依托，以中央隔离带景观为主体，通过白皮松、油松、元宝枫、栾树、千头椿等大乔木的行植与紫叶李、碧桃、丛生紫薇的群植，同沙地柏、月季、红叶小檗、金叶女贞、小叶黄杨的块植，巧妙地结合在一起，勾勒出高低错落的林冠线，呈现出花色各异，景色交替的景观组团。在绿化带的端点处点缀景石，增添野趣。行道树采用市树国槐，并摆放五彩缤纷的应时花卉，衬托出迎接世青赛欢腾喜悦的气氛。整条路沿线全部安装喷灌设施，建成一条具有城市化风格的景观道路。

### 阜通东大街

南至三环路，北至广顺北大街。2003 年建成。道路全长 1804 米，绿化总面积 1.97 万平方米。移植常绿乔木 73 株、灌木 1 万株、竹子 1.5 万株；栽植乔木 1569 株、灌木 2086 株、宿根花卉 12.15 万株、竹子 2.26 万株、草坪 1.38 万平方米、绿篱 2.62 万株，安置景观石 60 吨，铺装面积 242 平方米，安装路牙 96 米。回填好土 1040 立方米，清运渣土 1280 立方米。安装喷灌覆盖面积 1.77 万平方米。动用机械 419.5 台班，人工 2980 个。施工中对银杏树根部进行埋管透气处理，以促进树木生长。将道路绿化与社区环境建设有机结合，在隔离带内采用银杏和河南桧循环种植方式，栽植小叶黄杨绿篱，修剪呈规则式长城状围边，内植月季、牵牛、三色堇等优质花卉。步道外侧栽植竹子和龙柏绿篱，前面循环栽植金娃娃萱草、鼠尾草和美人蕉、婆婆娜等宿根花卉，路口转角处堆筑微地形，点缀山石，以常绿树和落叶乔木为背景，种植紫叶李、紫薇、樱花、海棠及碧桃等灌木，栽植各种时令花卉及品种月季，增加整个绿地的色彩感和层次感，为整条大街增添亮点。该工程获得朝阳区 2005 年度优质工程奖。

## 朝阳区城区道路绿化简况（1982~2016年）

| 年度 | 重要道路绿化 |
|---|---|
| 1982 | 朝阳路红庙至十里堡段绿化改造作为重点，同时改造了和平街和劲松路 |
| 1983 | 全区重点干道种植花卉、砌挡土墙和加装栏杆 |
| 1984 | 对东大桥南北线和长安街延长线进行重点绿化改造 |
| 1985 | 新工绿化和改造提高原有道路绿化20条，包括中日友好医院周围、尚寺路、左家庄小区主要干道、迎宾线垂直绿化 |
| 1986 | 新工绿化和改造提高原有道路绿化16条，包括曙光路东段、北使馆区七号路、八号路 |
| 1987 | 绿化二环路朝阳区段绿地、工体西路、尚寺路 |
| 1988 | 新工绿化和改造提高原有道路绿化12条，包括东外大街、二环路、三环路、樱花西街、工体西路、北使馆区七号路、八号路、土城南路、东土城路、工大路、百子湾路等。 |
| 1989 | 对工体北路、东外大街、姚家园路、旧安立路等，进行了绿化调整、充实提高。 |
| 1990 | 重点对朝阳路和体育场、馆周围道路绿化进行改造、提高。新建道路9条、8.61公里长，道路施工与绿化交叉进行，植树打破常规，随修路、随腾地、随绿化 |
| 1991 | 道路绿化7公里，朝阳路八里桥环岛"丹凤朝阳"绿地成为绿化大手笔 |
| 1992 | 新工绿化了劲松东路、机场辅路、土城北路、东外大街和三环路 |
| 1993 | 对二环路等10条道路进行绿化改造 |
| 1994 | 对首都机场辅路进行绿化改造 |
| 1995 | 京通高速路14.6公里开始全线绿化，同年，对东大桥北线进行绿化改造 |
| 1997 | 道路新工绿化1.27公里，包括朝外大街、惠新西街 |
| 1998 | 朝阳区园林局确定"三横、一竖、两区、两片"为工作重点，其中"三横一竖"为：朝外大街、工体北路、东外大街和东大桥南、北线 |
| 1999 | 新工道路绿化重点为四环路朝阳区段，道路绿化改造重点为迎宾线，同时，对城区50条道路绿化进行不同程度的改造，实现"黄土不露天"，改造面积达21.9万平方米。其中三里屯路和日坛西路成为亮点 |
| 2000 | 四环路百米绿化带和东长安街延长线反季节绿化施工 |
| 2001 | 继续完成北四环路、东四环路绿化工程和东长安街延长线绿化改造提高工程，完成京顺路绿化工程 |
| 2002 | 东四环路万米绿化带工程、北五环路一期万米绿化工程、京顺路进京形象工程、京津塘路和京沈路两侧永久绿化带加宽加厚工程相继竣工 |

| 年度 | 重要道路绿化 |
|------|------|
| 2003 | 朝阳北路、二环路安华桥至分钟寺绿化整治，东四环路新迎宾线景观大道、五环路二期绿化、京承路朝阳段绿化、八里庄竹文化大街、团结湖北三、四条精品街绿化等项工程相继竣工 |
| 2004 | 广渠门桥至左安门桥绿化改造；东四环路片林、四惠桥区、北四环路四元桥至健翔桥绿化改造；二、三、四环道路绿化改造工程；环路绿化改造重点工程等 |
| 2005 | 二环路立交桥建设和三环路景点建设，华鹏大厦北西侧步道，潘家园桥区，劲松桥区，华威桥北两侧桥头等十几处绿地建设 |
| 2006 | 三环路绿化美化工程，十八路立交桥垂直绿化，重点实施惠新东桥，望京桥及东四环迎宾线的所有立交桥垂直绿化 |
| 2007 | 朝阳公园桥、仰山绿地等 32 块绿地建设，青年路，博大路等十块面积为 22.14 万平方米绿地 |
| 2008 | 4 条重点绿色通道绿化建设工作，绿化面积 99.9 公顷。南四环百米绿化带建设、十五区东路绿化改造等三十余项道路绿化工程 |
| 2009 | 科荟路景观绿化、奥林匹克森林公园北园景观改造等市重点工程 2 项，来广营北路等重点大街环境整治 6 条以及城市绿化美化环境整治项目 19 项 |
| 2010 | 辛店路东延、湖光中街立交桥西侧绿化、太阳宫西路道路绿化、道路节水改造、京密路（北五环 – 大山子车站）绿化等 28 项工程 |
| 2011 | 老迎宾线、朝外大街、建国路（朝阳段）、农展南路等 55 条环境优美示范大街，完成地铁十五号线周边绿化 |
| 2012 | 朝阳路、京通路、京哈高速等 18 条区域重点道路绿化改造 |
| 2013 | 成寿寺路二期绿化改造工程、裕民路绿化改造工程、区园林绿化局 2013 年重点道路绿化美化工程 |
| 2014 | 东风中心路、化工路及化工桥绿地、太阳宫北街等 17 条重点道路 |
| 2015 | 中轴路、二环路外交部门前绿化等 9 条重点道路 |
| 2016 | 广渠路二期道路绿化工程；完成机场二通道、樱花东街、广顺北大街、育慧南路等区域内 24 条重点路段绿化改造工程 |

### 3. 农村道路绿化

从中华人民共和国成立以后直到 20 世纪 80 年代初期，农村建设一直是朝阳区的工作重点。农村道路绿化是随着农村道路建设的逐步发展而完善的。

1949 年至 50 年代末，朝阳区辖域的道路两旁树木很少，也没有专门机构负责管理。1963 年 10 月，朝阳区政府召开林业会议，研究路旁树木栽植问题，决定由建设科、农林科负责组织国、社合栽，由国家规划供应苗木、指导栽植、除虫打药，公社负责栽植、浇水。分成各50%，其中国有部分归建设局。至该年11月5日，共绿化道路63条，植树4万余株。1972年建设局超额完成了道路修建任务。对60多公里的农村道路进行养护。建设局园林系统全年对14处地区进行新植，5处进行了绿化更新，23处进行了补植。全年共种植树木14527株，紫穗槐13000株。树木成活率都在96%以上。并进行了合理的养护管理。

到80年代，因为树龄较大和风刮人毁，树木缺损严重，大部分路段的树木特别是立柳急需更新补植。1986年7月，大环境绿化展开，朝阳区园林局管辖的郊区59条全长170.4公里的道路树木移交给原区农林局养护管理。8月，区农林局筹建农村绿化队，同年开始在来广营西路进行毛白杨秋植试验，种植800株，成活率95%以上。1987年区农村绿化队对来广营西路北侧、来广营南路进行路树更新，总长14.4公里，砍伐树木3000株。该年农村绿化队分别与王四营、来广营、金盏、南皋4个乡签定管护协议书，定职、定类、定人管理，农村绿化队由专人负责分片进行巡查和技术指导。

至1989年底，朝阳区农村道路绿化共更新路树15条，新植树木约2万株。到1995年底，累计更新路树16条，总长度31600米，新植树木12645株。

"九五"期间，朝阳区第八次党代会提出了"四区"目标，八届五次全会更加明确地提出了"三化四区"目标。"九五"奋斗目标加快了农村城市化的进程，全区道路建设再次形成高潮，道路绿化向着更高的标准迈进。

2002年，绿化局共完成29条农村道路绿化，总长度4.4万米，绿化面积12万平方米。其中南磨房乡松榆东路、来广营乡香槟路两条道路采用大规格苗木,增加色带和黄杨球,取得了良好的绿化效果。年内评选出区级农村道路绿化奖15个，其中一等奖3个、二等奖5个、三等奖7个。2004年朝阳区完成23条农村重点道路的绿化任务。2006年朝阳区农村地区由各地区办事处筹集资金、自行设计与施工，完成姚家园路、香顺路、勃罗营北路、康化西路、来广营东路等一批道路新建及绿化改造工程。其中姚家园路、东南四环路绿化工程成为年内的亮点工程。2007年农民新村道路绿地建设完成五环路（奥运比赛场馆连接线）绿化工程、航空走廊绿化工程、京承高速路两侧都市农业生态走廊绿化工程、崔各庄优美大街绿化工程、公园大道住宅代征绿地绿化工程等32项工程。

2008年初，针对南四环多年来建筑和房屋较多、绿化不充分、原有绿地绿化水平低的突出问题，对南四环百米绿化带实施了改造提高，使朝阳区南部地区总体环境水平有了大幅度的提升，有效改善了城乡结合部的环境面貌。年内实施朝阳区景观线旅游观光绿化工程、金卫路绿化工程、京津二通道（黑庄户段）绿化工程、朝阳景观南线（双桥西路）绿化改造工程、郎辛庄网球场北绿化工程、三间房东路绿化改造工程。

2010年内，朝阳区完成豆各庄黄厂村西路、崔各庄泉幸路等农村道路绿化11条。2011年的农村道路绿化突出绿量和层次，完成农村道路绿化面积3.24万平方米，其中将台地区驼房营路1.26万平方米、豆各庄地区青青家园西门前路6000平方米、管庄地区双桥东路西侧1.08万平方米、三间房地区通惠河南街3000平方米。2007~2011年的绿色通道建设，完成4条绿色通道、约1600余亩绿化建设；完成来广营北路、红军营路等绿化新工和改造道路64余条；高质量、高标准完成了京顺路、京承路等重要通道的绿化改造工程。

2012年农村道路绿化：完成来广营红军营东路、太阳宫南路等8条道路绿化新工，面积5.1万平方米；完成黑庄户政府大街、豆各庄鲁店路等8条道路绿化改造，面积4.6万平方米。2013年5月，区园林绿化局、区绿指办及地区办事处组成联合检查组，检查乡（地区）系统春季绿化完成情况。此次检查的主要项目是2013年平原造林、农村居住区绿化、农村道路绿化及其他绿化工程。2015年，区绿化二队完成专业道路绿地养护122条202万平方米。1/3的路树达到特级和一级养护质量标准。年内，全部养护道路绿地进行招投标，加强养护管理，严格管理制度和考核机制，提高树木成活率。

### 4. 立交桥绿化（桥区立体绿化、桥体垂直绿化）

朝阳区辖域内有各类立交桥29座，其中大型立交桥3座，中型立交桥26座。其中分布在三环路上的立交桥为14座，分布在四环路上的立交桥为7座，分布在首都机场高速路上的立交桥为8座。朝阳区的桥区绿化，是随着城市道路建设的发展尤其是立交桥的出现而产生的，并逐步形成了桥区绿化立体交叉、多姿多彩的特色。

北京市的立交桥绿化始于1966年，在京密引水渠滨河路与西郊机场路、阜成路放射干线相交处建成两座半互通式立交桥，这里成为立交桥绿化的开端。以后的1980年绿化了朝阳门立交桥、建国门立交桥。1981年的东直门立交桥，1982年的安定门立交桥、东四十条立交桥。

三元立交桥1984年开始绿化，1985年完成。其设计独特，中心为花坛，四周为绿地，散植白皮松、黄杨和丰花月季。沿着机场路的两条带状绿地与道路绿化相结合，形成小型公园的布局，其他条状绿地有节奏的种植白皮松和黄杨球，重点位置种植油松和花灌木。整体绿化景观丰富多彩，该项绿化得到国家领导人和社会各界的赞誉。

随着 1985 年三环路的建成，大规模的立交桥绿化得以展开，当年绿化了安贞桥等八座立交桥。1988 年为迎接第十一届亚运会的召开，立交桥绿化达到了高潮。也正是这一年，以前完全由市园林部门负责的桥区绿化，有的开始交给朝阳区负责，朝阳区首次负责的立交桥绿化是光明立交桥。1989 年，光明立交桥的垂直绿化创造了养护生长新纪录，北京市决定 1990 年全市的垂直绿化要以光明桥为榜样。

1990 年 2 月 24 日，为迎接第十一届亚运会召开，践行市政府再次提出抓好垂直绿化工作的指示，市园林局制定了城市绿化美化工程计划。全市 28 座立交桥，实现垂直绿化覆盖面积 90% 以上。该年建国门立交桥绿化面积达到 1.67 公顷，三元立交桥绿化面积 4.98 公顷。1991 年，完成安华桥桥区绿化，1996~1998 年以各种形式进行立体绿化的宣传。1999 年，完成四惠桥桥区绿化。1999~2003 年在四惠桥等 10 座立交桥采用新的植物材料进行桥体绿化，填补了北京市大型公共场所立体绿化的部分空白。2006 年，朝阳区绿化局实施三环路 18 座立交桥绿化和四环路 18 座立交桥的垂直绿化，高标准完成东三环路三元桥至国贸桥间桥体垂直绿化，其他立交桥桥体进行简单绿化，对具备条件的三环路桥区全部实施高标准立体绿化，重点实施四环路惠新东桥，望京桥及东四环迎宾线的所有立交桥垂直绿化工作。2008 年，完成湖光中街立交桥（成府与京承交叉）道路绿化等工程。绿化面积 3 万平方米。2012 年加大立体绿化建设力度，通过在林萃公寓、798 艺术园区等绿化改造中加入栅栏绿化，以及在机场二通道等具备条件的桥区、隔离带实施桥体绿化，全区实现垂直绿化 1.5 万延长米。2015 年，区园林绿化局在立交桥、建筑墙体等实施垂直绿化，不断拓展绿色空间。2016 年，包括朝阳区湖光中街立交桥绿地的 6 处绿地被评为特级绿地。

朝阳区的立交桥绿化历史并不长，但在城市道路绿化系统中发挥了重要作用。一是绿化融合中西方园林设计；二是设施立体绿化，植物品类有机结合，形成立体空间；三是注重协调周围景观，扩大景观效果；四是植物材料的丰富性，如三元桥使用植物材料达到 32 种之多。

朝阳区重要立交桥绿化、改造工程一览表（1984~2008 年）

| 项目名称 | 时间 | 绿化面积（平方米） | 绿化特色 |
|---|---|---|---|
| 三元立交桥绿化 | 1984~1985 | 49800 | 由匝道和道路分割成大小 17 块绿地，桥东南 2 块三角形绿地，面积较大，中心为花坛四周散植白皮松、月季，沿机场路西南与东北方向的两块条状绿地与道路绿化相结合，形成小游园的布局，其他条状绿地都有节奏的种植，白皮松，黄杨球，重点地方种植大规格的油松和，花灌木整体绿化，景观丰富，开朗明快，具有很强的装饰效果 |
| 安慧立交桥绿化 | 1989~1990 | / | 利用桥区内自然风化的四块绿地的地形、树丛、草坪，组成自然活泼的封闭空间。在匝道内的挡土墙上种植地锦，沿挡土墙外侧种植油松，沙地柏和开花灌木，形成桥区内的对称、闭塞的有限空间，与桥区外的宽敞自然的无限空间形成对比。结合桥内自然起伏的地形，以开阔的草坪为主布局，草坪上点缀各种树木，疏密相间，错落有致，衬托桥体建筑 |
| 四惠桥区绿化工程 | 1999<br>2004<br>2007 | 172800<br>2150<br>115600 | 设计遵循长安街延长线景观特点体现四环路景观大道鎏金段的理念突出桥体特色，营造具有冲击力视觉效果，种植大量银杏树，体现金色大道的特点，选用栽植大规模乔木，发挥生态作用，减少桥区热岛效应。桥区绿地主要栽植大规格乔木，其中点缀花灌木，花卉色带和绿篱，景致有序，丰富多彩，充分展示迎宾大道的磅礴气势，2007 年被评为朝阳区绿化局优质工程奖，为特级绿地 |
| 北四环路立交桥垂直绿化工程 | 2006 | 2788 | 惠新东桥种植以北京桧为背景树，每隔十米就剪出一个弧线形云墙，北京桧林下种植红叶小薜色快，色块与之间以美人蕉为点缀，前种金叶女贞色带，形成错落有致而又简洁美观的景观效果，望京桥区的种植风格，既与惠新东桥相统一，又在景观效果上有所变化，黄杨篱下种植红叶小薜，色块与色块之间，以宿根、时令花卉色彩相连，花卉色带前以小叶杨、黄杨衬边，形成整洁明快而富于变化的景观效果 |

（续表）

| 项目名称 | 时间 | 绿化面积<br>（平方米） | 绿化特色 |
|---|---|---|---|
| 东四环路立交桥垂直绿化工程 | 2006 | 4170 | 东风北桥区修砌花池抬高绿地，以突出桥体，采用循环种植，在种植池内每隔15米栽植一个高两米见方的北海道造型黄杨柱，黄杨柱之间栽植菱形紫色小薜色块，中间嵌入一个金叶女贞球花.池下的绿地内沿花池栽植大叶黄杨色带。霄云桥东北角的绿地，采取集中造景方式，桥区拐角处种植造型平顶松，松下卧石下大面积栽植金山绣线菊和大花月季。改造后达到了景不断线，步移景异的立体绿化效果 |
| 顾家庄桥区西北角绿改工程 | 2007 | 7370 | 设计上以高大乔木组团栽植为主，面向车流的一侧，沿地势栽植大量女贞黄杨色带，色带前配以品种月季花带 |
| 十八里店桥区绿化 | 2007 | 110000 | 靠近桥体内侧护坡处，种植银杏，柳树等乔木，圆形绿地内大叶黄杨组成流动的色块。层次错落，简洁大方 |
| 四方桥区绿化 | 2007 | 124000 | 桥区栽植毛白杨，银杏，水杉，油松等乔木，苍翠挺拔，流线型花带点缀，护坡绿草点状栽植，色彩丰富，层次分明 |
| 湖光中街立交桥绿化 | 2008 | 30000 | 栽植乔木1053株，灌木1.85万，色带5000株，攀援植物1.2万株，草坪2.5万平方米 |
| 太阳宫桥东南角绿改工程 | 2008 | 2694.8 | 种植乔木67株，灌木168株，色带色块4250株，花卉816组，草坪2360.5平方米 |

## 二、河道绿化

　　朝阳区水利（务）局是区政府的水行政主管部门，是辖区内河湖的主管机关，对河湖水环境承担主管责任。其下属事业单位有朝阳区河道管理所、羊坊水务管理所、平房水务管理所、东南郊水务管理所、温榆河管理所负责各自管辖河湖的日常管理，并承担直接责任。按照属地管理的原则，乡管沟渠、湖泊的管理单位为各地区办事处的水管组织。

　　1949年初期，由于水患战乱和各类人为损坏，北京的河岸树木仅有5千多株，且多为枯老柳树。1966年，朝阳区人民委员会发布《关于林木保护暂行办法的几点意见》，并广泛开展群众性的育苗活动。区水利局也在治理水务的同时进行植树更新。该年朝阳区农林局、区农机局、区水利局合并，成立朝阳区农林水利局。

1980~1982年，公路铁路和河岸建设开始起步。1984年，水务局在河渠两岸共植树6000株，主要树种是北京杨。自1984年开始，区水利局开始拥有其栽植绿化树木的所有权。是年小月河与西土城和绿化工程同时开工，河道绿化与临河而建的元大都遗址，城垣遗址公园相结合工程竣工后，又于1989年和1990年进行了调整补充，共栽植各类树木3311株（不包括临河公园）。

1985年1月，中共北京市委、北京市人民政府《关于进一步加快首都绿化美化建设的若干补充规定》中明确重点抓好北护城河，亮马河，小月河等河道绿化，同年的北京市第二次园林工作会议纪要中再次明确要求，在"七五"期间，要抓紧小月河等四条河道的绿化。

根据北京市和首都绿化委员会的要求，河道绿化不能仅仅停留在岸边植树的简单模式，要把河道绿化和建设滨河绿地，为居民提供游憩场所、美化市容有机地结合起来。

1985~1989年，水务局每年植树约8000株，主要树种改为毛白杨。到1993年，朝阳区河渠总长270公里，绿化率达90%以上，其中水利局管辖的树木约有5.28万株。从1996~2010年，建设"清水朝阳"的15年间，朝阳水利实现了由农村水利向城市水利转变的历史性跨越，工作重心从农田水利向节水、治污和水安全转变，坚持节水为先，治污为本，全面贯彻生态治河、人水和谐理念。

为缓解河道绿化、保洁工作任务重、标准高、投入多、缺口大的难题，河道管理所开拓工作思路，采取"市场运作"模式，对河道实施社会化管理。在2007年萧太后河段率先实施社会化管理。之后不断拓展社会化管理层面。2007年9月20日，萧太后河四环路——通惠排干段水环境治理工程开工，工程主要建设理念之一为：河道治理与造林绿化相结合，沿河修成绿色林带，把萧太后河建设成花园式的河道。

2008年，坝河下游、亮马河下游、青年路沟等共计28公里河道实施了社会化管理。其中，委托北京黑庄户清净清洁服务有限公司负责该乡境内3公里河道的绿化、保洁工作，为社会化管理开创了先河，实现了"管养分离"，河道环境得到改善。之后"管养分离"的水环境管理方式在全局进行推广，各河道管理单位落实河道管理长效机制，组建配备专业设备的专业化河道保洁和绿化维护队伍，并对保洁及绿化人员进行技术培训，做到人员持证上岗。分片分段进行重点地段全天候巡查，并逐步向市场化管理模式转变，由专业公司负责河道、沟渠的日常保洁和管理，实行市场化运作。

2008 年 5 月 4 日，为加大水环境保护力度，巩固水环境建设成果，解决水环境保护执法主体分散、职能交叉问题，经区长办公会议决定，协调水务、环保和城管等部门成立水环境保护联合执法办公室，开展水环境保护联合执法工作。区环保局、城管大队、水务局共抽调 5 人参加执法办工作，办公地点设在水务局，由区财政给予预算资金支持。2008~2009 年，河道绿化养护标准 2.71 元 / 平方米·年。2010 年绿化养护标准：景观河道绿地养护 6 元 / 平方米·年，其余河道绿化 4 元 / 平方米·年。

2010 年 1 月，为加强朝阳区河湖保护和管理，改善水环境，促进地区经济和社会发展，建设新北京的首善之区，依据《中华人民共和国水法》《中华人民共和国水污染防治法》《中华人民共和国河道管理条例》《北京市城市河湖保护管理条例》等法律法规，结合朝阳区发展实际，水务局出台了《朝阳区河湖水环境管理办法》，对水质保护、水源补充及调度、河湖保洁及绿地养护、水环境执法和考核奖惩这些内容提出了明确的要求。在此基础上，还制定了《朝阳区河道水环境管护标准》和《朝阳区河湖水环境管理办法实施细则——朝阳区河道水环境管护标准》，以指导全区水环境管护工作。

2011 年，南磨房地区对萧太后河河道两侧进行绿化改造，绿化面积 3000 平方米，工程主要在河道两侧种草、植树。经过清渣、回填种植土、场地平整后，种植乔木 20 株、灌木 30 株、花卉和矮灌木 480 平方米、草坪 800 平方米。2012 年完成金盏景观生态林温榆河地块平原万亩造林工程。本着"因地制宜，适地适树"的原则，结合绿地条件，突出生态优先，充分考虑临河道和道路一侧的景观需求，以"临河为主，临路为辅"的原则，营造出色彩、层次丰富的植物景观。栽植植物 11.3 万余株。沿温榆河塑造出一条彩色河道，在体现生态效益的同时，充分满足温榆河绿色生态走廊的人文休闲需求。2013 年内，区园林绿化局积极推进北小河、亮马河滨水绿廊建设。2014 完成区、乡级公路河道绿化 300 公里。2015 年日坛公园完成广顺地区北小河河道绿化工程。2016 年朝阳区园林绿化局提出的"十三五"时期朝阳区特色景观规划调研报告中，特别提出了水系绿廊的规划概念。朝阳区水系发达、分布均匀、滨水空间多样化，水系绿廊的建设，能够很好地促进水绿结合，打造出朝阳区的特色水系文化廊道，是构建生态朝阳的重要组成部分。2017 年对萧太后河进行综合治理，在对十八里店、豆各庄、黑庄户、南磨房 4 个乡两岸环境进行专项整治基础上，建设完成了 12.4 公里的滨水绿色文化休闲廊道。

水环境管理与投入统计表（2008~2010 年）

| 年份 | 保洁面积（万平方米） | 绿化面积一级（万平方米） | 绿化面积二级及以下（万平方米） | 管理费用（万元） |
|---|---|---|---|---|
| 2008 | 921.53 | / | 159.45 | 777.16 |
| 2009 | 913.02 | / | 197.64 | 877.64 |
| 2010 | 933.99 | 59.21 | 143.99 | 1923.78 |

# 第七节　居住区绿化

朝阳区居住区的开发建设始自 1953 年，先后于北三里屯地区建成幸福一、二、三村，朝阳门外建成化石营、呼家楼等平房住宅区。至 20 世纪 60 年代初，先后建成京郊棉纺织厂、酒仙桥、管庄等 7 个住宅区。至 70 年代，在三里屯、永安里、新源里、东光路、光华西里等兴建四至五层楼房住宅区。

1957 年春，新建的东郊棉纺厂生活区和酒仙桥生活区开始实施绿化，这是朝阳区新建居住区绿化的开端。

1958 年以后，由于朝阳区新建居住区开始增多，居住区绿化开始逐步开展起来。1961 年以后，逐步转向以点带面的绿化方式，加强了重点居住区的绿化工作，由园林部门和房管部门共同作出规划设计，有计划地开展绿化工作。在动员居民进行绿化植树的同时，还由房管部门配备了一定数量的专业工人，这些措施对提高居住区的绿化质量起到了一定的作用。

这一时期的居住区绿化，由于受当时经济、技术等条件的制约，进展缓慢，整体水平不高，同时由于缺乏养护和管理，树木的保存率很低。如酒仙桥居住区从 1957 年开始绿化，前后植树十万余株，仅成活不到一万株。根据 1961 年市园林局对居住区绿化的情况调查显示，当年北京市居住区绿化只完成了 49%。

1962 年秋季，朝阳区重点绿化了和平里居住小区，绿化效果较好。1963 年重点绿化了三里屯居住区，共植树 7417 株。和平里居住区共植树 2201 株。1965 年进一步绿化了三里屯居住小区，共计植树 9470 株（其中紫穗槐 8200 株）。

20 世纪 50~60 年代中期，朝阳区先后绿化的居住区有棉纺织厂生活区、酒仙桥、呼家楼、和平里、永安东里、永安西里、三里屯、豫王坟、水碓、新源里、东光路、垂杨柳等街道社区。

70 年代后期，为改善城市居民居住条件，朝阳区根据市里指示，开发建设了一批新的居住区和住宅楼，改善城区居住环境、绿化美化的需求日益突出，先后绿化了东大桥、劲松、团结湖等居住区。

进入 80 年代，城市建设迅速发展，朝阳区的建设重点逐步扩散到东三环路以外，随着大批居住社区的建成，居住区绿化也迎来了建设高峰。

由于管理体制的不同，居住区绿化出现了几种情况：单位自己投资绿化，有专人养护管理，效果较好；多个单位混合居住的小区，有的由街道负责组织绿化，单位分摊费用，有的则处于三不管的状态；房管部门统管公房，中央单位用房由市房修一公司负责绿化和管理，一般居民住房由区房管部门负责，或者管理粗放，或者经费有限，无人管理；成片开发新建的居住小区，建成后处于无人绿化的状态。

1981 年以后，朝阳区先后建起 29 个居住区，此时大量高层住宅开始出现。从 1982 年开始，由开发公司按照建筑面积每平方米 1 元的标准拨出资金，专门用于小区绿化，但由于遗留土方较大，一直资金不够，而且后期养护管理资金也没有落实，绿化和养护工作因此难以开展。因此，由于管理体制、绿化建设和管理资金来源问题，居住区绿化一直处于发展的瓶颈状态。

1983 年召开的北京市园林工作会议上，正式明确从 1984 年开始，除自建、自管的居住区由本单位负责绿化和管理外，统建小区的绿化统一由区园林部门负责，绿化建设所需资金从小区建设费中解决，养护管理费用则由市里另行拨付。是年，朝阳区绿化美化工作完成了"一河二线三园四片"主要工程，取得了良好的社会效益，任务计划植树 4.5 万株，实际完成近 5.3 万株，是 1983 年的 2.26 倍，成活率达到 87.5%，栽草完成 5.2 万平方米，超额完成任务，覆盖率达到 95%。新辟绿地八块，面积 1.2 万多平方米，其中包括新建居民小公园两处，在 125 个花坛中栽植各种宿根花卉 5 万株。基建工程完成路面铺装 18570 平方米，安装栏杆 25661 米，在重点小区建花架十座、假山喷泉两座。

1985 年 1 月，北京市进一步明文规定：新建住宅区的绿化投资，由每平方米建筑投资 1 元增加到 3 元，列入小区建设费，居住区绿化开始有了较快发展。1987 年，北京市人民政府办公厅转发了市政管理委员会《关于新建住宅区从基建投资中提交绿化建设费若干问题的请示》的通知，除重申上述规定标准外，对住宅区绿化费的使用管理作了明确规定。由于解决了居住区的绿化管理体制和资金来源，居住区绿化有了较快发展。这一时期，除绿化大量的新建小区外，还对五六十年代绿化的小区普遍进行整顿，拆除私搭乱建，重新规划调整原有树木，铺设草坪，绿化活动场地，有的地区还和附近的道路、机关单位、公园绿地统一规划建设，实现一平方公里花园化。朝阳区先后绿化了小庄、高家园、西坝河北里、和平里西区、堡头、安贞等居住区，和平里地区进行了一平方公里绿化美化综合整治。

从 1981 年到 1988 年，先后绿化了左家庄、团结湖、劲松等居住区。团结湖居住区成为花园式居住区，呼家楼居住区成为绿化美化先进小区。1985 年竣工的左家庄小区绿化工程，26 个庭院和三处街心公园的绿化，面积为 8.6 万平方米，整个小区绿化完全改变了过去居住区绿化简单、粗放的形式，充分体现了新时期居住区绿化的风貌。植物配置一改过去成行成排的单调模式，采用自然组团形式。小区内根据不同周边环境，设计建造了春、夏、秋、冬四季园，充分发挥树木的季相特点，再辅以雕塑、水景、游廊，使人耳目一新。

1985 年完成了劲松小区 21 个院落及 28 条行道树新植补植任务。1988 年和 1989 年绿化了香河园小区。1990 年绿化了香河园、安贞、安华小区，建成了安贞小区花园。该年团结湖小区被评为首都绿化美化花园式单位。

1991 年西坝河柳芳南里作为市级示范小区进行了重点绿化。柳芳南里小区占地 10 公顷，绿化面积 2.26 公顷，栽植乔灌木 4020 株、草坪 1.5 万平方米、宿根花卉 43500 株、攀援植物 2108 株，并开辟了儿童活动区、综合广场、老年慢跑环路，增设了树荫下圆凳、广场花坛、儿童游戏器械等基础设施。

1992 年居住小区绿化共完成小区绿化 230884 平方米，植树 155939 株，占全市小区绿化面积的 20%。其中堡头小区、劲松虎东小区被列为市级示范小区。

1993 年绿化了安华西里小区，1995 年绿化了松榆里、华严北里、坝河北里、南小营、左家庄、芍药居等小区，完成了北展花园、安慧北里雅园的绿化。松榆里小区绿化受到市绿化拉练检查、全国卫生城市大检查和建设部组织的部分城市环境综合整治检查的好评。1996 年绿化了松榆东里小区、花家地小区。1998 年绿化了慧忠北里小区。1999 年恰逢中华人民共和国成立 50 周年和澳门回归及迎接新千年活动，各街道办事处在辖域内积极开展了亮丽工程活动，22 条不同风格和特色的亮丽示范街全部亮相。

进入 2000 年以后，居住区绿化成为建设良好生态环境的象征，绿化力度加大、品位提升、讲究精品，同时更加优美、清新、舒适，居住区（社区）内兴起建设花园的高潮。

**北京朝阳园林绿化简史**

朝阳区加大对新居住区的绿化和旧居住区的改造力度，拆除违章建筑，努力改善居住区的总体环境，突出人性化设计和特色化施工，建成了一大批具有文化内涵、设施齐全的绿化精品工程，形成了"社区建在公园里，公园景观进社区"的城市绿化美化格局。

2001 年惠新苑屋顶花园建成，北辰花园建成。2002 年呼家楼街道办事处完成针织路拆墙透绿示范工程；酒仙桥十街坊小区完成绿化改造。是年立体绿化和单位庭院、居住区绿化得到快速发展。居住区新增绿地 25 公顷，实现旧小区改造 16.8 公顷。2003 年全区进一步加强了居住区绿化建设，将贴近百姓生活的工作做实、做足，开始实施对 46 个旧小区进行绿化改造，绿化面积 42 公顷。以拆房建绿、拆违建绿、见缝插绿为主。根据旧小区建筑密度大、道路狭窄，可用于绿化的土地少等特点，做到因地制宜，绿地虽小却精，在改善居住区环境中发挥积极作用。坚持高起点、高标准、高质量建设好新居住区绿化，对 30 个新小区进行绿化建设，绿化面积 33 公顷，建一楼、绿一片，建一区、绿一方，保证居住区绿化指标落实，绿化水平提升，环境质量优良。至 2003 年年底，朝阳区住宅小区北部有以安慧里、安苑里、安华里、亚运村、五路居、香河园、左家庄为主的住宅区；中部有以团结湖、红领巾公园东西侧、朝外大街、呼家楼为主的住宅区；东部有以酒仙桥、八里庄、定福庄、望京新城为主的住宅区；南部有以劲松、南磨房、垡头为主的住宅区。

2003 年以后，房地产业开始勃兴，随着绿化隔离带建设的推进，朝阳区农村城市化进程加快，朝阳区的住宅小区如雨后春笋，层出不穷。2004 年完成居住区绿化面积 24.59 公顷，旧小区绿化改造面积 25.4 公顷，拆墙透绿 11 处 4920 延长米，绿化 18 处 500 平方米以上小绿地 6.65 公顷；建成呼家楼街道社区整体公园——联馨园，使该社区环境面貌得到改善；完成占地 3.18 公顷的团结湖街道中路北小区绿化改造，形成具有便民、实用、自然、环保、低成本 5 个特点的人居环境；绿化改造占地 2.4 公顷的左家庄街道新源里小区 16 座楼院；改造双井街道劲松 9 区绿化景观，健全小区的休闲、娱乐、健身功能；绿化改造香河园街道柳芳南里，使该小区成为居民消夏、纳凉、阅读、谈心、健身的绿色休憩理想场所。

2005 年北京星河湾居住区完成绿化面积 14.5 万平方米。被授予 2005 年首都绿化美化花园式单位称号。该年建成亮马河水景花园、八里庄生态片林、松榆里小区绿地、三源里等万米大绿地，呼家楼北里、麦子店曲院风荷等 11 处小绿地，并实施五顶阳台桥体、拆墙透绿四绿工程，成为全区绿化美化的一道新风景。安贞街道对社区公园进行改造，面积 1.28 万平方米，种植各种乔灌木及花卉九十余种，成为生态环境优美、集文化娱乐休闲健身于一体的综合性社区公园。

2006年全年计划完成新建小区绿化24处21公顷，实际完成25处，绿化面积23公顷。计划改造旧小区26处34公顷，实际完成27处，绿化改造面积35公顷。建设完成一批绿化精品小区，为社区居民创造优美的居住环境。六里屯街道实施京港国际·公园五号住宅小区绿化建设，绿化设计创意新颖别致，工程质量规范到位，植物栽植成活率98%。农村居住区绿化完成14处，其中洼里科学院旧居住区绿化改造、三间房益水芳园、南磨房山水文园二期工程绿化等实现较高水平。

2007年新建六处绿色示范小区，高标准完成安慧北里、流芳百里等56个旧小区的绿化改造，绿化面积46公顷。实施农村居住区绿化13处，绿化隔离地区新增绿化面积110公顷。2008年北苑公园由裸露的代征绿地改造成开放式居住区公园；实施老旧小区绿化改造48处，居住区绿化9处。2009年实施农民新村和农村居住区绿化10处，城市新建500平方米以上小绿地9处，实施老旧小区绿化改造43处，居住区绿化12处。2010年完成大屯远洋万和城等11处居住区绿化新工建设，对呼家楼金台北街等20处老旧小区实施绿化改造，为居民创造和谐自然、健康优美的生活环境。金盏地区的长店家园、崔各庄地区的何各庄村居住区绿化改造景观效果突出，为搬迁上楼的农民和当地居住的村民创造了宜居环境。年内朝阳区完成东风泛海国际居住区、小红门鸿博小区一期等农村居住区绿化新建和改造11处的绿化任务。

朝阳区农村的居住区绿化因住宅标准不同，绿化标准也有所区别并且各具特点。2010年金盏的长店家园、崔各庄的何各庄村庄改造，作为地区办事处自建绿化项目的农民居住区，为村民创造了良好的居住环境，体现了朝阳区城乡绿化美化统筹发展。

2011年建成劲松二区小公园等8处小绿地，推进远洋万和城等14处新居住区和农民新村建设，以及团结湖北里等24处老旧小区的整体改造。2012年建成奥林匹克花园等6处大绿地和10处小绿地，为百姓开辟更多的绿色休闲空间。建成和谐雅园、广泉社区等24个环境优美示范小区，完成31个老旧小区改造、18处农村居住区和农民新建小区绿化工作，为百姓营造优美宜居环境。2013年实施了来广营回迁安置房景观工程、南磨房鸿坤、花语墅景观工程、朝阳区优美小区绿化工程、朝阳区老旧小区绿化工程、和平街街道老旧小区改造工程等30多项工程。2014年朝阳区园林绿化局组织实施安翔北路11号院、惠新北里社区等13个居民小区的绿化景观改造升级。实施小庄北里、砖厂南巷等5个老旧平房区整治项目，绿化改造面积8945平方米。实施安苑东里三区城建七宿舍、安慧里小区中心花园等12个老旧小区的绿化景观改造升级。

2015 年实施了左家庄街道老旧小区绿地、惠新北里社区路树种更换工程；和平街樱花园小区、酒仙桥兆维小区、首都机场街道等 17 处改造整治工程；年内朝阳区改善群众周边绿化美化项目一期工程对 11 个老旧小区进行绿化改造提升，总面积 5.56 万平方米。左家庄街道办事处投资 280 万余元，改造老旧小区绿地 3 万余平方米。

2016 年完成六里屯街道道家园小区、东湖街道南湖中园社区、安贞街道安华西里新一区等 10 处老旧小区改造。2017 年各街乡结合环境整治进行居住区绿化改造及小绿地建设，如左家庄街道三源里小区绿化改造，南磨房乡窑洼湖公园及紫南家园外围绿地改造，三里屯街道 36 号楼南侧、瑜舍花园、逸心园、雅秀北路、八十中学南路等绿化改造工程。

# 第八节　单位绿化及使馆绿化

## 一、单位绿化

20 世纪 50 年代，中央部委和北京市先后在朝阳区建成纺织、电子、化工、机械四个工业区，60 年代建成汽车制造一条街，同时伴随机场、使馆区的相关建设。在 80 年代以前，朝阳区虽然农村面积较大，但在辖域内的涉外单位、国家级、市属单位、国有工厂、部队等单位并不少。因此单位绿化和庭院绿化成为群众绿化的一项重要工作。

庭院绿化，利国利民，一举多得，因其不但具有环境效益，还有社会和经济效益。如朝阳区朝阳路上曾经的京棉二厂和北京汽车制造厂，夏天西晒严重，车间温度较高，大量植树则可以基本解决问题，节约能源和设备费用。80 年代，和平里居住区的十、十一区在 1963 年种植的毛白杨和垂柳，在酷暑时节起到良好的降温作用，对局部气候的保护和改善起到了明显的调节作用。环境的改善，对精神文明建设还起到直接的促进作用，对社区建设和青少年教育也会起到积极的影响。此外，庭院绿化还可以适当结合水果、花卉生产，甚至可以产生一定的经济效益。

1949 年以前，北京的工厂、机关、学校等单位大多没有绿地，只有少数工厂有一些树木。1953 年，随着国民经济和首都建设的发展，北京开始城市建设，单位庭院绿化逐渐展开，这个阶段主要是一些单位自己解决苗木，自发进行少量的绿化。1953 年林业部办公楼落成后，制定了较为详尽的绿化方案，庭院绿化突出森林特色，高大茂盛的树木反映出人与自然社会的和谐关系。该年开始，北京市各类学校也陆续开始绿化。到 1960 年，全市共有 262 所各类学校开展了普遍绿化活动，其中位于朝阳区的院校有化工学院，煤炭工业干部学院等。

1954 年，北京市园林局开始协助朝阳区的棉纺厂等单位利用空地育苗，而真正的绿化庭院是从 1955 年开始的，全市各类机关单位都要参加，自己动手，绿化机关庭院，开始成为群众性的普遍绿化活动。到 1961 年，全市共有 267 个较大的机关单位进行了绿化，总绿化面积 1143 公顷，存有树木 415 万株，部分机关单位还利用庭院中的空地开辟苗圃 40 公顷，自育苗木一百万株。

当时的机关单位绿化主要有两种模式，一是主体建筑临街而立的单位，一般绿化面积不大，往往将绿化与道路绿化结合起来，充分利用主体建筑与道路之间的纵深，在临近人行道一侧栽植成行的毛白杨、合欢等乔木，在乔木下配置侧柏、桧柏或者小叶黄杨绿篱，形成自然绿色风格；另一类是建有围墙的机关单位大院，大多绿化面积较大，主要栽植各类果树。

1958 年，东郊区改为朝阳区。朝阳区开展了大规模的群众绿化活动，因为片面追求数量，导致成活率不高。因此 1959 年的群众绿化有专业人员进行了技术指导，并开展了立标兵现场会，组织评比竞赛，学赶先进等激励措施，朝阳区京棉二厂的厂区花园成为当年的标兵单位。

20 世纪 50 年代，朝阳区实行绿化美化的工厂有北京第二棉纺厂、北京汽车制造厂、北京电子管厂、华北无线电器材厂、北京第三毛纺厂、北京第一机床厂、光华印染厂、北京化工厂、北京化工二厂、北京起重机厂、北京内燃机厂、光华木材厂、北京灯泡厂、高井电厂、北京电机总厂、北京无线电厂等。如 1958 年建成的北京电机总厂，占地 26 万平方米，厂内主要栽植一些杨柳。这一阶段北京的卫生保健事业也有了很大发展，投资新建和扩建了一批设备齐全的现代化医院，如朝阳医院在建院的同时也进行了庭院绿化。

1960 年，中央对国民经济提出了"调整、巩固、充实、提高"的八字方针，吸取经验教训，对群众绿化工作进行了调整，对工厂、机关、学校、医院以及居住区的绿化进行了专题调查。朝阳区对全区 250 个企事业单位实行了分片分类管理，植树数量逐渐从 1961 年的 287 万株下降至每年 50 万 ~70 万株。如 1965 年朝阳区 152 个机关单位共植树 304672 株。

**北京朝阳园林绿化简史**

1971 年，北京市革命委员会颁发了经革发 131 号文件，在《城市建设管理工作几个规定和办法的通知》第三条规定，"城市树木均属国有"。因此许多单位绿化植树的积极性受到了一定影响。

1976 年以后，机关、工厂、部队、学校的绿化有了较大的发展，许多工厂企业提出了"工厂花园化"的口号，并把绿化列入企业整顿验收的内容之一，许多机关、学校、部队、医院也普遍开展绿化庭院的活动，如 20 世纪 70 年代的垂杨柳医院、和平里医院。林业部机关大院的绿化则在原有基础上进行了调整和提高，在机关庭院分别建成银冠园、水杉园、竹园等八个景区。

1979 年，北京电子管厂开始了厂区绿化的恢复工作并进展迅速，到 1980 年，两年共种植侧柏、油松、黄杨、丁香等各种乔木灌木 12400 株，成活率达 95% 以上。到 1985 年，全厂面积 35 公顷，绿化面积达到 31.28%，有乔灌木 78 种，4.53 万株，草坪 7.52 万平方米。

1982 年，中国人民解放军总政治部黄寺大院提出："总政机关要带头，要卓有成效的把营区绿化和支援地方绿化的工作搞好，总政的绿化标准要高，决心要大、一抓到底，抓出成效。"由总政管理局牵头组成了绿化领导小组，提出"绿化与美化相结合，当前与长远相结合，一年初见成效，两年改变面貌，三年大飞跃"的设想。当年栽植十年生以上的高大常绿和落叶乔木 5000 株，之后年年植树不断，绿化水平逐年提高。到 1990 年，累计植树 8.5 万株，铺植草坪 8.8 万平方米，栽种花卉近一百万株，总绿化面积达到 23.21 公顷，同时建起庭院花园 6 处，各色园林景点 20 余处，成为花园式机关单位。

80 年代初，朝阳区建立健全了绿化委员会三级管理制度，街道办事处也普遍配备了绿化专业指导人员，如 1980 年的朝阳区电子管厂被评为北京市绿化先进单位。从 1982 年开始，每年朝阳区都有红旗单位和先进单位的评比，数量都在 20 个以上。如北京市煤炭一厂，先后被评为北京市绿化先进单位和首都绿化美化花园式单位。

1983 年 8 月召开的北京市园林工作会议上，提出在实现"五年中变"的目标中要建成 100 个面积较大的花园式单位，100 个有垂直绿化的单位，完成 10 个新建小区的绿化，其中各有一个局部要建成花园式居住区。该年劲松、团结湖等新建居民区初步进行了植树绿化。

1984 年正逢国庆 35 周年，根据园林工作会议的要求，许多单位开始向花园式单位发展，从这一年开始，每年 5 月、10 月都要组织各区县领导联合观摩检查，极大的

176

推动了单位庭院的绿化美化工作。

1985 年绿化美化评比，朝阳区有 1 个红旗单位、20 个先进单位和 6 个花园式单位。到 1987 年，全区共有 379 个单位植树，完成植树任务 260759 株、铺草 206563 平方米、增加绿化面积 204660 平方米，成活率达 95% 以上。大大地提高了地区的绿化覆盖率，超额完成北京市下达任务的 160%。此外还种植了大量的丰花月季和攀援植物，垂直绿化水平也在不断提高。

80 年代以后，医院普遍扩建或建设新的病房楼，同时对绿化也提出了更高的要求，除了庭院绿化外，基本都修建了中心花园，医院的绿化环境有了明显改善，如中日友好医院的庭院绿化和中心花园建设。

1990 年被评为北京市花园式单位有北京无线电厂、北京内燃机总厂、北京市电机总厂等多家企业；被评为首都绿化美化花园式单位的医院有中日友好医院、安贞医院、北京和平里医院、中国医学科学院肿瘤研究所、中国人民解放军北京军区总医院、中国民航北京医院、中国人民解放军第 292 医院等；该年进行绿化工作的机关单位有人民日报社、朝阳区农林局、中国人民解放军总政治部黄寺大院等；区内绿化的院校有对外经济贸易大学、北京化工学院、北京煤炭管理干部学院、鲁迅文学院、朝阳区八里庄三中等。

1994 年，北京第二外国语学院被评为北京市花园式单位。1995 年北京第一机床厂、总参大气环境研究所被评为北京市花园式单位。2003 年，绿化单位庭院 48 处，面积 20.9 公顷。2004 年单位庭院绿化美化成为人居生态环境建设的重点，拆墙透绿 11 处，绿化 18 处 500 平方米以上小绿地，完成 13 个单位 15.57 公顷的庭院绿化整治。2005年单位庭院绿化建设完成区人民检察院环境绿化工程、乐成国际学校绿化工程、区广播电视中心庭园改造工程和武警指挥学院绿化工程。

2006 年，完成科学园住宅社区绿化改造工程，小区位于北四环路以外，北辰西路西侧，毗邻 2008 奥运国家游泳中心，隶属于奥运村地区办事处，占地面积 3 万平方米，绿化面积 1.2 万平方米。中国农展馆大树移植工程，在"五一"黄金周期间完成农展馆 70 余株树龄 50 年以上大规格树木移植。民航华北空管局北京区域管制中心绿化改造工程，投入资金 50 万元。区域管制中心绿地率达到 50.16%，超过《北京市城市绿化条例》规定标准，被评为首都绿化美化花园式单位。

2007 年单位庭院绿地建设完成住邦 2000 二期改造工程、朝阳公园——红领巾公园水系连通工程、润泽庄苑环境绿化工程、东湖街道办事处庭院及周边道路绿地改造四个项目。2010年完成外交部新闻领事中心综合办公楼庭院绿化工程、团结湖公园承揽的庭院绿化工程、三里屯一中（初中部）校园周边环境整治工程。2011年完成莱太大厦园林绿化景观工程、全国组织干部学院景观绿化工程、永利国际中心项目园林景观工程、竹藤大厦绿化工程、奥运村法庭绿化工程、季景沁园绿化工程、6109兵工厂绿化改造工程、王四营法庭绿化工程。2012年单位庭院绿地建设实施了北京94中学阳台绿化工程、国防基地绿化工程、老虎团绿化工程，南磨房法院改造工程、东风乡政府新办公楼、小关街道办事处庭院等十一处工程。2013年内实施了北京轨道交通指挥中心二期绿化工程、武警指挥学院绿化改造（一期）工程等7处绿化工程。2014年单位庭院绿地建设完成了66194部队绿化工程、区政府院内绿化改造提升工程等5处改造工程。2015年实施了北京八十中学校望京校内绿化工程，绿化面积6700平方米。完成了奥林匹克中心区、APEC会议重要联络线、全区13家代表驻地酒店及周边环境布置工作。

## 二、使馆绿化

中华人民共和国成立初期，只有十多个国家与中国建交，各国驻华使领馆基本设在东交民巷、南长街等处。50年代后期，在建国门外新辟了使馆区，开始建设附带花园的使馆。

随着国家外交工作的开展，国际威望的提高，许多国家陆续和中国建立了外交关系，60年代中期和70年代初期，是世界各国与中国建交两个高峰期，除建国门外使馆区之外，又在东郊三里屯开辟了第二使馆区。南、北两个使馆区内先后建成152幢新的使馆。使馆区内和周边建有道路33条，总长度23.03公里。道路绿化和养护管理由朝阳区专业绿化队伍负责。

南使馆区位于日坛附近，有道路12条，总长度7.72公里。道路绿化始于1955年，主要栽植速生树种如馒头柳、元宝枫、合欢等，且每条路栽植的是单一树种。转角地带种植小叶黄杨、侧柏篱等。1961~1964年绿化了使馆路。1968年鉴于速生树种多病虫害，逐步淘汰原有树种，改种名贵树种。1985年补植紫薇、丁香等花灌木。1995年对各十字路口再次改造，建月牙形，三角形花坛22个。

北使馆区位于三里屯北，有道路21条，总长15.31公里。始建于1962年，1980年基本建成。绿化随市政道路同步进行，各条路多为单一树种。如三里屯东一街为悬铃木、东二街为柿树、东三街为油松、东四街为加杨、东五街为银杏等。1995年将原有部分海棠树改种为雪松，补植丰花月季，重新铺设草坪，路口种植宿根花卉，进行垂直绿化。

20 世纪 50 年代，绿化印度、民主德国、古巴、蒙古、苏联等 18 个大使馆商务处，绿化面积 17.15 公顷。60 年代绿化法国、民主德国、捷克斯洛伐克、波兰、朝鲜等 28 个大使馆，绿化面积 11.07 公顷。70 年代绿化美国日本、巴西、泰国、孟加拉国、丹麦、瑞士、罗马尼亚、伊朗、巴基斯坦等 60 个大使馆，绿化面积 14.04 公顷。1973 年朝阳区绿化队改变以往将绿化重点放在郊区的做法，把两个使馆区和主要干道作为绿化工作重点，将绿化重点转向城区。80 年代绿化几内亚、肯尼亚、尼泊尔、利比亚等 4 个使馆，绿化面积 1.27 公顷。1986 年绿化了北使馆区七号路、八号路。

1990 年已经有 110 个大使馆进行了庭院绿化，总面积 109.67 公顷，已绿化面积 42.95 公顷，绿化率为 43.1%，有树木 1.32 万株，草坪 4.98 万平方米。1996 年在南使馆区日坛西路铺草 5970 平方米。

2001 年，承包责任制进一步完善，加强了使馆区的绿化养护管理。2012 年，在"十二五"规划中的具体任务中，绿化美化要加强功能区主要道路，丰富植物色彩和层次。主要有工体周边、朝阳公园周边、使馆区周边、奥运功能区周边、长安街延长线等重点区域。2013 年的环境建设着力提升使馆区等重点区域环境建设水平。区园林绿化局重点对使馆区周边的 17 条重点道路实施改造提升，总面积约 49.75 公顷。

此外，随着外交事业的不断发展，满足各国驻华人员需要，从 1957 年至 1990 年，先后在齐家园、建国门、三里屯等地修建了 40 多幢外交公寓，占地面积 16 公顷，绿化面积 4.64 公顷。

朝阳区绿化二队现设有北使馆班、专门负责使馆区朝阳区区属范围的绿化工作。

## 朝阳区庭院绿化重点单位（截至 2017 年年底）

| 单位名称 | 占地面积（平方米） | 绿化面积（平方米） | 草坪面积（平方米） | 乔 / 灌木数量（株） | 花卉数量（株） | 绿地覆盖率 (%) |
|---|---|---|---|---|---|---|
| 市公安局公安交管局教导支队 | 41200 | 22000 | 250 | 469/11900 | 3000 | / |
| 外交部 | / | 10500 | 8134.5 | 201/221 | 80000 | / |
| 中日青年交流中心 | 55000 | / | 14800 | 169 | | 46 |
| 公安部边防局副食生产基地 | 187300 | 129900 | 5800 | 1732 | / | / |

（续表）

| 单位名称 | 占地面积（平方米） | 绿化面积（平方米） | 草坪面积（平方米） | 乔 / 灌木数量（株） | 花卉数量（株） | 绿地覆盖率(%) |
|---|---|---|---|---|---|---|
| 中国共产党北京市国家机关工作委员会党校 | 10400 | 3154 | 2704 | 67/12100 | 1200 | 30.4 |
| 首都公路发展集团有限公司京沈高速公路分公司 | 31600 | 16000 | 7000 | 709/60000 | 100000 | 50 |
| 三间房地区中建一局第五公司 | 110000 | 33000 | 14200 | 1393/58 | 1548 | / |
| 中交一公路局周家井大院 | 42000 | 26600 | 8500 | 3100 | / | / |
| 北京正东电子动力集团 | 302800 | 90200 | 59200 | 30/3000 | / | 30 |
| 北京燕东微电子有限公司 | 50000 | 15100 | / | 700/3000 | 5000 | 31 |
| 华能北京热点有限责任公司 | 615200 | 285500 | 244000 | 2950/5995 | / | 46 |
| 北京外运公司 | 133400 | 16500 | 680 | 609/880 | / | / |
| 北京京西学校 | 80000 | 36000 | 2400 | 1000/3000 | 10000 | 55 |
| 北京服装学院 | 85300 | 35000 | 14300 | 732/283 | / | 41.6 |
| 北京化工大学 | 228700 | 95900 | 80900 | 1104/888 | 30400 | / |
| 北京中医药大学 | 156000 | 17600 | 14700 | 1442/406 | 29900 | / |
| 煤炭科学研究总院 | 58000 | 17500 | 11200 | 588/141 | 150 | / |
| 中国计量科学研究院 | 83300 | 28600 | 19000 | 747/46000 | 4600 | / |
| 中国建筑科学研究院 | 154500 | 67700 | 23300 | 126/13000 | 33800 | / |
| 北京化工研究院 | 96000 | 30800 | 25700 | 773/1008 | 3806 | 41.5 |
| 对外经济贸易大学 | 200000 | 82000 | / | 2950/3850 | 286000 | / |
| 朝阳区服装文化交流培训中心 | 38000 | 17000 | 13000 | 488/115 | / | 44.7 |
| 北京爱迪学校 | 374300 | 80000 | 12300 | 534 /1560 | / | / |
| 中日友好医院 | 97000 | 46800 | 34700 | 968/9726 | 1250 | 30 |
| 民航总医院 | 45000 | 16000 | 4300 | 1240/16000 | 2727 | 36 |
| 北京浩华宫会议服务中心 | 48000 | 10000 | 3000 | 1891/13500 | 600 | / |
| 北京香江花园 | 220000 | 90000 | 20000 | 1633/14300 | 2211 | / |

（续表）

| 单位名称 | 占地面积（平方米） | 绿化面积（平方米） | 草坪面积（平方米） | 乔/灌木数量（株） | 花卉数量（株） | 绿地覆盖率(%) |
|---|---|---|---|---|---|---|
| 华贸中心 | 150000 | 36000 | 44900 | 1321/165000 | / | 46 |
| 九龙花园 | 99100 | 31800 | 8000 | 500/8000 | / | / |
| 昆仑饭店 | 28600 | 12900 | / | 625/3842 | 11300 | 30.2 |
| 力鸿花园 | 70100 | 25300 | 15700 | 460/1242 | / | 37.29 |
| 凤凰苑 | 140400 | 35000 | 20000 | 2039/3246 | 40 | 32.5 |
| UHN 国际村 | 106000 | 19200 | 5400 | 1075/1032 | 185 | 41.8 |
| 国典华园 | 30900 | 18000 | 8000 | 819/617 | 4232 | 64 |
| 元辰鑫酒店 | 21000 | 11400 | 5529 | 1800/1800 | 12000 | 40 |
| 华亭家园 | 35000 | 13300 | 13000 | 434/427 | 502 | 35 |
| 美丽亚洲假日花园 | 66000 | 35000 | / | 5000 | / | 53 |
| 山水文园中园 | 100000 | 48800 | 23200 | 1661/1497 | 2185 | / |
| 晴翠园别墅 | 267000 | 186900 | 30000 | 7110/28500 | / | 70 |
| 北京郡王府管理中心 | 100000 | 43600 | / | 236/260 | / | 42 |
| 莱太大厦 | / | 9.2 | 17300 | 3077/30300 | 115100 | / |

# 第九节　节庆花卉布置

　　花卉可以美化城市、美化生活，美化环境、陶冶情操，同时可以烘托节日的喜庆、欢乐、祥和。更重要的是象征着国家和民族的繁荣，衬托出人民的美好生活，激发人们对祖国的热爱。节日摆花一直是市、区园林绿化基层各单位的重要任务，每逢重大活动，也是朝阳区各街道、社区、单位参与的重要工作。

　　花卉摆放和花坛的设计水平，随着时代发展和审美的不断提升而不断革新。摆放手段也随着科技发展而逐渐进步。早期的花卉摆放很简单，基本上是制作造型花架，采取卡盆的方式制作造型，辅助以人工浇水。科技创新手段出现后，采取穴盘植入花苗的形式，组装方便，利于造型。浇水也采取了更加节水的滴灌方式。同时配合电子灯饰，使得节日花卉布置水平更上一个层次。近些年随着植物栽培科学技术的进步，花卉生产手段更加成熟多样，利用生物调控手段，可以提前预定摆放日期，进行定时培育，甚至可以控制花期在预约日期开放。

1949年后，日坛公园和后来建成的红领巾公园（1960~1980年曾一度名为朝阳公园），为了公园美化需要，已经设置暖房开始培植花卉。

1972年，朝阳区日坛公园、朝阳公园（今红领巾公园）、绿化队为了更好地为毛主席革命外交路线服务，配合外事工作。在重大节日，尤其是在国庆节前，都对树木进行整修，搞好卫生整顿园容，布置花坛和标语牌。

1974年，北京市园林工作计划中提出："花卉园艺要革命，养花要从政治任务、人民群众需要出发，园艺要密切结合生产，重点保证政治用花和节日布置需要，要发展药用花卉，盆花不宜发展过多，不能展出的盆花一律淘汰，花卉门市经营要以政治用花为主。"

1983年，朝阳区园林局完成主要干道栽花5000株，节日摆花2500盆，日坛等三个公园共生产草花51000株，盆花11650盆。日坛公园"五一"劳动节摆花15000盆株，"十一"国庆节摆花3700盆（株），另有15000株五色草。朝阳公园"五一"摆花坛一个，"十一"国庆摆花坛6个。外购大盆花30余盆。

1984年，为了庆祝建国35周年，在市区政府的部署下，朝阳区园林局担负了空前繁重的"十一"盆花上街摆放任务。年初计划生产各种花卉11万盆，实际完成15.29万盆。经过区园林局职工11天的昼夜奋战，共运输摆出各种花卉12.4万盆，摆出花坛89个，花堆8个，大小花袋720个，其中迎宾路、朝阳路共摆花卉11万多盆，全区群众摆花达到25.9万盆。

大黄庄苗圃自行设计制作的"团结一致，奔向胜利"花坛，摆放在东大桥蓝岛大厦；元大都城垣遗址公园摆设了两个大花坛，"丹凤朝阳"位于华都饭店前，用花1.5万盆。另一个"热烈庆祝建国35周年"大横幅位于幸福村路旁，长43米，用花5万盆；红领巾公园承担了呼家楼十字路口和呼家楼邮局前的摆花任务；团结湖公园摆花地点从东大桥三角地到永安里街头的路口及道路两侧，永安里街头的"孔雀开屏"大型花坛，受到市区二级表扬；日坛公园在东大桥路口摆设大型花坛，以高大植物作背景，突出立体牌坊，上写"国庆"二字，用花1200多盆。

国庆35周年第十一届亚运会和国庆50周年三次重大活动，区园林局投入人力达几千人次，使用各种车辆874次辆。街头摆花设计大小花坛900余处，总计摆花7500000万盆/株。花卉分布之广，占地面积之大，用花量之多，是历史上所没有的。

1985 年，区园林局积极组织花卉生产，完成了节日摆花任务。全年共生产各种花卉 6.5 万盆。日坛、土城、大黄庄苗圃的串红，土城的小丽花和土城的早菊长势良好，保证了节日用花。"五一"劳动节公园内摆花 8437 盆，道路摆花 1528 盆，国庆节摆花近 6 万盆，在迎宾线共摆出大中型花坛 27 个，并形成有小花堆组成的 3~4 条花带。其中团结湖公园摆出的凯旋柱，红领巾公园摆出的五色草方亭，土城绿化队摆出的振兴中华组字等各具特色的花坛，受到领导和群众的好评。

1986 年，国庆 37 周年，大黄庄苗圃、红领巾公园、土城绿化队等共养花 5 万余盆，保证了"十一"国庆用花。节日期间全局六个绿化单位担负了从新源街北口至永安里、迎宾路上的摆花任务。绿化队摆的丹凤朝阳、团结湖公园摆的双龙柱、苗圃摆的长城等花坛，造型别致、做工精细、寓意深刻，取得了良好的社会效果，受到群众的称赞。在国庆摆花工作中，各街道共组织了 50 万盆鲜花上街，充分显示了群众单位在绿化美化工作上的力量和作用。

1987 年国庆摆花工作抓得早，花源充足、图案新颖、美观大方、线条流畅、颜色对比明快，花卉质量也较好，质量有较大的提高。全区群植共摆鲜花 412203 盆、迎宾线摆花 38078 盆、五色草 199000 株。公园（含土城）摆花 15272 盆。花坛 146 个和各种五色草组成的立体图案，图案设计水平有较大的创新，结合形势、新颖、活泼、富有时代感。尤以日坛公园的"勤劳小兔一家"最受群众欢迎。为迎接"十一"和十三大的召开，为二环路摆花提供了花卉和撒花的工作。该年摆花工作评出一等奖五名、二等奖八名、三等奖五名。

1988 年国庆，迎宾路摆花 14623 盆，摆了五个造型花坛。1989 年全年摆花达到 31 万盆。1989 年国庆期间，区园林局绿化一队在东大桥摆设"亚运会正向我们走来"的大型花坛，在光明桥也摆设了大量花卉，两处摆花 5512 盆。

1990 年为做好迎亚运、国庆节日的摆花，区园林局发动单位、院校的美工、花工，对重点地区的花坛方案进行招标，参加人数近百人，提出方案 200 多份，选用近 20 份用于特类和一类摆花区，其中有六组评为市优秀花坛。区园林局结合庆祝中华人民共和国成立 41 周年和亚运会的主题，在工人体育馆、重点道路、大小广场、机场车站、交叉路口、立交桥头、大饭店门前等都布置了大小花坛。大黄庄苗圃在三里屯商场门前，摆置大型花坛"友谊之杯"；绿化一队在工程改造期间，在光明桥、团结湖、排球馆处装饰道路，摆花 2 万余盆；元大都公园在工人体育场北西南三面摆设大约 450 个花坛，长约 1.8 公里，用花 1 万余盆；红领巾公园在丰泽园饭庄摆放花坛"二龙戏珠";团结湖公园在公园东门摆出的花坛是亚运吉祥物——大熊猫,用花约 2000 盆;日坛公园依靠群众,动用花卉、养护等 5 个班组人员,用一周左右时间完成七组花坛,其中朝阳体育馆排球馆外摆的花坛造型为"拼搏",东大桥三角地花坛造型为"海豚"。

1990 年 8 月 26 日,亚运会主会场共布置大型花坛八个,总面积 4048 平方米,花带 2120 延长米,盆花盆栽植物 82684 盆株。是年朝阳区园林局绿化办公室首次协助区办事处进行了阳台整治。共计 277 栋楼 11078 个阳台,摆花 72684 盆。"绿茵铺地,满目青翠,花团锦簇,赏心悦目"。摆花工作先后得到市区领导的认可和好评。当年全区栽摆盆花总计 2290990 盆,其中国庆摆花 200 万盆,花坛 200 多个,数量之大和摆花辐射面之大,居全市之首,为亚运增了光彩。全市评选出的优秀花坛中,朝阳区有 6 个。

1991 年按照局里安排,日坛公园加强了花卉生产,完成了园内"五一""七一""十一"摆花任务。国庆组摆"万象更新"花坛。1992 年国庆摆花重点突出党的十四大召开和营造申办奥运气氛。植物材料突出黄菊花,配以串红和其他花卉。全区 21 个办事处共摆鲜花 70 多万盆,其中黄菊花 21 万多盆,突出佳菊遍城香的喜庆气氛。摆设大型花坛 88 个,以机场附线和迎宾线为摆放重点,15 条重要街道摆设了花坛花带。单位门前摆花质量有所提高。亚运村办事处的"小桥流水"花坛和北汽摩厂"雄狮"花坛参加了市里的花赛,均获得好评。1992 年开始,红领巾公园在 1996 年、1997 年、2000 年的"五一""十一"摆设花坛;总用花量 41483 株(盆)。1993 年日坛公园花卉管理和节日摆事花工作成绩显著,当年承担了七运会主会场——工人体育场周围的摆花工作,完成了工体南路西路、北路三条路摆花,并克服困难,完成了南门追加任务,受到了区园林局和市园林局的表扬。1994 年日坛公园在工体北路、东路、东厢、二环路,三里屯的工体东北角及其他重点位置摆大型花堆。同时七运会组委会安排,摆花 5000 盆,东厢和二环路以入地菊花和宿根为主,主题是"团结、奋进、振兴中华","隆重、热烈、圆满、精彩"标语造型。1995 年日坛公园接受了祁家园路口的两组"孔雀开屏"花坛的任务。"孔雀开屏"骨架高约 8 米,宽 5 米,用钢筋做骨架外包麻袋布,内部装土,进行花草扦插,经过全园干部、职工共同努力,连续紧张工作近一个月时间,两个同样造型,每个重达 30 吨的造型花坛制作成功,提前组摆完成。被评为市区一等奖。1996 年国庆期间,北京市对城近郊区设置的花坛进行评比。朝阳区园林局在东大桥路口设计制作的"孔雀开屏"和"垂钓",朝阳公园南门设计制作的"纪念红军长征 60 周年"以及北京汽车制造厂门前花坛均获得三等奖。

1996~2001年，全区城市花卉布置工作，重大节日主要以各社会单位门前摆花为主，在主要道路上进行一些花卉布置。

1999年国庆50周年，绿化一队在迎宾线两侧各摆50个汉白玉花钵，主体花架栽摆常用花卉30224盆。绿化二队在迎宾线摆设花球22个，在东外大街摆设花球18个，使用花卉有牵牛花、串红、菊花、万寿菊、小丽花、天冬草、鸡冠、千日红、向日葵、垂枝牵牛共43000盆。元大都公园在中华民族园门前及路口摆设花坛及造型，共用花卉20000多盆。在中华民族园路口设置高7米、长6米、宽4米的"威武雄狮"，民族园入口处摆放长12米、宽10米的"民族团结"。红领巾公园为国庆50周年设计制作花坛，总计用花25729株/盆。团结湖公园在东门摆放一个大花墙，用牵牛花组成"国庆"二字，门两侧配以40余米长的花带，用花2500盆。日坛公园在公园南门做了一个"小兔一家"花坛造型，占地面积40平方米。50周年大庆，朝阳区园林局全年提供花卉121906株/盆，其中节日摆花111291株（盆）。

2000年8月，北京市园林协会在红领巾公园现场会摆花，栽植花卉12784盆。2000年国际商务节，绿化二队摆花28813盆，并且在迎宾线、东外大街、农展馆门口都分别摆上花球、花钵、共投资12万元。2002年朝阳区在重点地区实施国庆花卉布置，运用地栽、立体悬吊、花钵、种植槽、花坛、花带、花堆、花架等方式栽摆花卉100万盆。2003年，朝阳区绿化局组织各专业队伍及辖区街道办事处在城区重点地段采用地栽、花钵、花架和桥体悬挂花卉等方式栽摆鲜花200万株（盆）。2004年，朝阳区"五一"花卉布置，在东四环新迎宾线、东三环路等20条主干道栽摆鲜花73万盆。国庆前夕，朝阳区绿化部门对辖区工体北门、东大桥广场等25处重点地段进行重点布置，地栽花卉20万株，摆放花卉170万株（盆）。2004年7月，朝阳区绿化局代表北京市完成深圳园博园北京室外展区"知乐园"工程设计、建设任务，绿化面积3300平方米。该项工程被国家建设部授予"北京市政府组织金奖""北京市园林局室外景点金奖""深圳园博园北京室外展区施工金奖"。2005年，朝阳区"五一"花卉布置，用花30余种70万盆；国庆节前夕，朝阳区在城区重点道路、地段栽摆花卉60余种180万盆，调动社会力量在单位门前栽摆花卉40万盆。元大都城垣遗址公园布置的"同一个世界，同一个梦想"为主题的花坛在北京市园林行业花坛评比中获得二等奖。

2006年，朝阳区对三环路、四环路、朝外大街等25处主要道路及桥体实施国庆花卉布置，栽摆花卉60余个品种200万余盆。元大都城垣遗址公园布置的"传递辉煌"主题花坛，被评为北京市国庆花坛一等奖。2007年，朝阳区在重大节日、奥运测试赛期间，栽摆大量花卉，特别是在秀木广场、郡王府举行花卉品种展示会。其中，秀木广场花卉品种展示会选用新、优、特品种，栽摆布置花卉 166 个品种 17 万盆。

2008 年，朝阳区专业负责的花卉布置，重点放在奥运比赛训练场馆、场馆间联络线、城市快速路、城市主干道、高速公路、城市开放空间、立交桥、商业圈等地，地栽花卉面积 15 万平方米，摆花 792 万盆，立体花坛 17 座，大型花钵 100 个。其中市重点工程民族大道的环境布置摆放大型花钵 100 个，布置花卉 2.5 万盆；奥林匹克中心区地栽花卉 8 万平方米 320 万盆；朝阳区公园系统结合本公园及局部区域的特点，布置 17 座规模不同、造型各异的花坛，栽摆花卉 40 余个品种 128 万盆。朝阳区 23 个街道办事处，摆放花坛 60 余座，花钵 600 个，用花 110 万盆。8 月 24 日~9 月 3 日，朝阳区由奥运会转为残奥会主题的环境布置工作全面完工，朝阳区园林绿化局针对全区道路和花坛中已经处于弱势的花卉进行全面更换，更换花卉 264.6 万余盆。元大都城垣遗址公园荣获北京奥运会残奥会花卉布置二等奖。

奥运期间全区栽摆花卉、绿植 1350 万盆，立体花坛 94 座，摆放大型花钵 700 余个，规模之大、数量之多、用材之广，均创历史之最，为奥运创造了一个绿色的世界和花的海洋，为首都描绘出色彩斑斓、气势恢弘的美丽画卷，带给各国友人以强烈的心灵震撼，得到了国内外广泛赞誉和高度评价。

2009 年，朝阳区"60 年大庆"花卉布置栽摆花卉 639 余万盆，包括大型主题立体花坛 9 处、新建花树 106 个、原有花树 40 个、道路容器花卉布置 22 条、道路地栽花卉布置 9 条及区属公园系统花卉布置，营造出"和谐金秋歌盛世，丹凤朝阳炫中华"祥和、热烈的气氛，在全市"国庆"花卉布置评比中获一等奖 3 个、二等奖 3 个、三等奖 6 个。

2010 年，朝阳区花卉工作推进常态化管理，利用 2008 年奥运和 2009 年大庆时期已建成的花钵、花架等设施，在三环路、四环路、朝外大街、建国路等重点道路和重点地区进行容器、花树摆花和地栽花卉。国庆期间，全区栽摆花卉 400 万株，营造出缤纷靓丽、喜庆热烈的氛围。国庆期间团结湖公园摆放的"菊韵"花坛被北京第二届菊花文化节组委会评为"北京最美菊花景点"。完成春节、两会等重点时期的环境保障工作。

2011 年"五一"期间，园林绿化局属单位共摆放花卉 81.75 万盆；"七一"前夕，为迎接中国共产党成立 90 周年，营造优美环境，在近 50 条区域重点道路、10 个景观节点，栽摆花卉 20 余种 600 万余株，累计面积 8 万余平方米。元大都城垣遗址公园在四海宾朋景区东侧和海棠花溪景区西侧的城台上布置"建党 90 周年"花坛；国庆前夕，朝阳区在区域内近 50 条重点道路、10 个景观节点，通过平面地栽、立体花束以及大型立体花坛的形式营造出立体式全方位的景观效果。花卉品种 20 余株，栽摆花卉 650 万余株，其中大型立体花坛用花 39 万株（盆），以东四环四元桥主路两侧的"兴国安邦"花坛、工体西路搭建的"文明你我他"主题花坛、金地中心的"和谐朝阳"主题花坛的布置效果最为突出。全年共栽摆花卉 1454 万株，设置立体花树 86 个，营造了喜庆祥和的环境氛围。

2012 年园林绿化局栽植各类花卉 800 万株（盆），栽植面积 11.1 万平方米，栽植立体花树 95 个、设置花钵 1307 个，全区范围内共布置大中型立体花坛景观节点 32 处，地栽花卉面积 11.4 万平方米，花材使用量达到近 680 万盆。设置以喜迎十八大反映党的光辉历程、欢度国庆佳节为主题的大型立体花坛 12 处，结合形式多样的中小型花坛、容器摆花和地栽花卉布置，共同打造多层次、多空间的全方位花卉景观效果，营造出喜迎党的十八大隆重的社会氛围和欢庆节日的喜庆氛围。

2013 年国庆期间，本着"厉行节约、营造氛围"的原则，栽植各类花卉 160 万株（盆），营造喜庆、祥和的节日气氛。区园林绿化局参加第九届园博会立体花坛和园林小品大赛及北京园建设，设计并建成主题为丹凤朝阳、京华圆梦"植桐引凤"大型立体花坛参展，获得会展"钻石奖"等四项大奖；建设的北京园被北京市园林绿化企业协会评为北京市 2013 年精品工程，朝园弘公司北京园项目部被第九届园博园组委会评为特殊贡献奖；参加顺义鲜花港"菊韵北京，美丽中国"为主题的第十一届中国菊花展览会，设计并建成"龙腾盛世，文明朝阳"大型立体花坛，荣获"最佳组织奖"。

2014 年国庆期间布置立体花坛 11 处，栽摆各类花卉 350 万株，地栽花卉 8 万平方米。全面完成了 APEC 会议重要联络线、全区 13 家代表驻地酒店及周边环境布置工作。

2015 年在摆放花卉基础上，为全面做好北京世界田径锦标赛和中国人民抗日战争胜利 70 周年纪念活动环境布置工作，在重要道路、景观节点增加一次花卉环境布置，营造良好的赛会景观，全年共栽植花卉 313 万株。2011~2015 年，重要活动和节日栽摆花卉共计 1923 万盆。

2016 年清明节期间，日坛公园在马骏烈士墓周边摆放瓜叶菊 200 盆和万年青 80 盆。7 月补植花卉 7680 盆。花卉常态化项目工程，区绿化一队栽摆时令花卉 69.45 万株。区绿化二队栽摆花卉 161.08 万株。北小河公园地栽时令花卉 2 万余株。大黄庄苗圃完成京通路花卉布置常态化两茬花的栽植工作，共栽植花卉 5.42 万盆。国庆期间，团结湖公园国庆栽摆各种花卉 1.8 万株；元大都城垣遗址公园国庆前"和平盛世"立体花坛布置，使用用海棠 8228 盆、孔雀草 7778 盆、金叶反曲景天 1.41 万盆、凤仙 1035 盆，地栽黄孔雀草 1.26 万盆、橙孔雀草 8800 盆。红领巾公园使用花卉 18.99 万株；朝来农艺园布置花卉 1.6 万余盆；大望京公园布置花卉 3.89 万株；北小河公园布置时令花卉 6.25 万株；庆丰公园节日布置使用花卉 23 万株。劲松街道办事处布置各色花卉 3.56 万盆。首都机场街道办事处使用花卉 3 万余盆。安贞街道布置各种花卉 2 万余盆。呼家楼街道布置各色花卉 3.56 万盆。潘家园街道办事处使用花卉 3 万余盆。东湖街道办事处摆花 12 万盆。垡头街道办事处使用各类花卉 1.61 万盆。2017 年完成花卉常态化项目、国庆节及十九大花卉布置，共计使用花卉 386 万株（盆）。

### 朝阳区重大活动摆花情况统计表

| 年　　度 | 全年摆花（万株/万盆） | |
|---|---|---|
| | 合　计 | 其中：节日摆花 |
| 1984 年国庆 35 周年 | 22.108 | / |
| 1990 年迎接亚运会 | 229.099 | 200 |
| 1999 年国庆 50 周年 | 12.1906 | 11.1291 |
| 2008 年北京奥运会 | / | 1350 |
| 2009 年国庆 60 周年 | / | 639 |

### 朝阳区节庆摆花重要获奖作品

| 年度 | 单位 | 获奖作品 | 市区级奖 |
|---|---|---|---|
| 1984 | 日坛公园 | 大型花坛 | 获奖 |
| 1987 | 日坛公园 | "小兔一家" | 一等奖 |
| 1990 | 日坛公园 | "拼搏""海豚" | 获奖 |
| 1991 | 日坛公园 | "万象更新" | 一等奖 |
| 1995 | 日坛公园 | "孔雀开屏" | 一等奖 |
| 1995 | 元大都遗址公园 | "金龙腾飞" | 一等奖 |
| 1996 | 绿化一队<br>朝阳公园 | "垂吊"花坛<br>"纪念红军长征 60 周年" | 市三等奖<br>市三等奖 |
| 1997 | 绿化一队 | "垂吊"花坛 | 二等奖 |

（续表）

| 年度 | 单位 | 获奖作品 | 市区级奖 |
|------|------|----------|----------|
| 1998 | 绿化一队 | 国庄花坛 | 二等奖 |
| 2003 | 日坛公园 | 国庆花坛 | 二等奖 |
| 2005 | 区园林绿化局 | "花钵花架一条街"<br>"同一个世界同一个梦想" | 市一等奖<br>市一等奖 |
| 2007 | 元大都遗址公园 | "传递辉煌"主体花坛 | 市一等奖 |
| 2008 | 区园林绿化局 | "奥运接力"等花坛 9 处 | 市一等奖 3 个<br>二等奖 6 个 |
| 2009 | 区园林绿化局 | "普天同庆 喜迎华诞"等大型主题立体花坛 9 处 | 市特等奖 1 个<br>一等奖 3 个<br>二等奖 3 个 |
| 2013 | 区园林绿化局 | "植桐引凤"立体花坛 | 第九届园博会"钻石奖" |

# 第十节 立体绿化和屋顶绿化

随着北京城市建设的发展，大量新建建筑群体的落成使得可绿化用地日益减少。如何提高城市绿化覆盖率，改善生态环境，成为亟待解决的问题。屋顶绿化逐步成为了增加城市绿量、美化城市景观、储蓄天然降水、缓解热岛效应、降低空气中可吸入颗粒物、节约能源和土地资源、改善城市生态功能的一个重要组成部分。屋顶绿化能够营造良好的景观效果，发挥良好的生态效应，是节能环保的有效途径，同时也是拓展休闲空间的重要措施。

举办亚运会之前，1989 年"朝阳排球馆"的绿化面积只占总面积的 12%，绿化面积少，而且一部分在地面以下，因此设计上采取了垂吊式的绿化，即种植大量的上爬和下垂的植物，这样既保证绿化和建筑的协调，又增加了绿化面积。

1996~1998 年，朝阳区采取各种形式进行立体绿化的宣传。1999~2003 年，现在左家庄朝外等 5 个街道近 10 幢临街楼房试行阳台摆花绿化。成功改造建设了麦子店街道农展南路，呼家楼街道朝阳医院东门立体绿化一条街，填补了北京市大型公共场所立体绿化的空白。2004 年完成拆墙透绿 11 处 4920 延长米，立体绿化八处 5048 米。2005 年全区完成屋顶绿化 15 处，2.35 万平方米；垂直绿化两处，绿化长度 730 米。自 2005 年开始，朝阳区每年完成的屋顶绿化建设都在 2 万平方米以上。

朝阳区 2006 年计划完成屋顶绿化 6 处，实现 2 万平方米屋顶绿化建设。实际完成屋顶绿化 7 处，实现 2.23 万平方米屋顶绿化建设。2007 年开展屋顶绿化工作，对全区 22 个主要街道、602 家单位可绿化屋顶情况全面普查，面积达 200 余万平方米，实施屋顶绿化建设 3 万平方米。2007~2010 年全区完成屋顶绿化面积近 10.6 万平方米，屋顶阳台桥体，即拆墙透绿四绿工程的实施，成为当时朝阳区绿化美化的一道新景观。其中 2009 年完成屋顶绿化 3.45 万平方米。2010 年，完成中华女子学院、北京第二外国语学院等 9 处约 3 万平方米屋顶绿化建设，形成一批空中花园，营建城市"绿色空间"。2011 年朝阳区加大屋顶绿化建设，实施屋顶绿化 12 家单位，绿化面积 2.16 万平方米，工程投资 402.26 万元。2012 年，屋顶绿化完成安贞华联广场改造工程和小关街道办事处屋顶绿化工程。共计改造面积 1.18 万平方米。2013 年，朝阳区完成屋顶绿化建设 11 处，实现绿化面积 2.03 万平方米。2014 年，朝阳区完成屋顶绿化建设 10 处，实现绿化面积 2.02 万平方米。2015 年，完成屋顶绿化建设 11 处，实现绿化面积 2.4 万平方米。2016 年，完成屋顶绿化建设 12 处，总面积 2 万平方米。2017 年，完成屋顶绿化 2 万平方米。

2016 年 11 月 14 日，朝阳区园林绿化局下发《朝阳区屋顶绿化综合管理工作实施办法》（试行）。其中规定按照市园林绿化局下发的《绿化养护等级质量标准》（园绿字〔1999〕047 号文件）及北京市地方标准（2003 年 10 月 1 日实施），《北京市屋顶绿化建设和养护质量要求及投资测算》的通知，对中央、市、区属单位及单位宿舍、小区物业管理公司管辖的屋顶绿化工作，由区园林绿化局分别负责落实、督促、检查，杜绝出现弃管、弃养现象的发生。

2017 年完成望京西园三区、天创世缘小区等 12 处（约 2 万平方米）屋顶绿化及 2 公里垂直绿化等绿化建设和改造任务。

# 第十一节　苗圃建设和果品产业

## 一、苗圃建设

大黄庄苗圃是朝阳区最早建设的苗圃。1959 年为响应"大地园林化"的号召，北京市园林局修改了既定的园林绿化规划方案。方案中决定要在绿化格局中设计安排一定的数量苗圃、花圃和农田。1960 年 5 月，经区领导批准，高碑店公社大黄庄生产队改建成苗圃，占地 62.67 公顷。苗圃土地归集体所有，生产队 104 名劳动力成为苗圃队员后，仍是农业户口，不享受国家待遇。朝阳区建设局为大黄庄苗圃拨生产资金，派技术员，苗木收入归区建设局。

1949 年以前，朝阳区的花卉生产主要在鬼王庵，以生产露地草花为主，花卉生产在北京市所占比重一直很小。1960 年，北京市园林局花卉管理处在朝阳区东郊星火公社收地 279 亩成立了东郊花圃，由于三年自然灾害，花圃于 1961 年退出土地 204 亩。1962 年又退出 49 亩只保留了一小片管理基地。到 1965 年撤销了花圃，将土地退回。1963 年 11 月 27 日，朝阳区农林水利局筹建八里桥苗圃，占地面积达 240 余亩，包含 30 多亩平房苗圃，是朝阳区农村建立的第一个区级国营苗圃。1967 年该苗圃解散，土地移交给北京铁路局，平房苗圃土地归原区农林局。

1972 年初朝阳区革命委员会根据北京市革命委员会文件，将大黄庄苗圃设为区建设局下属基层单位，征购全部土地，改为国有制苗圃。苗圃队员及家属 364 人，全部转为城市人口。转工人员共 288 名，其中苗圃职工 183 人，调转区建设局所属单位 105 人。大郊亭苗圃在 1972 年春也出土了大量苗木。1973 年朝阳区楼梓庄苗圃面积达到 3671.25 亩，成为朝阳区苗圃发展史上的第二个高峰。

1976 年全区苗圃面积从 1975 年的 1015.2 亩猛增到 3018.2 亩，成为朝阳区苗圃发展史上的第三个高峰。1977 年大黄庄苗圃面积达到 1000 亩，在园苗木 62 万株，树木品种 78 种。1978 年 11 月，朝阳区林业站首次对区属苗圃进行逐块调查，核实全区共计有苗圃 1304.2 亩。其中公社级苗圃 667 亩，苗木 80 万；大队及苗圃 452 亩，有苗木 50 万株；生产队苗圃 185 亩，有苗木 39 万株。朝阳区农业局在东坝公社建立苗圃基地 330 亩，是当时面积最大的公社及苗圃。1979 年，朝阳区农业局召开林业会议，决定把东坝苗圃基地列为重点工程。1980 年 3 月 17 日，在来广营乡知青队成立朝阳区农林局苗圃，占地六十亩。次年移交给来广营乡。1985 年，朝阳区林业站为保证朝阳区的绿化用苗改变树种单一的状况，分别在东坝乡科技站和将台乡安家楼建立了两个苗圃基地，占地 72.24 亩，主要发展美化树种。1986 年出圃苗木 13 万株，育苗 13.5 万株，补植小苗 25 万株。

1987 年 3 月，为配合大环境绿化的需要，在市有关部门支持下，正式征用高碑店乡北花园村葡萄园 200 亩作为原区农林局苗圃基地，苗圃建设全靠人力，当年栽植苗木 20 万株。北花园苗圃为朝阳区的大环境绿化作出重要贡献，同时也服务乡村和重点绿化工程，并逐渐建设成为本区农村苗木生产基地，良种繁育基地和林果技术实验示范基地。

1988 年对苗圃管理进行了调整，健全规章制度、强化管理、自力更生，辞退临时工并调动广大职工的积极性，苗地管理有了改观，控制了草荒和病虫害，减少空白地，改造地力，停用污泥改用粪便，苗木长势好于往年。

1996~2000 年期间，朝阳区苗圃生产逐渐形成专一生产苗木和结合生产花卉。苗木注重发展常绿苗木和珍稀品种苗木。2000 年以后，苗木品种更加注重质量，同时大量发展花卉生产。大黄庄苗圃和北花园苗圃 2004 年的苗木销售创收取得好成绩，全年出圃苗木 1.88 万株、花卉 1.51 万株，被定为市级无检疫苗圃，并被国家林业局授予"全国质量信得过种苗基地"。2006 年北花园苗圃做到苗木起苗、包装、运输一条龙服务。

为了加强管理和指导功能，2005 年朝阳区发挥"北京林木种苗信息网"区县管理和指导功能，为林木种苗生产经营提供信息服务，朝阳区林业站为各苗圃分别建立网上用户名、密码，各苗圃可随时登录网站更新、维护企业信息，利用网络发布苗木生产、销售信息，实现定期网上公布苗木品种、价格，拓宽销售渠道。并为个别不具备上网条件的苗圃，代理企业和苗木销售信息网上登记业务。

2007 年初成立花卉生产部，开设年销花、绿植租摆门市，引进与培育各种花卉 40 个品种，50 余万盆。2008 年通过普查，全区种苗育苗面积 540.75 公顷，累计育苗 490.93 万株，出圃 122.06 万株。花卉生产 30 万盆，花卉出圃 20 余万盆。2009 年在提高种苗质量、规范种苗市场秩序、强化种苗工程管理等方面加强监督力度，初步形成以国有苗圃为主体，社会育苗为补充的苗木生产体系。当年全区种苗育苗面积 595.73 公顷，累计育苗 488.8 万株，出圃 147.8 万株。当年从北京园林科研所引进万寿菊、夏瑾、羽扇豆、岩生庭芥、金鸡菊、狼尾草、醉蝶等时令与宿根花卉新品种，花卉生产 10 余万盆。北花园苗圃在丰台区花乡和朝阳区莱太花卉市场分别成立花卉销售门市部。区园林局 2000 年投资 230 余万元，建起占地 75 亩的大黄庄花卉生产基地。2011 年开始调整苗木产业结构，引进大规格乔木，改变花卉培育模式，由培育传统时令草花改成培育宿根花卉为主逐渐替代传统时令草花，降低生产成本。2011 年之后，开始改变花卉培育模式，由培育传统时令草花改成培育宿根花卉为主逐渐替代传统时令草花，降低生产成本。

截至 2016 年年底，朝阳区有苗圃 33 个，总占地面积 574.73 万平方米，可育苗面积 514.06 万平方米。其中国有苗圃 5 个，股份制苗圃 17 个，集体苗圃 6 个，个人苗圃 5 个。

2017 年 12 月 27 日，根据北京市朝阳区机构编制委员会朝编〔2016〕41 号文批复，北花园苗圃更名为北花园绿化队，大黄庄苗圃更名为大黄庄绿化队，机构编制调整为公益二类事业单位。

### 大黄庄苗圃苗木花卉生产情况（1996~2016年）

| 年度 | 苗圃/育苗面积（万平方米） | 繁殖苗木（万株） | 繁殖花卉（万株） | 出圃苗木（万株） | 出圃花卉（万株） | 在圃苗木（万株） | 在圃花卉（万株） |
|---|---|---|---|---|---|---|---|
| 1996 | 55.77/41.18 | 4.97 | 1.18 | 7.26 | 1.08 | 26.9 | 0.3816 |
| 1997 | 55.77/41 | 6.76 | / | 1.81 | 1.16 | 26.9 | 0.382 |
| 1998 | 55.77/ | 1.49 | 4.7 | 5.51 | 1.36 | 19.91 | 3.34 |
| 1999 | 55.77/38.33 | 1.1 | 0.8 | 5.37 | 1.7 | 21.87 | 0.6 |
| 2000 | 55.77/ | 0.6576 | 79.58 | 4.8 | 59.17 | 26.29 | 1.12 |
| 2001 | 55.77/ | 0.308 | 65.96 | 7.6 | 71.19 | 19.39 | 0.5425 |
| 2003 | / | 8.3 | 47 | 0.269 | 45.83 | 19.42 | 2.1 |
| 2004 | 75.11/61.46 | 0.3689 | 40 | 2.33 | 24.15 | 10.3 | 0.8254 |
| 2005 | 75.11/61.46 | / | / | 4.96 | 4.02 | / | / |
| 2006 | / | 1.32 | / | 2.11 | 19.99 | / | / |
| 2007 | / | 12.68 | / | 4.31 | 35.89 | / | / |
| 2008 | / | 6.19 | / | 4.81 | 114.33 | 15.78 | / |
| 2009 | / | 17.29 | 10.13 | 11.03 | 29.42 | / | / |
| 2010 | / | 3.98 | 20 | 7.88 | 20 | / | / |
| 2011 | / | 0.18 | / | 0.2429 | 0.99 | / | / |
| 2012 | / | 0.08 | / | / | / | / | / |
| 2016 | / | 0.2642 | / | 0.2366 | / | / | / |

注：2003年增加育苗地26.67万平方米，位于通州区永乐店，为临时租用土地。

### 北花园苗圃苗木花卉生产情况（1996~2016年）

| 年度 | 新育面积（万平方米） | 出圃面积（万平方米） | 入圃苗木（万株） | 培育花卉（万株） | 出圃苗木（万株） | 出圃花卉（万株） |
|---|---|---|---|---|---|---|
| 1996 | 6.67 | 4 | 7 | / | 7.14 | / |
| 1997 | / | 3.335 | / | / | 7.57 | / |

| 年度 | 新育面积（万平方米） | 出圃面积（万平方米） | 入圃苗木（万株） | 培育花卉（万株） | 出圃苗木（万株） | 出圃花卉（万株） |
|---|---|---|---|---|---|---|
| 1998 | / | 1.6675 | / | 0.6710 | 6.53 | 1.13 |
| 1999 | 2.8<br>30（联营） | 3.2683<br>14（联营） | 7.26 | / | 4.13<br>3（联营） | / |
| 2000~2001 | 70（基地骨干）<br>100（豆各庄）<br>26.68（黑庄户） | / | 259<br>200<br>12 | / | / | / |
| 2002~2003 | / | / | 1 | / | / | / |
| 2004 | / | / | 1 | / | 2 | / |
| 2005 | / | / | 2.1 | 0.3851 | 7.15 | / |
| 2006 | / | / | 2.5 | 0.5 | 1.81 | / |
| 2007 | / | / | 12.2 | 50 | / | / |
| 2008 | / | / | / | 30 | 15 | 20 |
| 2009 | / | / | / | / | 10 | / |
| 2010 | / | / | / | / | 1.3 | 2.5 |
| 2011 | / | / | 8.1 | / | 2.49 | / |
| 2013 | / | / | 9.15 | 29 | / | / |
| 2016 | 40.6 | / | / | / | / | / |

## 二、果品产业

### 1. 果品产业发展概况

建国初期，朝阳区果园面积很小，约有 120 亩，其中有抗日战争时期建立的双桥葡萄园、大屯北顶的桃园和孙河北甸的葡萄园等。

到 1959 年，朝阳区果园面积发展到 2153 亩，有各类果树 12.48 万株。1960 年，果园面积发展到 5000 余亩，果品产量达到 93500 公斤，成为朝阳区果树发展史上的第一个高峰。果园主要分布在双桥、和平、中德三个大公社。到 1964 年，全区果品总产量达到 54 万多公斤。1976 年，高碑店公社，太平庄生产队，葡萄丰产试验田 30 亩，平均亩产达到 4050 公斤，创历史最高水平。1976 年 9 月，市民政局平房农场科技小组用三年时间，精心培育出适合北京地区生长的晚桃新品种'绿化 3 号'和'绿化 9 号'。经过各有关部门共同品评鉴定，正式定名'绿化3号'为'秋香'，'绿化9号'为'燕红'。

十一届三中全会以后，在服务首都富裕农民的方针指导下，实行"三不减"，即不减耕地面积、不减粮食指标、不减征购任务的基础上，掀起了朝阳区果树发展的第二个高潮。全区果树面积从1980年的7112.4亩，发展到1984年的9523亩，其中14个集体所有制乡660085亩，仅仅葡萄面积就发展到5217.2亩，其次是桃和苹果。果品总产量从1980年的287万公斤，增加到1984年的642.2万公斤。

朝阳区的果树品种主要有葡萄、苹果、桃、梨四个大类，葡萄是主栽树种。1980年以前，葡萄品种比较单一，主要是玫瑰香为主。1980年到1982年，高碑店、东坝、金盏、楼梓庄、王四营、南磨房六个公社的12个大队，23个生产队和3个公社科技站，在东郊葡萄酒厂的协助下，调入12个酿酒品种。1983年，朝阳区金盏乡北马房果园，引进世界名种核心选育的葡萄优良品种共907株，占地8.3亩。

1984年以后，因酒葡萄价格政策的影响，大部分酒葡萄地开始改造或砍掉，果园面积和果品产量逐年下降。1985年朝阳区新建鲜食葡萄品种基地135亩。1987年全区有果园面积8953亩，鲜果总产量551.5万公斤。1988年，高碑店高井葡萄园将百亩酒葡萄逐步改造成为鲜食葡萄品种园。到1989年，朝阳区果园面积减少到7462亩，鲜果总产量降为344.5万公斤。20世纪90年代后期，果树面积逐年减少，到1999年全区果树面积仅有2109亩，总产量76.1万公斤。值得一提的是1987年8月，朝阳区王四营乡观音堂大队果园培育出观音水蜜桃新品种。该项目于1987年获朝阳区科协技术委员会科技成果二等奖。

进入21世纪后，朝阳区加快绿化隔离地区建设，随即进入朝阳区隔离地区建设和产业结构调整时期，也是朝阳区果树生产快速发展阶段。自2002年开始，大规模恢复工作全面展开。郎家园枣累计繁育苗木200万株，在朝阳区王四营乡建设243亩的郎家园枣观赏园。朝阳区的果品产业，基本形成了以郎家园枣为特色产业，集旅游观光、采摘休闲于一体的都市果园型模式。

2003年结合绿化隔离地区建设和农业结构调整，全区把郎家园枣的发展定为农业重点可持续发展项目，在王四营乡、孙河乡、金盏乡、东坝乡等地栽植郎家园枣3000亩，21万株。2003年朝阳区果树面积是1.4万亩，产量200万公斤。全区有6家果园被列为北京市定点观光果园。当年各果园接待观光采摘者1200人次，采摘果品1万公斤，采摘收入5万元，促销量5万公斤。

2006年全区主要有郎家园枣、富士苹果、黄金梨、红灯樱桃、无核葡萄等早中晚熟品种 200 余个。郎家园枣的发展产生了极大的社会效益，并安置 1100 名农民就业。2007 年被评为 2008 年奥运专供果品。2009 年产量达 5 万公斤。同时，朝阳区积极引进果树名特优新品种，果树产业结构由单一型向多树种发展，由过去的主要葡萄生产，到现在的多树种发展。主要有本地的郎家园枣、富士苹果、黄金梨、红灯樱桃、无核葡萄等。早中晚熟品种 200 余个。2009 年，朝阳区果树面积 5614 亩，年总产量 159.14 万公斤，产值 1342.89 万元，增加农民就业 1500 人。2010 年，全区果树面积有 8 千余亩（基本是 2000~2003 年期间发展的果树）。总产量在 260 万 ~280 万公斤之间。主栽树种有郎家园枣、苹果、桃、樱桃、梨等。

到 2010 年底，全区果树面积保留在 8000 亩，主要分布在小红门、黑庄户、平房、金盏、孙河、崔各庄、来广营、豆各庄、东坝等乡。年果品产量 284.61 万公斤，产值 920 万元。果树管理有三种形式，一是集体所有，二是个人承包经营，三是股份制经营。其中集体所有制果园有 4 个，面积 1500 亩；个人承包制果园 21 个，面积 6300 亩；股份制经营 2 个，面积 200 亩。2010 年，全区果园有一定规模可供观光的果园有 6 个，面积 5400 亩。

2012 年，果树生产积极引进名优品种，从国外引进（大玉白凤、黄金等）水蜜桃、苹果、甜柿等优良品种 30 个，面积 6.67 公顷，基地设在孙河乡。该园将建成一个集生态示范、科普教育、赏花品果、采摘游乐，集世界名桃于一体的现代主题观光果园，成为朝阳区观光果园的新亮点。

果树品种的更新换代很快，为了适应新形势的需要，近年来积极引进果树名特优新品种，果树产业结构由单一型向多树种结果发展，现在主要有苹果、梨、桃、樱桃、葡萄、杏、李子等。主要品种主要有本地的郎家园枣、富士苹果、黄金梨、红灯樱桃、无核葡萄等。早中晚熟品种 200 余个。管理上积极引进先进管理技术，严格按照绿色无公害有机食品要求进行管理，加强果园土壤管理，减少化肥驶入，多施有机肥，提高土壤肥力，改善果实品质，病虫害防治方面严格控制高毒农药的使用，推广使用生物农药和物理防治技术，推广节水栽培技术、推广果树的架式栽培、果实套袋、等管理技术，使果实品质有了很大改善，经济效益有了很大提高，农民收入逐年增加。2017 年全区重点果园推广果实套袋 90 万个，推广有机肥 3500 亩（233.3 公顷），推广果树现代新技术种植累计 40 公顷，推广苹果、樱桃、桃等名优品种 10 个。

60 年来，朝阳区果品产业发展经历了由粗放管理，向精细管理转变，由零散经营向集约经营、产业化发展，由过去单一产果，向观光采摘、休闲方向发展，功能不断增加，果园的基础设施更加完善，环境进一步改善，经济效益和社会效益进一步提高。

### 2. 郎家园枣

郎家园枣原产朝阳区郎家园一带，迄今有 300 多年的栽培历史，当时被列为清朝皇宫御果房的贡品枣之一。据枣品专家曲泽洲教授 1943 年《枣品种之研究》报导，郎家园枣可能由野生种选择而来；该枣 9 月上旬成熟，平均单果重 9 克左右，鲜果含糖量为 31%~35%，具有果形匀整、美观、皮薄而光亮，果汁甘美，酸甜适口，果肉致密酥脆、果核细小，可谓枣中极品。

1949 年以后，随着城市建设逐渐东扩，郎家园一带变成工业区、居民区，郎家园枣随之流失。70 年代初外省市来京要求引种，却因没有记载也不能确认品种而作罢。

市、区有关领导认为郎家园枣属名、特，优品种，应该恢复和发展。因此朝阳区林业站从 1985 年 10 月开始着手郎家园枣的资源普查和整理工作，重点在高碑店乡和郎家园枣原产地一带，发现尚存枣树 40 余株，树龄为数年至数百年不等。其中 50 年以上的老龄树约有 20 余株。1987 年在北京市林业局科教处、朝阳区科学技术委员会的支持下，对郎家园枣优质品种的繁殖进行研讨。通过多年的探索，在郎家园枣的繁育、丰产性等方面取得了令人瞩目的进展，解决了繁育难、座果率低等一系列难题。

朝阳区区委、区政府将郎家园枣列为朝阳区农业的一项重要的特色产业。在北京市园林绿化局、市科委、朝阳区科委、朝阳区农委等有关部门的关注和大力支持下，从 2002 年开始，大规模恢复工作全面展开。郎家园枣累计繁育苗木 200 万株，在朝阳区王四营乡建设 243 亩的郎家园枣种质资源观赏园。共移植大树 3000 株，当年株产 15 斤，总产 5000 公斤，引进名优枣品种 60 余个。

2003 年结合绿化隔离地区建设和农业结构调整，朝阳区把郎家园枣的发展定为农业重点可持续发展项目，在朝阳区王四营乡、孙河乡、金盏乡、东坝乡等地栽植郎家园枣 3000 亩共计 21 万株。2004 年完成特需特供果品申报工作。2007 年被评为 2008 年奥运供果。2009 年产量达 5 万公斤。实现以绿生财，以绿致富，带来明显的生态效益和社会效益。2010 年有郎家园枣果园面积 3341 亩。2010 年以后，随着朝阳区的建设发展，郎家园枣的栽种规模也随之缩小，截至 2017 年，郎家园枣仍保持一定数量的稳定生产与供应。

# 第三章
# 朝阳区城乡园林绿化管理

自建区以来，朝阳区的园林绿化管理经历了由简到繁，由粗放管理逐渐转向规范管理的过程。

朝阳区园林局在成立初期，对园林绿化的管理也是较为简单而粗放的。1978年党的十一届三中全会后，朝阳区一些公园开始起步建园，但总体上管理工作滞后。1983年和1985年北京市第一次第二次园林工作会议后，明确规定三级管理体制的职责，朝阳区园林局在园林绿化业务上受市园林局的指导，同时作为区政府所属的专业管理部门直接受区政府领导，这样便调动了"三级管理体制"的积极性，园林绿化的专业管理逐步走上正规化、规范化、科学化的轨道。

到20世纪末，朝阳区的公园、绿化建设紧跟朝阳区建设首都国际化大都市的整体步伐，取得前所未有的发展成果，产生了良好的环境效益、社会效益和经济效益，极大地改善了朝阳区的国际化区域形象和商业居住生态，在"三化四区"建设中做出了突出的贡献。21世纪初期，在奥运前期的建设中，朝阳区的绿化建设和公园建设再次得以迅速发展，尤其是2007~2009年三年，在绿化隔离地区建设的基础之上，郊野公园的建设进入快速增长期，其中部分公园建设成为精品公园，取得了良好的社会效应。这一成果除了政策扶持，地区倾心建设外，与局属和单位公园对郊野公园在管理上的支持是密不可分的。朝阳区的绿化管理和公园管理在奥运建设阶段登上了一个新的台阶，同时对奥运后的园林绿化管理则进行了合理的继承和提高，保护和维护了朝阳区多年来各个时期建设的绿化建设成果。

# 第一节　朝阳区园林绿化行业管理

## 一、朝阳区的公园管理

朝阳区在五六十年代先后成立了日坛公园和红领巾公园。由于在园艺绿化、养护管理方面缺乏必要的技术和经验，导致树木成活率低，枯枝死树多，病虫害严重。所以公园的养护管理只停留在一般的管理水平上，即冬春两季浇遍水、突击灭虫、伐除死树、冬闲修枝等，这种情况一直延续到 70 年代末期。

直至 20 世纪 80 年代初期，建区 20 多年时间，朝阳区仅有日坛和红领巾公园两个公园。随着改革开放，在北京大环境建设的形势推动下，朝阳区城区和农村新建了一批不同所有制形式的公园。区园林局在对直属公园管理上不断提高水平，建设新的景区景点，扩大绿化美化效果，保持环境整洁，增加游人休息场所和娱乐设施，同时开展丰富多彩的文体活动，改进提高服务质量，不断满足人民群众日益增长的文化生活的需要。改善公园环境系列活动的逐步开展，检查评比标准的出台，行业目标管理的实行，大大提升了朝阳区公园的管理水平。

到 80 年代中期以后，随着市园林局制定的《北京市园林局树木、草坪养护分等定额投资管理试行办法》的实施，朝阳区园林局在公园的建设上有所遵循，明确了"老园子重在改造、新建园从初期就抓管理"的原则。到 1990 年，建设投入不足和管理的不完善，成为制约朝阳区公园发展的主要问题。根据北京市园林局公字〔1994〕第 054 号和第 057 号文件精神。全市公园行业管理由市园林局统一计划部署，提出要求、下达标准并督促落实，由市、区两级园林主管部门和几个公园分级实施。

在市、区政府的领导下，朝阳区园林局明确了要抓管理和改造并重的指导思想。1995 年 1 月，区政府下发了《转发区园林局关于朝阳区实行行业管理请求的通知》（即〔1995〕3 号文件）。根据 3 号文件精神，区园林局除自管四个公园外，还将符合条件的朝阳公园、中华民族园、丽都公园纳入朝阳区公园行业管理范围，由区园林局依照规定进行检查、监督和管理。

1999 年是中华人民共和国成立 50 周年，也是澳门回归之年，园林局局属公园的改造数量是历史上最多的一年，公园改造中仅铺草一项就达到10.5万平方米，实现了"黄土不露天"。同时针对各公园的树木作了适当调整，园容园貌大为改观。

进入21世纪以来，朝阳区继续推行公园精细化管理，努力提升各公园管理水平，围绕游客需求、服务人民群众理念，完善公园综合服务功能，促进公园全面发展。近些年充分利用"公园风景区三级管理工作平台"，完成工作任务部署、夯实基础数据、工作绩效考核、工作成果固化，通过平台考核制度，进一步提高公园管理的便利性和高效性。局属各公园基本实现了树木青枝绿叶、草坪绿草如茵、花卉争奇斗艳、全园干干净净的总体目标。

## （一）园容卫生

朝阳区的公园建设起步较晚，区园林局所属的四个公园中，有两个是20世纪80年代在绿地基础上建成的。由于以前对公园绿地长期失于管理，局属公园绿地普遍积存不少垃圾和卫生死角，湖水淤浅发臭、水草丛生。售票的日坛公园和未售票的红领巾公园，在园容卫生方面的投入是极为有限的，只有几名职工负责主要干道、广场、景区的清扫，而全园清扫和秋后落叶清扫，主要靠发动群众突击卫生。所以当时的园容卫生是不尽如人意的。

1985年市园林局重新制定了《北京市园林局园容管理工作试行办法》，接着又发布了《关于公园风景区车辆交通管理的暂行规定》，朝阳区园林局贯彻了市局精神，日坛公园、红领巾公园增加了卫生清扫保洁人员。日坛公园还安排有日清扫、日保洁，厕所派专人进行保洁，后来对人造湖面也派专人负责清理漂浮物。新建的团结湖公园从开放之日起就组建了卫生班，做到了日清扫、日保洁，园容园貌始终保持良好。

80年代末，红领巾公园的红领巾湖严重污染。治理工程于1988年6月开始，历时15个月。疏浚河道、清挖淤泥、砌筑护坡、引亮马河清水提供水源，彻底改变了公园面貌，园容为之一新，群众称赞人民政府办了一件大好事。

1988年，公园管理重点抓了卫生工作、园容大有改观。从该年开始，全市公园之间开展了"公园杯"评比竞赛活动，园容卫生是五项检查评比内容之一。次年市园林局规定的园容管理标准是"六不见""八不乱"，为园容管理提出具体的检查标准，对进一步改变园容园貌起到积极作用。1990年9月，北京举办第八届亚运会，根据市、区的部署，朝阳区园林局针对公园管理提出了具体要求，在园容方面要求各公园卫生班、花班要按"公园杯"的标准进行工作。这一年整改园容效果良好。推动了绿地卫生管理工作前进了一大步。1993年初,朝阳区园林局提出卫生工作要以建设无蝇城为龙头,做好卫生综合治理工作,强调各公园要强化管理,立体保洁,全日保洁,狠抓"八不乱、六不见""三不外露"的落实。

90年代,团结湖公园、日坛公园的园容卫生工作在局属公园中始终保持先进。元大都公园的园容卫生与"工资总额承包"结合积累了经验;红领巾公园在园容卫生上舍得投资,充实卫生人员,治理卫生死角,公园环境得到明显改观。

2003年3月,由朝阳区绿化局制定的《朝阳区公园建设和管理办法》正式出台。涉及朝阳区新建公园申报审核、公园分级分类管理、绿化养护质量和友好公园建设等方面,为公园行业规范化管理、制度化管理提供了依据和保障。次年朝阳区绿化局对全区28个列入行业管理的公园进行综合检查。检查项目包括优质服务、绿化养护、安全秩序、园容卫生等内容。

2005年四得公园分两次对游客满意率进行调查,内容涉及园容卫生。游客满意率分别为96.5%和97.2%。2009年调查满意率为99%。元大都城垣遗址公园2005年游客总体满意率达到97.8%。2008年北小河公园游客满意率达到97%。

2011年,区园林绿化局围绕《全国文明城区测评体系》及《朝阳区迎接全国文明城区测评工作方案》,做好公园系统的创建文明城区工作,其中园容卫生、环境秩序上进行了规范化要求。

## (二)安全管理

20世纪50年代末60年代初,日坛公园和红领巾公园逐步建立健全了管理机构,配备了专职或兼职保卫干部负责安全保卫工作。组建了人数不等的巡查班组,负责园中的游动巡查,进行安全检查,参加晚间的静园活动。

日坛公园地处南使馆地区,又是古建群较多的公园,市区有关部门对公园的消防和治安都很重视,60年代设立了日坛派出所,与公园管理处密切配合,专门负责治安管理。红领巾公园当时地处城乡结合部,遇到问题由八里庄派出所负责处理。

80年代先后建设的团结湖公园和元大都城垣遗址公园,从建园开始都有健全的管理机构,配备了专兼职保卫干部和巡查人员,遇到治安方面的问题,分别由团结湖派出所和安外小关派出所负责处理。特别是1983年贯彻《北京市园林局消防管理暂行规则》，市公安局、市园林局发布《关于加强公园、风景游览区治安工作报告》和《关于维护本市公园、风景游览区公共秩序和安全通告》后，各公园除设巡查人员（日坛公园建立治安联防组织）外，还成立了义务消防组织。公园安全管理工作逐步得到加强，园内秩序逐步得到改善。

日坛公园开放较早，但安全设施较为落后，公园靠架空线供应夜间照明，冬季取暖与全局其他单位一样靠煤火取暖，消防隐患严重。1988年日坛公园进行两次改造增容，取消了架空线，铺设了电缆；结合古建维修多次装修避雷设备；在一些古建和仿古建安装烟感报警设备。

80年代，红领巾公园、团湖湖公园在抓消防安全的同时，加强对湖水的管理，设有专门巡查管理人员，夏季劝导游人防止落水，劝阻游人在非泳区游泳，游船设救生专人，冬季防止踏履落水，以免溺水事故发生。元大都公园则针对开放性的特点，在园内严禁使用明火，劝阻游人清明烧纸、乱扔烟头，并严禁内部职工焚烧树叶。

进入90年代后，区园林局进一步加大了安全保卫工作的力度。局属各公园建立了消防档案、内部治安保卫档案。检查是公园管理工作中的重要手段，而安全管理检查则是"公园杯"五项重点检查的项目之一。除公园消防、治安秩序、生产安全外，各项游艺项目的安全也是检查的必检项目，包括水上项目说明、大型游艺项目说明、器械设备自检记录，等等。在各种联合检查中（公安保卫组织的联检，公园杯互检）都贯彻"以人为本"精神，把保护人身安全放在首位，特别重视游艺设施的动力运行的安全检查，制动系统是否正常，存在隐患，杜绝病态设施的使用，防止事故发生。

1993年开始贯彻市政府9号令，区园林局主要领导与各公园负责人每年签订《任期治安保卫责任书》或《社会治安综合治理责任书》。1995年进一步整建了全局治保会组织，实行治安保卫责任制。1996年推广了日坛公园电工安全管理制度上墙的经验；修订了《财务科室安全保卫责任制（5条）》《用电防火管理规定》《配电室防火安全制度》《电工作业的岗位职责》及《安装和用火炉注意事项》。1998年，区园林局制定实施了《关于开展创建安全单位的三年规划》，在局属各公园和基层单位执行。1999年区园林局印制下发了《社会治安综合治理工作手册》，对综合例会制度、检查制度、档案制度、临时工管理、租赁单位管理等都做出明确规定。

2008年北京奥运会之后直至2016年底，区园林绿化局对区属注册公园每年都要进行行业管理检查，其中安全检查工作一项，自安全法制科成立以后，由安全法制科和公园科共同协作履行。

## （三）公园门票

从初建至 20 世纪 70 年代末的 20 多年的时间里，日坛公园、红领巾公园没有采取收费办法，游人管理方法简单。而且在相当长的一段时间里，游人和车辆在公园穿行无阻。

1979 年 10 月，经北京市政府批准，日坛公园开始采取购票入园的管理办法，票价每张 3 分，年门票收入 4 万 ~5 万元左右。1984 年门票调整到每张 5 分，1979~1985 年间共收入 161 万元。日坛公园是原朝阳区园林局所属第一个收费公园，执行最低票价政策，公园管理经费基本上可以自给。

团结湖公园于 1986 年 9 月 26 日实行售票。经过物价局批准，门票每张 1 角，当年门票收入 1.9 万余元。1986~1995 年的 10 年间，门票收入 146 万余元。红领巾公园于 1990 年 8 月开始售票，经区物价局批准，门票每张 1 角。1992 年 9 月 1 日红领巾公园门票由 1 角调整为 2 角。新建的元大都城垣遗址公园属开放式的公园，未实行售票管理。

90 年代之后，随着改革开放政策的深入，区园林局所属三个售票公园门票有两次调整，最近一次是 1999 年根据市政府第 30 次常务会议和朝阳区政府第 6 次常务会议精神，经区物价局批准，决定日坛公园门票和团结湖公园、红领巾公园的门票，分别于 1999 年 4 月 12 日，9 月 20 日执行新的票价。分别调整为：门票 1 元、月票 3 元、年票 30 元。1999 年调价除对购买月票、年票人群范围作了明确规定外，还规定对现役军人、武警官兵、残疾军人凭证明免费、1.2 米儿童免费、残疾人在助残日免费；对 70 岁以上老人、在校大中小学生、残疾人实行门票半价优惠，体现了照顾特殊群体的政策精神。三个公园调价后，月票收入明显增加，2000 年门票收入在 1113.5 万元以上。

2003 年 7 月 13 日，朝阳区各公园举办庆祝申奥成功两周年系列活动。当日日坛公园、团结湖公园、红领巾公园、朝阳公园、丽都公园、郁金香花园、朝来农艺园、北焦公园、个园 9 个公园免收门票，该日 9 个公园的游客量达到 19 万人次。

2006 年 7 月 1 日，朝阳区 6 个局属公园（即日坛公园、红领巾公园、团结湖公园、元大都城垣遗址公园、四得公园、北小河公园）全部实行免票。

截至 2016 年，朝阳区 44 个注册公园中，仍在收费的公园仅有朝阳公园和中华民族园两个公园，其中朝阳公园门票 5 元，中华民族园门票为 90 元。

### （四）公园文化活动

1949 年以来，公园文化活动并不活跃。1974 年，日坛公园举办第一次菊花展，受到中外游客的好评。1975 年 11 月举办了第二次，共展出菊花 220 个品种，共计 800 盆。观展游客达 12 万人次。1985 年，团结湖公园在金猫饺子城处举办了一次菊花展。1987 年，日坛公园与文化部门合作举办了春节灯会、消夏文艺晚会。

1991 年初，团结湖在揽翠轩举办了"第四届盆景观叶植物展"，参展单位有区盆景协会、煤炭公司、团结湖公园、焦化厂。1991 年 2 月 14 日，首届日坛公园迎春会开幕，历时 7 天，共接待游人 7 万人次，这是朝阳区最早的由政府主导的公园节庆活动。1991 年 11 月 3 日到 1992 年 1 月 24 日，区盆景协会与团结湖公园在花卉展厅联合举办"朝阳区第七届菊花展览"。1993 年日坛公园成功举办了大型灯展活动。

1997 年，朝阳区园林局公园行业管理深化改革，局属 4 个公园实行不同形式的经济和任务承包。举办丰富多彩的文化活动，日坛公园免费为中国木兰拳协会提供场地，为游人开辟早晚舞场，举办"日坛啤酒节"和消夏露天电影晚会。团结湖公园举办"春到朝阳满园红"游园会。1998 年区园林局开展公园规范化服务达标活动，局属 4 个公园举办活动 9 次，有团结湖公园举办的《朝阳似火迎虎年游园会》，元大都城垣遗址公园举办的"海棠花溪"赏花游园会，团结湖公园、日坛公园的"夏日文化广场"活动等，参加活动的游人达 16.43 万人次。1999 年区园林局开展公园规范化服务培训和优质服务竞赛活动。举办"日坛公园首届晨练汇演"，团结湖公园文艺演出，红领巾公园、元大都城垣遗址公园舞会等健康向上的群众文化体育活动。

2000 年，区园林局规范公园管理，增强公园文化内涵，提高品位和档次，利用多种形式组织游人和社区群众广泛开展健康向上的文化体育活动。有日坛公园的喜力节拍音乐节、文化游园以及第二届晨练汇演；红领巾公园的首届科普游园会、"多彩的生活"老少同台文艺演出以及"阳光下的步履"公共艺术展；团结湖公园的消夏文艺晚会。

2001 年的公园文化活动有红领巾公园的"百万老人风采展演"活动；日坛公园举办第三届晨练汇演、第三届"喜力节拍"音乐节、"朝外杯"北京市民族式摔跤邀请赛、庆"八一"军民联欢会、全国少数民族文艺汇演云南代表团慰问演出、朝阳商务节老年书画笔会及重阳节老年游园会等；团结湖公园举办庆祝开园 15 周年"竹文化展""风筝展""第二届消夏晚会""老北京风情啤酒节""庆祝建党 80 周年联欢会"等活动；元大都城垣遗址公园举办"第四届海棠花节"。

2003 年，各公园举办主题鲜明、形式多样的文化活动。朝阳公园的"国际风情节"、团结湖公园的郁金香花展、元大都城垣遗址公园的第六届海棠花节、日坛公园的"五月古坛春满园"花卉展，取得良好社会效益和经济效益。元大都城垣遗址公园年内改造建设完成，成功举办"纪念北京建都 850 周年"大型文艺晚会、"魅力北京、文化奥运"夏日文化广场、"金秋时节看北京"一日游启动仪式等大型活动。

2005 年，举办红领巾公园科普游园会、双胞胎文化节，元大都城垣遗址公园海棠花节、朝阳公园国际风情节等各类活动 30 余次。2007 年，公园活动共举办朝阳公园"流行音乐周"、四得公园小世界杯足球赛等 20 余项文化活动。2008 年，成功举办朝阳区五大公园联动迎奥运系列活动，取得良好社会效益，营造出浓郁的奥运文化氛围。2009 年成功举办 20 项主题丰富、意义鲜明、形式多样的文化活动，服务于广大市民。朝阳区 13 家重点公园共同举办国庆 60 周年游园活动。

2011 年，全区各大公园按照"一园一品"的要求，整合文化资源，举办文化活动 30 余项。2012 年，朝阳区各公园文化活动注重突出自身特色，以各公园文化为基点，整合文化资源，为市民提供各项公园文化活动，满足游客的文化需求。朝阳公园举办第十届"北京朝阳国际风情节"，全年开展各类文化活动 31 项。2013 年、2014 年积极打造朝阳区公园文化活动的新品牌、新形象。2015 年全年先后共举办 117 项文化活动。

2017 年，注册公园组织开展各项文化活动 200 余项。继续推进"一园一品"工作，组织开展系列专题文化活动，一是推进公园活动品牌化，深入挖掘传承公园文化，服务游客。二是结合四季景观观赏特点，组织各公园开展富有季节特点的游园活动。

## 朝阳区重要公园品牌活动一览表

| 公园 | 时间 | 品牌活动 | 届数 |
|---|---|---|---|
| 日坛公园 | 2007~2017 | "春分·朝阳"文化节 | 11 |
| 朝阳公园 | 2002~2017 | 北京朝阳国际风情节 | 14 |
| 元大都城垣遗址公园 | 1998~2017 | 海棠花节 | 20 |
| 奥林匹克森林公园 | 2012~2017 | 花卉观赏季活动 | 6 |
| 红领巾公园 | 2000~2017 | 红领巾科普游园会（2011 年后增加科普玩具欢乐汇） | 17 |
| | 2004~2015 | 北京双胞胎文化节 | 12 |
| 团结湖公园 | 2006~2016 | 赏菊观鱼游园会 | 10 |
| 庆丰公园 | 2013~2017 | 北京二闸清明踏青节 | 5 |

## 二、城乡绿化养护

城区绿化养护主要包括区园林绿化局自管绿地，街道绿化养护和单位绿化养护。街道和单位绿化有专门章节叙述，故本节只涉及朝阳区专业绿化养护。

### （一）城区绿化专业养护

1972 年，朝阳区建设局园林部门对 14 处地区进行新植，5 处进行了绿化更新，23 处进行了补植，并进行了合理的养护管理工作。全年共种植树木 14527 株。紫穗槐 13000 株。树木成活率都在 96% 以上。园林局绿化队 1973 年共建设、管护乔灌木 226055 株、绿篱 1847.3 米、4 块常设花坛 90.65 平方米、草皮 14937 平方米、行道树 294.16 公里、大小绿地 8 块 53.83 公顷。管护河岸 4 条。

自 1981 年开始，树木养护管理进行分级，实行定额投资的管理办法，用增收节支的流程资金发展园林事业。1982 和 1983 年，团结湖公园、红领巾公园、区建设局绿化队和土城绿化队的养护工作有了长足进步。虽然 1983 年雨少干旱，但各单位养护措施得当，树木草坪长势基本正常，病虫害得到控制，部分行道树得到升级。在市园林局科研所的帮助下，建华路油松针枯病的防治也取得了明显的效果，油松得到复壮。

1983 年 12 月朝阳区园林局成立。1984 年自管绿地的树木、草坪的养护管理工作进一步加强，区园林局全年树木浇水 43.5 万株次，绿篱浇水 3.28 万米，草坪浇水 7.4 万平方米。

1985 年北京市进行土城沟水系治理，是北京市当年的重点工程，土城绿化队做了大量的配合工作，尤其对树木加强了养护管理，通过间伐、移植、修剪、浇水，使树木从林带式种植开始向园林式种植发展。

1986~1990 年养护工作主要表现在三个方面：一是各级领导带头抓养护，从机关到基层上下联动，尤其是园林局绿化队、苗圃的工作质量得到强化。二是继续实行定额承包，坚持任务到班组，任务到个人的养护办法，调动了职工的积极性，使养护工作更加科学扎实。三是注意抓关键措施，在主要养护管理问题上，抓得紧，做仔细，取得了明显的成效。1991—1995 年，朝阳区城市绿地养护工作加大投入力度，保证养护人员相对稳定、养护资金到位。从 1993 年起在全市城近 8 个区检查评比中步入先进行列。

1996~2000 年，区园林局在各养护班（组）实行不同形式的承包责任制。1996 年区园林局坚持养护与新工并重，全面推行养护管理工资总额承包办法，明确责任，落实任务，提出标准，加强检查，及时进行浇水、修剪、中耕除草、除虫打药、维修设施等养护作业，实施无公害防治病虫害。道路绿化养护方面，局属管辖的 116 条道路绿地，有 5 条二级升为一级，1 条三级升为二级，新定 3 条二级道路绿地。一级道路绿地达到 61 条，二级道路绿地达到 33 条，有集中绿地 8 块。

1997 年，区园林局全面推行绿化养护"工资总额分类承包"管理办法，将局属管辖的养护绿地分为 5 类（一类公园绿地、二类街头绿地、三类花园式道路绿地、四类重点道路绿地、五类一般道路绿地），局属 4 个公园、2 个绿化队共计 19 个班组、200 余名干部、职工实行全方位承包。制定分类指标和管理标准，其中公园管理标准 22 条，绿化养护管理标准 20 条，加大检查力度和养护投入，制定各类绿地升、定、保级具体目标，保级和升级，给予一定的物质奖励，降级进行处罚。年内 8 条道路绿地保级获优，农展南路获得升级。1998 年，区园林局加大绿化养护检查力度，月初定任务指标，月末检查打分，季度末检查后兑现奖罚。层层建立承包责任制。举办培训班和技术比赛，树立各技术等级的技术标兵。在全市绿化养护检查评比中，区园林局由三级管理晋升为二级管理。1999 年，区园林局充实一线养护班组人员的力量，加强修剪、浇水、补植、施肥、防治病虫害、清理白色污染和枯枝、死树工作，加大检查力度，局全年组织绿化养护生产检查 6 次，局属单位每月进行 1 次养护检查。经市园林局多次检查评比，区园林局取得全市绿化养护第二名的成绩。2000 年，区园林局完善养护承包，开展成本核算试点，加强常规绿化养护工作，举办业务培训，加强检查力度，经市园林局检查评比，取得全市绿化养护第二名。

2001 年，承包责任制进一步完善，全面推行绿化养护成本核算，对所有重点道路、绿地试行定任务、定标准、定人员、定投入、定等级的"五定"管理办法。区园林局接管的市局下放绿化养护面积 144 万平方米，包括 47 公里长的 22 条道路、7 个桥区 3 块集中大绿地、1 个林带，及时做好下放绿地的绿化养护管理。做到修剪、浇水、打药"三及时"，加大科技含量，实施科学养护，提高养护标准，尤其加强四环路、东长安街延长线、使馆区、工体周边、亚运村等重点地段的绿化养护管理，为申奥做准备。经市园林局两次联合检查，区园林局绿化养护管理位居全市城区第二名。

2002 年成立朝阳区绿化局，加强了对全区绿化美化的指导职能。当年，朝阳区专业道路绿地面积由 300 万平方米增加到 500 余万平方米，除原有城市道路绿地外，还包括北京市林业局新下放的道路绿地、朝阳区农村道路绿地。朝阳区绿化局从实际出发，制定《朝阳区绿化养护管理实施办法》，对绿化养护质量标准、绿化养护奖惩办法和绿化养护检查办法做出具体规定。2002 年 4 月 28 日朝阳区绿化委员会办公室发布《关于进一步加强绿地养护管理工作的通知》（朝绿委办字〔2002〕7 号）。2002 年 7 月 8 日朝阳区绿化委员会办公室发布《关于进一步加强城市绿地认养工作的通知》（朝绿委办字〔2002〕10 号）。

2003 年是朝阳区"绿化养护精品年"。朝阳区绿化局以加强道路等级考核管理为中心，加大养护队伍素质教育力度，增加养护经费和科技含量投入，争创养护精品工程，实现四环路以内 80% 道路绿化达到一级养护标准，20% 道路绿化达到二级养护标准；启动农村自管道路绿化养护三年达标工程，对农村道路绿化养护实行分级分类管理；并加大公园养护管理培训力度。朝阳区聘请退休专家组成专家检查小组，强化监督检查；在全区范围内公开招聘百名绿化监督员，充分调动群众监督的积极性，收到良好效果。

2004 年朝阳区绿化局城市绿化科成立质量管理部，负责全区养护管理和专业绿化工程，继续完善和细化专业绿化养护管理办法。加大养护力度，建立专门的养护班（组），做到每条路都有专人负责。同时引进市场竞争机制，将部分路段的养护工作推向市场实行分包。

2005 年起，利用现代化管理手段对城市绿化实行电子网格化管理。2006 年经过市局专家组和市绿化质量监督站的实地检查评定，朝阳区特级绿地 45 块 362 万平方米，一级绿地 129 块 319 万平方米。同年完善《朝阳区专业养护管理办法》。

2008 年 3 月，区绿化局正式成立绿化业务指导科，加强对全区绿化养护工作的指导、监督和管理。年内组织全局专业道路养护综合检查三次，将全区专业队伍的养护道路与各街道自管道路按区域划分为 3 个组，分别聘请 3 家监理公司进行养护监管。上半年完成 144 条 109.45 万平方米的街乡道路绿地移交专业化管理工作。全年定级和升特级道路 18 条 104.3 万平方米，定级和升一级道路 49 条 192.57 万平方米。当年新增绿化养护面积 214.97 万平方米。

2009 年朝阳区正式引入养护监理机制，将专业绿地统一纳入养护监理范围。全年组织全局专业道路养护综合检查四次，组织街道系统养护检查三次，并在 7 月上旬结合夏季养护综合检查组织街道系统修剪比赛，全年新增绿化养护面积 102 万平方米。

2010 年开展不同侧重点的专业养护检查四次，建设 19 处精品养护绿地。当年新增绿化养护面积 56 万平方米。到 2010 年底，朝阳区园林绿化局养护道路绿地（不包括公园绿地）1648.02 万平方米 698 条（块），其中特级绿地 996.3 万平方米 149 条（块）、一级绿地 460.14 万平方米 309 条（块）、二级绿地 191.58 万平方米 240 条（块）。该年聘请专家开展不同针对性的培训活动，组织专业、街道及奥林匹克公园中心区养护单位参观区特级绿地。

2012 年立足专业绿化养护管理，加大监督检查力度，提高精细化管理水平，重新制订《专业绿地养护质量检查考评办法》，加强全区绿化养护管理，首次出台《朝阳区园林绿化局专业养护单位养护管理工作规定》和《专业绿化养护管理标准及质量等级评定工作实施办法》等绿化养护管理办法；建立绿地等级管理制度和台账，严格执行管理标准，实现绿地等级规范化管理。2015 年落实《专业养护单位养护管理工作规定》加强对养护路段中标公司的管理，使养护水平不断提高。

2016 年 1 月 12 日，为规范绿地管理工作，深入落实属地管理责任制，进一步强化各种类型绿地的管理和保护，根据首环办印发的《2015 年首都环境建设考核评价实施细则》，按照"职能监督，标准管理，属地负责，全面覆盖"的工作原则，围绕绿化环境管理工作考评指标，朝阳区园林绿化局制定下发《2016 年朝阳区园林绿地管理专项考评》（试行）管理细则。

2017 年，园林绿化局在绿化管理方面推进精细化养护管理，制定出台《城镇园林绿化养护管理年度考评工作细则》，对专业绿化进行年度综合考评。养护水平在全市养护综合检查评比中位列上游。全市绿地等级评定及绿地等级复核绿地全部达标，其中有 7 条特级绿地、10 条一级绿地。该年第四季度，区园林绿化局委托国内专业智库国广市场调查（北京）有限公司进行"朝阳区绿化养护工作专项调研"。采集大量数据，形成了《朝阳区绿化养护工作专项调研报告》，全面科学地分析了朝阳区绿化养护工作中存在的优势与不足，对绿化养护工作提出了系统的意见与建议。此外，年内发挥第三方养护监督管理机制作用，按照《专业绿地养护质量检查考评办法》《朝阳区园林绿地管理专项考评细则》对全区绿地养护情况进行监督。

## 朝阳区专业绿地面积统计表（1996~2017 年）

| 时间 | 总面积（平方米） | 总条（块）数 | 等级 | 面积（平方米） | 条（块）数 |
|------|------|------|------|------|------|
| 1996 | 1950000 | / | / | / | / |
| 1997 | 1980000 | / | / | / | / |

| 时间 | 总面积（平方米） | 总条（块）数 | 等级 | 面积（平方米） | 条（块）数 |
|---|---|---|---|---|---|
| 1996 | 1950000 | / | / | / | / |
| 1997 | 1980000 | / | / | / | / |
| 1998 | 2050000 | / | / | / | / |
| 1999 | 2060000 | / | / | / | / |
| 2000 | 2660000 | / | / | / | / |
| 2001 | 4460000 | / | / | / | / |
| 2002 | 4460000 | / | / | / | / |
| 2003 | 6539574 | / | / | / | / |
| 2004 | 7115260 | / | / | / | / |
| 2005 | 6729256 | / | / | / | / |
| 2006 | 6804701 | 232 | 特级 | 3623687 | 45 |
|  |  |  | 一级 | 3191081 | 129 |
|  |  |  | 二级 | 704917 | 58 |
| 2007 | 7541497 | 243 | 特级 | 3624585 | 56 |
|  |  |  | 一级 | 3211995 | 129 |
|  |  |  | 二级 | 704917 | 58 |
| 2008 | 11892156 | 418 | 特级 | 5921913 | 99 |
|  |  |  | 一级 | 3323344 | 158 |
|  |  |  | 二级 | 542744 | 60 |
|  |  |  | 三级 | 2104155 | 101 |
| 2009 | 15453912 | 645 | 特级 | 9065185 | 172 |
|  |  |  | 一级 | 5039309 | 267 |
|  |  |  | 二级 | 1349418 | 206 |
| 2010 | 16480157 | 698 | 特级 | 9962947 | 149 |
|  |  |  | 一级 | 4601424 | 309 |
|  |  |  | 二级 | 1915786 | 240 |
| 2011 | 18468740 | 745 | 特级 | 12899061 | 173 |
|  |  |  | 一级 | 3749633 | 325 |
|  |  |  | 二级 | 1820045 | 247 |

（续表）

| 时间 | 总面积（平方米） | 总条（块）数 | 等级 | 面积（平方米） | 条（块）数 |
|---|---|---|---|---|---|
| 2012 | 20637777 | 615 | 特级 | 11080764 | 143 |
|  |  |  | 一级 | 5459426 | 305 |
|  |  |  | 二级 | 1416941 | 167 |
| 2013 | 21713595 | 747 | 特级 | 12352549 | 179 |
|  |  |  | 一级 | 5090977 | 361 |
|  |  |  | 二级 | 1456386 | 207 |
| 2014 | 21223405 | 721 | 特级 | 10886181 | 175 |
|  |  |  | 一级 | 5029800 | 338 |
|  |  |  | 二级 | 1378583 | 208 |
| 2015 | 21728232 | 781 | 特级 | 12642487 | 190 |
|  |  |  | 一级 | 4856023 | 357 |
|  |  |  | 二级 | 2476265 | 234 |
| 2016 | 21756430 | 829 | 特级 | 13000475 | 212 |
|  |  |  | 一级 | 4524934 | 372 |
|  |  |  | 二级 | 1980449 | 245 |
| 2017 | 22144082 | 932 | 特级 | 14138658 | 243 |
|  |  |  | 一级 | 4861343 | 366 |
|  |  |  | 二级 | 2616763 | 323 |

注释：1. 以上绿地是朝阳区园林绿化局所管护的专业养护绿地，不包括公园绿地。

2. 养护定级工作从 2006 年开始。

## （二）农村绿化养护

朝阳区大环境绿化以前，农村林木所有权归集体所有，乡域主要绿化项目主要由政府出资，委托乡林业站进行养护。各相关村和有林单位管护。乡村的道路绿化四旁植树由各村指派人员进行养护。个体的果园经济林则由个人自行管理养护。此外，河道公路绿化，则由所属单位负责绿化和养护。

20 世纪 80 年代中期，大环境绿化在朝阳区进行试点并全面展开，区政府对片林建设开始划拨部分养护经费，不足部分由乡政府贴补。

1996~2010 年，农村林木养护主要由各相关村和有林单位负责，林木管护由乡相关部门各行政村、有林单位以属地管理的原则，签订一年一度的林绿地管护责任书，要求各单位成立专业管护队伍，对所辖林地进行日常的浇水、除草、修剪以及护林防火、林木有害生物防控等管护工作。

2002 年朝阳区绿化局成立后，每年在农村范围开展两次养护管理检查评比工作，检查的内容有 11 项，包括各地区办事处绿化养护责任制落实情况、管护方案落实情况、病虫害防治、修剪、浇水、除草、林地卫生、补植补造、林木保护、林地卫生、绿化档案材料。通过检查，督促农村地区林木管护水平的提高。

2005 年，朝阳区绿化局曾经草拟过《朝阳区农村绿化建设管理办法》（试行）、《朝阳区农村工程造林养护管理办法》（试行）、《朝阳区农村养护管理评比标准》（试行）。但并未正式出台施行。

2010 年底，全区农村林木管护队伍有 164 支，管护人员 6422 人，管理林地面积 10411.18 公顷。2013 年，朝阳区开始全面加强平原造林养护管理工作。一是"定时、定岗、定人"，巡查地块，建立台账；二是安排专业队伍及时清理，确保沟渠排水畅通；三是每日组织专人进行中耕，避免土壤板结；四是日均出动 2200 余人 300 余台割灌机，"机械作业与人工除草"相结合，轮番作业；五是对林木修剪整形；六是添加抗腾剂，促进苗木生长。

2014 年区园林绿化局对平原百万亩造林工作加强质量管理，组建园林景观施工专家组、技术指导组，从设计、施工到验收，从苗木挑选、修剪到后期养护提出专业的指导意见，确保工程质量符合技术规范要求。

2017 年朝阳区开展农村平原造林农村政策性资金审计、各乡绿化检查及座谈调研等方式，推动乡域绿化事业健康发展，逐步实现按照城市绿地标准建设、管护乡域绿地。

## （三）朝阳区"五河十路"及绿色通道管护

朝阳区负责的"五河十路"绿色通道工程共有"一河五路"6 项工程，即：温榆河、京沈高速路（京哈）、京津塘高速路、京承高速路、五环路、京张高速路（京藏）。绿化管护由所经过的街乡负责管理。

从 2002 年起，朝阳区对京沈高速路（京哈）进行永久绿化带管护，涉及南磨房地区办事处 11.07 公顷，王四营地区办事处 48.4 公顷，豆各庄地区办事处 20.4 公顷，黑庄户地区办事处 31.52 公顷。京津塘高速路自 2002 年起由十八里店地区办事处负责养护。京张公路自 2002 年起，由奥运村地区办事处负责管护。

2003 年起，温榆河进行永久绿化带管护，涉及金盏地区办事处 53.36 公顷，孙河地区办事处 65.13 公顷（含水利局管段由水利局自管）。2004 年起，京承高速路进行永久绿化带管护，其中孙河地区办事处（含东郊农场）管护面积为 48.87 公顷；崔各庄地区办事处管护面积 28.33 公顷；来广营地区办事处管护面积 32.8 公顷；区绿化局代管面积 17.07 公顷。

2003~2016 年五环路绿化带进行永久绿化带管护，总长 34.4 公里，永久绿化带 367.25 公顷，涉及奥运村 67.73 公顷；来广营 54.72 公顷；崔各庄 12.88 公顷；将台 18.31 公顷；东坝 44.75 公顷；平房 31.95 公顷；高碑店 48.65 公顷；王四营 39.17 公顷；豆各庄 20.25 公顷；十八里店 26.85 公顷；大黄庄苗圃 2 公顷。

2010 年 11 月 29 日，按照北京市园林绿化局的通知，朝阳区园林绿化局下发《关于加强重点绿色通道绿化带养护管理工作的通知》，强调加强养护管理的重要意义，要求采取必要的养护措施，区园林绿化局要求各有关地区办事处及相关单位在所管辖地段，除加强日常养护管理外，对林地绿地的卫生状况进行彻底清理和整顿。

2012 年，朝阳区五河十路绿色通道、重点绿色通道林地、绿地总面积 867 公顷，因为各管护责任单位性质不同，享受管护经费标准有所区别，管护现状大致分为以下几个类型：①区园林绿化局绿化专业队负责地段，其绿地基本都经过区财政投资改造提高，管护费和管护标准均执行城市绿地标准。由于措施和经费到位，这一部分绿地达到了比较高的养护水平。②乡、村负责养护地段，这一部分绿化后未经财政投资改造提高，管护经费较低，且管护单位较多，管护积极性和业务素质参差不齐、基础设施薄弱，管护总体水平远低于第一种情况。③个别地段由社会单位建设管理，面积约 40 公顷左右，绿地未经改造提高，管护费与乡、村地段标准相同。由于各种因素，管护单位积极性和管护水平均一般。

2015 年 8 月至年底，区园林绿化局林业科联系勘测单位，制定朝阳区绿化隔离地区和"五河十路"绿色通道生态林资源复查核实工作计划，组建调查小组，完成全区林木资源"一张图"（第一道、第二道绿化隔离地区建设和"五河十路"绿色通道建设工程纳入政策范围的生态林地块）工作。进行生态林地块核实、登记造册，做到无重、无漏。

五河十路、绿色通道永久绿化带管护面积一览表（2012 年数据）

| 名称 | 长度（公里） | 面积（亩） | 完成时间（年） | 养护时间（年） | 涉及辖区 |
|---|---|---|---|---|---|
| 温榆河 | 22.5 | 1777.65 | 2002 | 2003 | 金盏、孙河地区办事处 |
| 五环路 | 37.7 | 5508.8 | 2002~2004 | 2003 | 奥运村街道办事处、崔各庄、将台、东坝、平房、高碑店、王四营、豆各庄、十八里店、来广营（含望京开发区）地区办事处 |
| 京沈高速路（京哈） | 11.28 | 1670.85 | 2001 | 2002 | 南磨坊、王四营、豆各庄、黑庄户地区办事处。 |
| 京津塘高速路 | 6.55 | 389.39 | 2001 | 2002 | 十八里店地区办事处 |
| 京承高速路 | 11.8 | 1906 | 2003 | 2004 | 孙河、崔各庄、来广营、大屯、和平街街道办事处 |
| 京张高速路 | 6.6 | 125 | / | / | 奥运村街道办事处 |
| 京津高速第二通道 | 4.6 | 631.24 | / | / | 豆各庄、黑庄户地区办事处 |
| 京津城际铁路 | 8.5 | 91.4 | / | / | / |
| 机场南线 | 8.9 | 188.34 | / | / | 崔各庄、孙河地区办事处 |
| 首都机场第二通道 | 13 | 759.74 | / | / | 平房、东坝、金盏地区办事处 |

## 三、城市代征绿地征占用管理

### （一）城市绿化用地相关条例

1981 年 11 月，北京市园林局发文各区、县人民政府，强调要认真贯彻中共中央（1978）12 号文件精神，要对现有的园林绿地、名胜古迹、风景区加强管理，对非法侵占的一律限期退出。

1982 年 3 月 20 日，北京市人民代表大会通过《北京市城市绿化管理暂行办法》并于 1982 年 4 月 28 日公布。《北京市城市绿化管理暂行办法》的施行，标志着北京市的城市绿化建设和管理开始走向法制化轨道，自此朝阳区的城市绿地、单位企业、居住区的绿化建设、绿化管理开始有法可依。

1987 年，北京市人民政府发布了《关于加强建设单位代征的城市绿化用地管理的若干规定》。规定中第二条规定：建设单位按照建设用地许可证核准的代征绿地数量和范围，完成征用、拆迁工作后，须在两个月内将代征绿地交所在区、县的园林管理部门统一管理。城市建设综合开发区内的绿化用地，由开发区的建设单位按照《北京市城市绿化管理暂行办法》的要求完成绿化后，交所在区、县的园林管理部门统一管理。其中还对临时占用代征绿地、代征绿地内进行道路、市政工程建设、绿化和管护以及擅自占用私搭乱建等情况做了具体的规定。该规定自 1987 年 8 月 1 日起施行。

1990 年 4 月 21 日，北京市第九届人民代表大会常务委员会第十九次会议通过了《北京市城市绿化条例》并于 1990 年 7 月 1 日起施行。

1997 年 4 月 16 日，北京市人民代表大会常务委员会第三十六次会议做出了《关于修改〈北京市城市绿化条例〉的决定》。该条例随即根据《决定》进行了修正。

2009 年 11 月 20 日，北京市十三届人民代表大会常务委员会第十四次会议审议通过《北京市绿化条例》，2010 年 3 月 1 日起颁布施行。原有的《北京市城市绿化条例》和《北京市郊区植树造林条例》同时废止。

随着《北京市绿化条例》的出台，2010 年 12 月 30 日，由北京市园林绿化局和北京市国土资源局联合下发《关于印发〈北京市代征城市绿化用地移交建设管理办法〉的通知》(京绿城发〔2010〕19 号)。通知共计十条。其中第六条对政府贮备开发或企业为主体实施土地一级开发、直接实施征地、拆迁的代征绿地的移交做出了时限和程序的规定。其中实施征地、拆迁的代征绿地建设单位，应当在规划验收前完成代征绿地的征地补偿和拆迁安置工作，在建设项目规划验收合格之日起 30 日内，将已经完成征地补偿、拆迁安置并达到土地平整条件的代征绿地移交区（县）园林绿化行政管理部门，并签订《代征绿地移交书》。移交完成后，方可向国土行政主管部门申请办理代征绿地土地确权登记。该规定于 2011 年 2 月 1 日起实施。

## （二）代征绿地清理移交

2003 年下半年，随着朝阳区第二道绿化隔离地区建设的启动，以高水平的绿化工程推动农村城市化进程的展开，代征绿地的移交与管理开始逐渐走上日程，北京市率先在建设进程推进较快的朝阳区和海淀区进行试点。2003 年朝阳区的绿化美化取得显著成绩，朝阳区绿化委员会办公室制定出台了《关于绿地认养工作的意见》。该年全区绿地认养总面积 178.37 公顷，其中专业绿地认养面积 143.17 万公顷，认养树木 1909 株；街道办事处绿地认养面积 20.8 公顷，农村绿地认养面积 14.4 公顷。

随着朝阳区城市建设的不断推进，2005 年 3 月，朝阳区绿化局开始筹建朝阳区园林绿化综合服务中心，干部职工开始在实践中摸索经验。2006 年 3 月，朝阳区园林绿化综合服务中心正式成立。中心隶属区绿化局，为差额拨款行政支持类事业单位。主要职责是代征绿地的清理移交、认建认养工作，协助有关科室做好绿地控制线范围内建设情况的监督检查工作，协助有关科室做好伐移树木审批前后的相关服务工作。2006 年以前负责协助绿化补偿费的收缴工作及有关统计工作。

2006 年全区代征绿地有 232 块 1200 公顷。到 2010 年，全区代征绿地有 293 块 1767 公顷。其中已绿化 96 块 522 公顷；正在清理中有 28 块 258 公顷；未完成拆迁的 42 块 439 公顷；违章建设的 63 块 263 公顷；改变性质的 64 块 285 公顷。自 2006 年朝阳区园林绿化综合服务中心成立到 2010 年，代征绿地的移交和管理工作取得了很大的成绩，同时也累积了一些问题。由于没有执法权和制约措施，存在着一些代征绿地的移交遗留问题。

2010 年 3 月 1 日《北京市绿化条例》颁布施行，原有的《北京市城市绿化条例》和《北京市郊区植树造林条例》同时废止。2010 年 12 月 30 日，由北京市园林绿化局和北京市国土资源局联合下发《关于印发〈北京市代征城市绿化用地移交建设管理办法〉的通知》( 京绿城发〔2010〕19 号 )，自 2011 年 2 月 1 日起实施。

两个文件的出台对代征绿地的及时移交和清理起到了积极的推动作用，2011 年至 2016 年五年间，代征绿地领导小组充分发挥区作用，不断加大代征绿地清理、移交及绿化力度，代征绿地的清理和移交取得了一系列可喜成果。2017 年加紧代征绿地回收工作，共接收 6 个项目共计 24.54 公顷的代征绿地。

## 代征绿地的清理和移交情况一览表

| 年度 | 代征绿地移交协议数量 | 移交协议涉及面积（公顷） | 代征绿地任建认养协议数量 | 任建认养协议涉及面积（公顷） | 办理土地证数量 | 土地证涉及面积（公顷） | 接收代征绿地项目数量 | 接收代征绿地面积（公顷） |
|---|---|---|---|---|---|---|---|---|
| 2006 | 56 | 366.84 | 13 | / | / | / | / | / |
| 2007 | 60 | 268.54 | / | / | / | / | / | / |
| 2008 | / | / | / | / | / | / | / | / |

（续表）

| 年度 | 代征绿地移交协议数量 | 移交协议涉及面积（公顷） | 代征绿地任建认养协议数量 | 任建认养协议涉及面积（公顷） | 办理土地证数量 | 土地证涉及面积（公顷） | 接收代征绿地项目数量 | 接收代征绿地面积（公顷） |
|---|---|---|---|---|---|---|---|---|
| 2009 | / | / | / | / | / | / | / | / |
| 2010 | 37 | 248 | / | / | / | / | / | / |
| 2011 | 22 | 42.9 | 4 | / | 1 | 8.2 | 12 | 24.5 |
| 2012 | 11 | 41.4 | 2 | / | 7 | 36 | 7 | 31.3 |
| 2013 | 15 | 74.9 | 12 | 42.9 | 7 | 80.4 | / | / |
| 2014 | 15 | 74.9 | 12 | 42.9 | 10 | 31.8 | 2 | 19.8 |

## 四、绿化养护科学技术的发展与应用

"三分种，七分养"，充分说明树木花草养护管理的重要性，这也是专业绿化部门一项长期的根本任务。

1964年市管绿化业务下放后，尽管市园林部门制定了《树木保养管理技术规范》《病虫害防治规范》《树木修剪操作规程》《草坪养护管理操作规程》等养护管理具体规定，由于贯彻不够深入，除朝阳区城区主要干道的路树外，有些路树和绿化区域存在失管、弃养的现象，一些树木病虫害严重、枯枝干权较多、草坪斑秃严重，这种现象一直到20世纪70年代末仍然存在。

1981年市园林部门开始实行按树木等级标准分级定额投资的管理办法，规定了养护等级技术措施要求，等级质量标准和检查办法以及各等级的投资标准。养护管理开始逐渐被重视起来。

1999年1月，市园林局印发了园林绿化养护等级质量标准及技术措施和要求的文件，朝阳区园林局以贯彻文件精神为契机，进一步加强城市园林绿化养护管理力度，采取了四项措施：一是在调整充实生产一线人员的同时，加大养护基础设施的资金投入；二是从浇水、修剪等具体环节做起，抓规范、练素质；三是病虫害防治从常规入手，促进重点防范；四是抓经常性检查，在培养队伍上下工夫。

到20世纪末，养护管理更加注重科技的运用及推广，如冷季型草栽植及养护，花卉新品种试用，生物农药推广使用等。

## （一）植物修剪

七八十年代初期，朝阳区园林局有一批老园林职工在岗，对路树、园树和庭院各种不同树种都能靠人力完成修剪任务。各条路树和公园内树木的修剪主要在冬末春初生产淡季进行，修剪后的枝杈清理不够及时，常与环卫职工清扫保洁发生一些矛盾。

1976 年，朝阳区林业站和高碑店公社科技站共同研究出福特夏季省工修剪法，此项目于 1981 年获得北京市林业局科技成果二等奖，获朝阳区科技成果一等奖。70 年代末期，伐树以"快马"锯为主，修剪绿篱要用太平剪，到 80 年代开始以现代化的专业设备进行机械作业，如打药车、洒水车，高枝修剪车，油锯，剪草机等。大大降低了劳动强度。进入 90 年代后，随着养护工作的强化，树木、草坪、花卉的修剪较好地按照修剪规范进行。从时间上看，除冬末春初仍安排集中时间修剪外，能做到常年修剪，随时修剪。对修剪后的现场，干枝死杈及时打捆，剪下的花卉、草末及时运走。

从修剪的工具看，过去主要用手锯、刀锯、修枝剪、高枝剪、高枝锯、太平剪、梯子等，现在除保留部分方便工具外，各单位普遍配备了剪草机、绿篱机，绿化一队还配备了高空升降汽车，为高枝修剪作业提供了方便，减轻了劳力，增加了安全系数。

此外，修剪技术培训和修剪比赛成为区园林绿化系统常年的工作和活动内容。如 2008 年 7 月 19 日，区绿化局业务指导科组织局属基层 11 个单位，100 余人在阜通西大街举行"奥运大练兵绿篱修剪比赛"。12 月 25 日在京通路举行"冬季树木整形修剪比赛"。2010 年 9 月 6 日在阜通西大街举行个人修剪比赛。2011 年 12 月 31 日在红领巾公园首次举行管理人员碧桃修剪比赛。2012 年 5 月 28 日，区园林绿化局组织专业养护道路绿篱色块修剪比赛。该年底园林绿化局业务指导科在西坝河路举办 2012 年冬季树木整形修剪比赛等。

## （二）浇水施肥

朝阳区园林局建局之初，对浇水工作较为重视，要求新栽树木前三年都要浇好春水、冻水。当时干路和园内景区的浇水是必保的，有表井的地方主要靠车运胶皮管靠人拉，劳动强度大，也给交通带来不少影响。一些无表井的地方，主要靠人挑、人力车运水。使得路树和绿地的植物补水不均，甚至有的路树主要靠雨雪补充水分，影响树木生长。

20世纪90年代后，区园林局结合道路、公园的改造逐步加大养护设施的投入，在城区一些主要干道、公园初步实现了喷灌自动化，减轻了劳动强度，节约绿化用水，养护管理现代化前进了一大步。与此同时，局绿化一队、二队、大黄庄苗圃和元大都公园等单位都先后添置水灌汽车，解决新工用水和一些无水井的路树、绿地的浇水问题。

在90年代以前，区园林局各基层单位普遍重视有机肥的堆集，大黄庄苗圃还设有粪车收集人粪。公园花房在培育各种花卉过程中，重视为各类花卉施底肥，追加水肥和叶面喷肥，有的也使用一些化肥，但在树木、草坪养护上施肥仅仅是个别现象。

随着科研工作的深入与普及，养护工作的加强，重视了对树木、草坪和宿根花卉的施肥。1990年，朝阳区在加强全区古树名木的养护管理工作部署中，提出抢救濒危古树，给古树扶壮施肥，提供营养。日坛公园古柏连续几年施用棒肥膨化积粪等有机粪料，配以及时浇水，中耕除草，促进了古木生长此外还采取了给树埋肥、叶子喷肥、给草坪施肥等办法。1995年，区园林局所属公园、道路、绿地全年使用膨化积粪35吨，化肥4吨，是建局以来施用肥料最多的一年，树木生长枝繁叶茂，收到良好效果。如今浇水施肥已经成为绿化养护的常态工作内容。

## （三）新优品种及新技术应用

### 积极推广"无害防治"

1990年以来，在病虫害防治工作中，区园林局采用"无公害防治"手段。包括用天幼脲防治国槐尺蠖，用地埋铁灭克防治蚜虫和红蜘蛛，用其他手段防治叶柄小蛾和斑衣蜡蝉等，效果良好。1996年采用给灌木采取埋药方式，节省人力，提高防治效果。有的采取分期埋药方法使此树种到后期仍保持青枝绿叶。

### 引进新优花卉草种

随着首都城市发展的需要，区园林局引进新优植物，提高景观效果。从80年代末开始，在草坪改造过程中逐步换掉长期种植的野牛草、羊胡子草等品种，引进了早熟禾类，如亨特、纳苏等冷季型草种，以及耐阴长青的丹麦草（麦冬草）。这些冷季型草坪常年翠绿，让人赏心悦目。在公园道路和绿地改造中陆续引进的新优花卉品种有各色新型丰花月季、爬蔓月季赫尔思、曼海姆宫殿、金色赫尔丝坦、金玛丽、金不雕菊花，北京小菊等二十余种宿根花卉，先后在安华桥、光明桥、亮马桥、坝桥等绿地以及公园、主干道内栽植。

### 反季节施工

90 年代开始，朝阳区园林局新工和养护任务逐年增加，特别是有些重点道路绿化和绿地新工与基建工程矛盾，绿化工程后移，时间紧任务重，于是打破了以往冬季不施工的传统做法，区园林局因此不断摸索和总结反季节施工经验。1993 年冬季，为配合三环路整治，将三环东路部分地段大规格国槐移栽到安大路、小营路段。朝阳区园林局职工在这次施工中动手早、严把关，移栽成活一次达标。1997 年 11 月份郡王府绿化施工中，红领巾公园职工仅用一周时间就完成 2 公顷的草坪栽植任务，效果较好。2000 年冬季，在四环路绿化工程中，为配合四环路通车，朝阳区园林局克服冬季施工困难，战胜严寒，完成了部分路段大规格毛白杨的栽植任务。

### 大树移植技术

1977 年在毛主席纪念堂周边的绿化工程中，朝阳区园林局在一名局领导带领下，有 20 余名职工参加了大规格油松的栽植。1988 年日坛公园职工为配合北京市假肢厂基建工程，成功地将位于该厂的古柏移植到日坛公园内，使得古柏得到保护。1989 年"海棠花溪""光明立交桥"绿地移植大规格落乔、绿乔，用打梅花包方法移栽成活，效果很好。区园林局在公园、绿地改造、新建绿地在当年或短期内产生新的景观效果，多采用大规格树木移植，"反季节"施工的手段。如绿化一队在"坝桥金色"景区移植大银杏 360 株，大栾树 70 余株，成活率高，长势良好。1992 年为了迎接党的十四大召开，由元大都公园负责组织施工的朝阳公园春季工程中，组织工力从外地移运超大规格的油松 14 株。1994 年在京通快速路拓宽前夕，经市区会商之后，区建管委及和区绿办会同原区农林局、区园林局，组织所属各绿化单位在冬季搞起移栽大规格银杏会战，进一步推广和丰富了大树移植的技术和经验。2001 年郡王府文化广场和东大桥绿茵广场在夏季反季节移植大型乔木，共计移植 529 株。以上诸多实践摸索积累了大量反季节移植大型乔木的经验。

## 五、绿化美化创建与评选

1949 年以前，北京的工厂、机关、学校及居民区等大多数都没有绿地。此后，在北京市委市政府的领导下积极开展群众绿化活动，北京市的庭院绿化建设因此取得了巨大成绩。1958 年的调查显示，在城近八个区 6347 个单位中，占地面积共约 26780 公顷，已经绿化的面积达 6505 公顷，占总面积的 24%，有各种树木 917 万株。

20 世纪 80 年代初，朝阳区建立健全了绿化委员会三级管理制度，街道办事处也普遍配备了绿化专业指导人员，从 1982 年开始，每年都有红旗单位和先进单位的评比，数量都在 20 个以上。如 1980 年朝阳区电子管厂被评为绿化先进单位。

1983 年，为迎接国庆 35 周年，市园林局制定了全市的美化绿化方案。许多单位根据此次会议的要求，自此开始向花园化发展。在 8 月召开的北京市园林工作会议上，提出在实现"五年中变"的目标中要建成 100 个面积较大的花园式单位，100 个有垂直绿化的单位，完成十个新建小区的绿化，其中各有一个局部要建成花园式居住区。该年劲松、团结湖等新建居民区初步进行了植树绿化。1984 年根据园林工作会议的要求，朝阳区的花园式单位创建从 1984 年正式开始，许多单位开始向花园式单位发展，从这一年开始，每年 5 月、10 月都要组织各区县领导联合观摩检查，极大地推动了单位庭院的绿化美化工作。

1985 年绿化美化评比，朝阳区有 1 个红旗单位、20 个先进单位和 6 个花园式单位，其中北京汽车制造厂被授予绿化美化红旗单位；花园式单位有北京内燃机总厂、北京电机总厂、北京炼焦化学厂、总政治部黄寺大院等。还有大量机关被授予绿化美化红旗单位和先进单位称号。1987 年区绿办加强对花园式单位的培养，对准备参与评比的单位进行检查，了解情况，发现不足，给予积极的指导，配合市绿办对区内 34 个单位进行验收评比。1988 年，市绿办组织开展了花园式单位的活动，1990 年开始花园式街道的创建，而花园式社区的创建则从 2009 年开始。

"九五"之后，全区各单位进一步加大了绿化美化投入，积极开展创建花园式单位活动。2003 年朝阳区有 22 个街道办事处已有 16 个被首都绿化委员会评为绿化美化花园办事处；全区有 528 个单位成为了首都绿化美化花园式单位。2004~2010 年创建首都绿化美化花园式单位 191 个；2006~2010 年创建花园式街道 19 个。2011~2015 年创建首都绿化美化花园式单位 66 个、花园式社区 38 个、花园式街道 1 个、首都绿色村庄 5 个；2016 年创建首都绿化美化花园式单位 10 个，花园式社区 8 个。2017 年完成常营乡民族家园社区、大屯街道慧忠北里一社区等 8 个花园式社区和 12 个花园式单位创建工作。截至 2017 年年底，朝阳区共有花园式单位 622 个，花园式社区 52 个，首都绿色村庄 12 个。

朝阳区街道、乡（地区）绿化美化创建统计表（2017 年）

| 街道名称 | 首都绿化美化花园式单位 | 首都绿化美化花园式社区 | 首都绿色村庄 |
|---|---|---|---|
| 朝外街道 | 14 | / | / |
| 建外街道 | 24 | 1 | / |
| 呼家楼街道 | 24 | 1 | / |
| 八里庄街道 | 20 | / | / |
| 双井街道 | 18 | 5 | / |
| 劲松街道 | 29 | 3 | / |
| 团结湖街道 | 18 | 6 | / |
| 三里屯街道 | 29 | / | / |
| 左家庄街道 | 21 | 1 | / |
| 和平街街道 | 20 | 3 | / |
| 小关街道 | 20 | 1 | / |
| 酒仙桥街道 | 21 | 3 | / |
| 潘家园街道 | 24 | 2 | / |
| 香河园街道 | 17 | / | / |
| 六里屯街道 | 27 | 2 | / |
| 麦子店街道 | 33 | / | / |
| 安贞街道 | 28 | 3 | / |
| 亚运村街道 | 20 | 5 | / |
| 望京街道 | 11 | / | / |
| 堡头街道 | 8 | / | / |
| 首都机场街道 | 12 | / | / |
| 大屯街道 | 35 | 7 | / |

（续）

| 街道名称 | 首都绿化美化花园式单位 | 首都绿化美化花园式社区 | 首都绿色村庄 |
|---|---|---|---|
| 东湖街道 | 18 | 3 | / |
| 奥运村街道 | 21 | 1 | / |
| 高碑店地区 | 3 | 2 | 1 |
| 小红门乡（地区） | 2 | / | / |
| 十八里店乡（地区） | 7 | / | / |
| 南磨房地区 | 15 | / | / |
| 王四营乡（地区） | 4 | / | / |
| 将台地区 | 3 | / | / |
| 东坝乡（地区） | 8 | / | / |
| 金盏乡（地区） | 16 | / | 2 |
| 常营乡（地区） | 11 | 2 | / |
| 东风乡（地区） | 8 | / | 1 |
| 太阳宫地区 | 9 | / | / |
| 来广营乡（地区） | 15 | 1 | 1 |
| 管庄乡（地区） | 10 | / | / |
| 豆各庄乡（地区） | 5 | / | 1 |
| 黑庄户乡（地区） | 7 | / | 2 |
| 孙河乡（地区） | 6 | / | / |
| 崔各庄乡（地区） | 9 | / | 4 |
| 平房乡（地区） | 12 | / | / |
| 总计 | 662 | 52 | 12 |

# 第二节 资源安全与管理

## 一、林政资源管理

### （一）绿化审批

朝阳区最早有记载的林木管理办法，是 1961 年为保证郊区绿化造林工作正常发展，朝阳区人民委员会制定的《关于农村人民公社林木暂行管理办法》（草案）。

1962 年 8 月，朝阳区人民委员会发出了《关于做好护林工作的草案》。

1964 年 5 月，朝阳区人民委员会发出《关于林木保护的布告》，布告中规定：要认真贯彻执行国栽国有，社栽社有、队栽队有，社员自己房前屋后栽植的零星树木归社员所有的林业政策。用材林从种植到成材采伐，果树林从种植到老死长期不变。同时还规定了对国有林木，公路两旁栽的树木需砍伐更新时，报区人民委员会主管部门批准，社员集体栽的树木报请人民公社批准，社员在房前屋后栽的零星树木砍伐时，数量在 2 株以下由生产队批准，3 株以上报请人民公社批准，各公社范围内市民坟地树木砍伐时，经查产权确实属于私有，携带证件到当地人民公社批准，凡每砍 1 株，应至少补栽 3 株。

1966 年 11 月，朝阳区人民委员会发出《关于林木保护暂行办法的几点意见》的通告。

1968 年 3 月，朝阳区林业站根据当时农村滥伐、盗伐树木的现象做出了《关于农村乱伐盗伐树木情况及处理意见的报告》。

1969 年朝阳区已经实行发放林木采伐证制度。1972 年 7 月，北京市颁发了《北京市林木保护和采伐管理试行办法》。据此朝阳区制定了具体的实行措施，进一步明确发放林木采伐许可证的制度。

1984 年 2 月，《北京市农村林木资源保护管理暂行办法》公布，朝阳区人民政府制定了具体实施意见。

1984 年 7 月，为贯彻落实《北京市农村林木资源保护管理暂行办法》，朝阳区 14 个乡和四个农场都配备了专职或兼职的林业员，各乡和村设有护林员，颁发了护林员证书，到 1989 年底，全区发证 400 多个。

1985 年，《北京市农村林木资源保护管理条例》公布后，为贯彻此条例，加强朝阳区农村林木资源的保护和管理，结合朝阳区具体情况，朝阳区人民政府制定了关于贯彻执行《北京市农村林木资源保护管理条例》和《中华人民共和国森林法》的具体意见，意见自 1985 年 10 月 1 日起执行。

1986 年 8 月，朝阳区林政工作人员和全区 14 个乡的林业助理员参加了北京市林业局在北京林业干部学校召开的林业法规学习班。

1987 年 2 月，原朝阳区农林局转发了北京市林业局《关于征收育林费的通知》，通知指出：为实行以林养林，不断扩大林木资源，适应国家建设需要，根据林业部、财政部和市农财处等部门曾先后发布的采伐林木征收育林基金的办法，郊区部分县区已经执行，但很不健全，为进一步落实《中华人民共和国森林法》，在全国林业基金制度和新的征收育林费办法建立之前，在郊区普遍暂行征收育林费制度，办法自 1987 年 1 月起实行。1987 年林业科共配合 304 个单位 321 次伐树，共批砍树木 3060 株、移植 880 株，由于各种原因未批的 22 份，配合执法罚款 108 次，共罚款 24889.50 元，口头教育 94 次。该年共查处毁林案件八起，行政罚款 17310.53 元。

1987 年开始，林政工作开始走入正轨，北京市林业局规定朝阳区的采伐限额是 1805 立方米，全区实际林木采伐量为 2910.36 立方米，超出的原因主要是国家重点建设项目上马，另报市局批准。1988 年，朝阳区林木采伐量为 2297.55 立方米，收缴育林基金 58681.24 元，罚款 6 个单位计 15179.25 元，收缴树木赔偿费共计 12991.95 元。1989 年北京市林业局规定朝阳区林木采伐限额为 1800 立方米，实际采伐 1788.6538 立方米，收缴育林基金 31706 元。

1989 年 10 月 23 日，朝阳区人民政府发布命令，自 1989 年 11 月 1 日起施行《关于农村林木采伐管理的具体规定》。规定对林木采伐、采伐审批及交纳育林费等内容重新进行调整。

1990 年 7 月，原朝阳区农林局正式成立林政资源科。

1996~2000 年进行采伐限额改革，提出森林资源、林木采伐实行分类管理。即对 49% 的特用林要管严、管死；对 41% 的防护林实行计划管理；对 10% 的经济林予以放活管理。

1996 年全区严格控制林木采伐限额，围绕林木采伐、征占用林地管理程序，层层落实执法责任制。朝阳区农村地区林木主要由各相关村和有林单位管护。每年由乡政府与各行政村、有林单位签订林绿地管护责任书。

2001~2005 年，围绕区委、区政府建设"三化四区"总体部署，每年对农村更新造林任务和农村林木采伐限额执行情况进行检查验收，发证合格率和伐区凭证采伐率 100%。加强林地管理工作力度，重点强化林地恢复工作。对开发建设项目，重点加强了建设工程规划中的管理，严格审查工程项目设计图纸，坚持能移植的必须移植的原则，尽量减少采伐，最大限度地保护了绿化成果。在受理林木伐移申请时，严格执行法律法规和采伐管理程序，坚持能移植的必须移植的原则，尽量减少采伐，从采伐目的、调查设计、文件审核、现场勘察、依法依权限审批等环节，从严把关，保证审批及时，合理合法。2004 年实行政务公开，《采伐更新管理办法》《征占用林地审批程序》《伐移树木管理程序》，加上审批权限、收费标准以及资源审批办理程序，在局办公楼大厅公式栏和咨询台进行公示。"十五"期间，全区共审批伐移树木1712 件，伐移总株数 26.46 万株，蓄积量 4.19 万立方米；审核征占用林地 31 件，面积 45.53 万平方米。

2006 年，朝阳区开工的重大工程项目较多，其中包括奥运工程、世青赛主会场工程。这些项目涉及审核、审批移伐树木，征占用林地情况较多，时间紧，任务重。根据市、区政府的会议精神统筹安排，积极主动服务，简化部分审批手续，加快审批流程，提供绿色通道，保证建设工程如期开工。

作为 2008 年奥运主会场所在地，朝阳区积极配合市、区重点工程、奥运工程等建设项目，特事特办，急事急办，开通了绿色审批通道，保证了建设工程顺利进行。配合奥运场馆建设及周边道路的新建、改扩建工程。

2009 年，根据市园林绿化局林政处《关于加快开展网格化管理信息系统，禁限伐区勾画工作的通知》，完成禁限伐区重新勾画工作，为高效信息化管理奠定了基础。区园林绿化局在依法审核基础上，采取积极的服务措施确保绿色通道工程迅速开工。全年主动联系绿色通道项目 86 个，批准绿色通道涉及绿化树木伐移 18 件。其中涉及地铁十五号线、亦庄线、金盏金融园区市政道路工程等项目。

2011 年，完成《朝阳区绿地系统规划》的编制及第六次森林资源连续清查。2012 年，完成《森林资源保护利用规划方案》编制修编工作，搭建完成全区绿化资源动态管理数据库平台。2015 年，区园林绿化局强化批后监督管理，进一步完善《朝阳区林木采伐批后监督管理办法》以及《朝阳区树木移伐批后监督管理办法》，制定《朝阳区园林绿化局执法记录使用管理制度》规范工作流程。推动实施保护发展森林资源管理目标责任制。

## 林木移伐数量及征占用林地面积明细表（1996~2017 年）

| 年度 | 审批件数 | 采伐林木株数（株） | 采伐林木蓄积量（立方米） | 征占用林地面积（公顷） |
|---|---|---|---|---|
| 1996 | 122 | 27943 | 3887.1 | 51.33 |
| 1997 | 226 | 27543 | 5778.6 | 29.87 |
| 1998 | 292 | 52535 | 16429.3 | 58.5 |
| 1999 | 313 | 33245 | 12788.3 | 48.61 |
| 2000 | 254 | 12120 | 9462.5 | 20.48 |
| 2001 | 475 | 40346 | 14615.4 | 30.28 |
| 2002 | 399 | 16417 | 6733 | 3.0236 |
| 2003 | 323 | 16825 | 8492 | 1.0702 |
| 2004 | 239 | 9484 | 5775.66 | 2.2746 |
| 2005 | 276 | 12101 | 6291.3 | 8.4827 |
| 2006 | 171 | 12753 | 7755.37 | 12.9526 |
| 2007 | 421 | 23806 | 13615.66 | 102.5709 |
| 2008 | 154 | 7402 | 3739.88 | 22.5304 |
| 2009 | 312 | 14144 | 7003.34 | 61.924 |
| 2010 | 116 | 7468 | 4831.5 | 35.9533 |
| 2011 | 276 | 5706 | 3721.18 | 55.584 |
| 2012 | 223 | 3104 | 1967.42 | 122.4127 |
| 2013 | 165 | 1396 | 888.05 | 10.889 |
| 2014 | 163 | 1619 | 1236 | 17.8875 |
| 2015 | 301 | 1826 | 1555 | 33.2609 |
| 2016 | 265 | 3839 | 2580 | 28.7945 |
| 2017 | 523 | 313100 | 8280.82 | 80.99 |

### （二）资源调查和动态资源监测

#### 1. 绿化资源普查

绿化资源普查包括森林资源规划设计调查和城市园林绿化调查。

《中华人民共和国森林法》第二章十四条规定：各级林业主管部门负责组织森林资源清查，建立资源档案制度，掌握资源变化情况。《北京市绿化条例》第六十二条规定：市和区、县绿化行政主管部门应当每五年开展一次绿化资源清查，建立绿化资源档案，并根据国家有关规定，开展资源监测和效益评估。

森林资源调查是以林地、林木以及林区范围内生长的动、植物及其环境条件为对象的林业调查。简称森林调查。按调查的地域范围和目的，其中以全国（或大区域）为对象的森林资源调查，简称一类调查。森林资源规划设计调查（简称二类调查）是以国有林场、自然保护区、森林公园等森林经营单位或县级行政区域为调查单位，以满足森林经营方案、总体设计、林业区划与规划设计需要而进行的森林资源调查。其目的在于查清森林资源的分布、种类、数量、质量，摸清其变化规律，客观反映自然条件、经济条件，进行综合评价，提出全面的、准确的森林资源调查资料。朝阳区进行的调查属于森林资源二类调查。

1982 年 12 月，朝阳区农业局林业站进行全区的林业区划，区划的制定以林业资源现状、社会经济现状、地理位置以及近一两年林业发展情况和公社现行计划为依据，原则上以行政区划线，大队为单位，全区共分为四个大区。是年林业站完成了为期 2 年的林业资源调查工作，摸清了全区林木底数，全区共有各种树木 1206749 株，总蓄积量 72211 立方米，林木覆盖率为 7.29%。在此之后的 1989 年、1994 年、1999 年依次进行了森林资源规划设计调查工作。

城市园林绿化调查是为了全面、准确掌握北京城市园林绿化发展状况，综合评价首都城市园林绿化发展水平，为各级政府及有关部门制定、实施区域国民经济发展规划和园林绿化发展规划，维护首都可持续发展提供科学详实的依据。同时完善北京城市园林绿化地理信息系统，实现园林绿化的动态管理，推进城市绿地精细化管理，为社会公众提供信息服务。调查范围为规划市区范围以及新城、中心城镇和建制镇的规划范围。调查内容为园林绿地的类型、面积、乔、灌、花、草等园林植物的种类数量等。调查间隔期原则上为 5 年，调查时间为一年。在间隔期内可以根据需要进行补充调查。

主要指标有人均公园绿地、人均绿地、绿地率、绿化覆盖率等。

1995 年朝阳区城市园林绿化调查显示：人均公园绿地 6.26 平方米、人均绿地 43.07 平方米、绿地率 36.26%、绿化覆盖率 32.68%。2000 年朝阳区城市园林绿化调查显示：人均公园绿地 9.58 平方米、人均绿地 47.40 平方米、绿地率 38.44%、绿化覆盖率 36.22%。

2004 年开始探索将森林资源二类清查和园林绿化资源普查同时进行，并改称绿化资源普查。2004 年的调查结果显示：全区森林覆盖率为 13.64%，林木绿化率为 20.86%。人均公园绿地 12.54 平方米、人均绿地 74.52 平方米、绿地率 53.70%、绿化覆盖率 42.95%。

2009 年的园林绿化资源普查是北京市自开展森林资源二类调查及园林普查 30 年来，首次将森林资源普查与园林普查合并，将原来两年完成的普查任务合并于一个调查平台。朝阳区为此成立了 2009 年园林绿化资源普查工作领导小组。普查结果显示：朝阳区森林覆盖率上升到 18.16%，林木绿化率上升到 22.35%。人均公园绿地 25.67 平方米、人均绿地 68.02 平方米、绿地率 46.46%、绿化覆盖率 46.23%。

2013 年底，根据《北京市森林资源保护管理条例》《北京市城市绿化条例》《北京市统计调查表管理办法》有关规定及《北京市人民政府办公厅转发市园林绿化局关于开展第八次全市园林绿化资源普查工作意见的通知》市政办发〔2013〕47 号的要求，进行 2014 年朝阳区园林绿化资源普查工作。2014 年初，区园林绿化局开始编制调查工作方案和操作细则，落实资金、调查队伍、设备，选送技术骨干参加市级调查技术培训。年中召开全区动员会、组织开展区级培训班、外业试点工作，开展内业区划和外业调查，同步开展技术指导和质量检查工作。年底进行内业资料整理和调查成果汇总，编写调查成果报告并上报有关数据及成果。2014 年调查结果显示：全区森林覆盖率为 19.83%，林木绿化率为 24.04%。人均公园绿地 15.65 平方米、人均绿地 36.15 平方米、绿地率 47.23%、绿化覆盖率 47.22%。

通观三十多年来的历次绿化资源普查结果，可以直观并且客观地反映出朝阳区三十多年来的坚实的绿化建设成果（统计数据见书后附表）。

### 2. 森林资源动态监测

2007 年，朝阳区绿化局首次开展动态资源监测调查，采用集中时间调查方式，运用激光测距、GPS、GIS 高清晰航片、数字地形图等多种技术手段，在全区各地区办事处、各有关专业队配合下，对全区 200 余块绿地、林带的增量、减量进行逐块核实。监测数据动态并延续至今。朝阳区绿化局以 2009 年森林资源二类调查数据为基础，结合每年动态资源监测结果，2011 年底统计得出朝阳区森林资源情况为：森林保有量 8385.52 公顷，林地保有量 10186.64 公顷，森林蓄积量 453108.77 立方米，森林覆盖率达到 18.43%。

2012 年，依照市园林绿化局的管理系统，开发完成了绿化资源动态管理数据库平台的建设。建立园林绿化资源管理信息系统，建立和完善园林绿化基础数据库及产业信息系统，及时提供政策服务、技术服务、市场服务，提升资源管理的数字化水平；通过地理信息系统技术（GIS）、遥感技术（RS）、全球定位系统技术（GPS）的高度集成，及时更新规划绿地、代征绿地、建成绿地等相关信息，可进行全方位日常动态监测管理，提高园林绿化信息水平与服务质量。

2012 年，全区林地面积实有 10571.02 公顷，林木面积 10617.02 公顷，森林面积 8818.57 公顷，林木绿化率为 23.33%，森林覆盖率为 19.38%。2013 年全力建设全区绿化资源动态管理数据库平台。2014 年初进行朝阳区园林绿化资源普查工作，通过普查建立或更新资源档案，健全完善绿化资源动态监测体系。

2016 年的森林资源年度动态监测结果显示：林地面积年末实有 11050.15 公顷；林木面积 11449.81 公顷；森林面积 9724.40 公顷；林木绿化率 25.16%；森林覆盖率 21.37%。

### 3. 固定样地布设

为了完善北京市森林资源动态监测体系和工程建设监测体系,加强基础设施建设,整合样地资源,节约资金投入,搭建固定样地平台,全市需要布设一定数量的森林固定样地,对全市森林资源生长状况进行全面和深入的了解。通过重复测定固定样地的各项调查因子,为林业各方面的分析提供科学依据,从而为各级部门的管理、决策工作提供服务。工作由北京市园林绿化局负责组织管理,由北京市林业勘察设计院负责具体实施,由市各区县相关单位部门配合实施。

2007 年 3 月,北京市林业勘察设计院制定了《北京市森林资源固定样地布设与调查操作技术细则》。项目主要由固定样地抽样和选址、固定样地布设、每年的外业调查和调查数据的应用四个部分组成。

自 2007 年开始,朝阳区开始固定样地布设,样地数量逐年增多且各年度有增减浮动。2012 年 11~12 月，朝阳区开展了固定样地复测工作，主要负责 24 块杨树固定样地的实地检测工作，监测将采用全站仪，GPS 等先进设备，对样木进行精准定位和测量生长量。

2016 年初，区园林绿化局根据《国家林业局办公室关于开展第九次全国森林资源清查 2016 年工作的通知》（办资字〔2016〕58 号）有关要求及市园林绿化局的具体工作安排，组成专业调查小组实施样地调查工作，各有关街道、地区办事处及相关单位配合调查小组完成调查工作。此次调查涉及朝阳区全境，共设样地 115 个，涉及 34 个街道及地区办事处。5 月底正式开展森林连续清查（一类清查）外业调查工作。其间国家林业局、市林勘院有关领导和技术人员多次到朝阳区对外业工作进行指导。由于朝阳区正处于城市化进程快速推进时期，工程项目多，改造建设频繁，拴桩点不固定，准确找到样地难度较大。针对这一情况，此次外业调查利用全站仪将样地准确定位。

至 2016 年底，朝阳区有固定样地 61 块，其中原始固定样地 31 块（2 块作废），生态林固定样地 30 块（其 1 块作废）。分布在金盏、东坝、崔各庄、豆各庄、十八里店、大屯、黑庄户、东风、王四营、孙河、三间房、平房、东坝、南皋、来广营等街乡。

## （三）林地保护

### 1.《北京市朝阳区林地保护利用规划（2010~2020 年）》的编制

十余年来，围绕第 29 届奥林匹克运动会和中华人民共和国成立 60 周年大庆，朝阳区启动实施了一系列绿化美化和生态建设工程，林木绿化率和森林覆盖率稳步增长，全区林业建设取得了突出成绩。林地和森林面积稳步增加，林地质量明显提高，生态建设取得了显著成效。但是还存在以下几个方面的问题：一是林地被征占用的现象长期存在。二是树种组成、林木结构不尽合理，森林碳汇能力不强。三是与土地管理部门、城市规划部门地类划分不一致。林地保护压力逐渐加大；绿化美化标准和要求不断提高；要全面理顺各部门间的协调机制。

《全国林地保护利用规划纲要（2010~2020 年）》（以下简称《纲要》）是首次经国务院批准实施的我国第一个中长期林地保护利用规划，是指导我国林地保护和利用工作的纲领性文件，阐明了国家林地保护利用战略，明确了全国林地保护利用的指导思想、目标任务和政策措施。为朝阳区林地资源保护利用工作带来新的契机，指明了宏观方向。

为贯彻落实《纲要》，根据国家林业局、市政府和北京市园林绿化局的有关要求和工作部署，2010 年，朝阳区成立了由区政府副区长王春任组长、区园林绿化局局长胡良森任副组长、区各相关委、办、局为成员单位的领导小组；同时组建了由区园林绿化局副局长彭光勇任组长，绿化资源管理科专业技术人员为成员的规划编制小组，办公室设在区园林绿化局绿化资源管理科，全面开展《北京市朝阳区林地保护利用规划（2010~2020 年）》的编制工作。

2010 年 10~11 月，编制人员做前期工作准备，虽然在 2007~2008 年我区曾经编制过林地保护利用规划，但本次规划需要严格按照《纲要》及北京市园林绿化局的相关要求进行修编，因此在前期准备中，我区编制人员认真学习了市局编制的《工作方案》和《技术方案》，并在 2010 年 12 月参加了市局组织的林地保护利用规划编制动员会和培训会，统一了思想和方法。2010 年 11~12 月，编制小组以市园林绿化局下达的任务为总控，落实朝阳区林地保护利用规划的林地基数。

2011 年 1~8 月，在仔细研究国家和市局编制的规划编制大纲和技术规程之后，我区初步拟定了林地保护利用规划编制的框架性文件，明确了规划指导原则、基本目标和主要战略，拟定规划期内林地规模、结构、布局、保护利用的等级和相应的管理措施，为规划成果编制奠定了基础。规划框架拟定之后，根据朝阳区的具体情况，对规划的目标、策略、布局、结构、主要规划指标和实施途径进行多方案比选和论证，提出适合于朝阳区具体情况的林地保护利用规划方案，报请上级领导审查。

2011 年 9~10 月，我区根据市局下达的任务及自身的发展和经济社会发展需要进行林地落界，将落界后形成的 ArcGIS 数据库提交市林勘院，经对接汇总后形成全市林地保护利用规划数据库。2011 年 10~11 月，在林地落界的基础上，编制、修改、完善《北京市朝阳区林地保护利用规划（2010~2020 年）》（以下简称《规划》）文本。2011 年 11~12 月，将修改完善后的《规划》发往各街乡和区发展改革委、区农委、市规划委朝阳分局、市国土局朝阳分局、区财政局、区环保局、区水务局和区绿指办等 8 个部门意见，合理意见均已接受采纳，促进了《规划》内容的进一步完善。并组织专业评审会，经过专家组充分的讨论和质询，认为《规划》符合国家林业局关于《县级林地保护利用规划编织技术规程》的要求，并提出了修改意见和建议。《规划》编制小组按照专家提出的评审意见修改完善后，上报北京市园林绿化局。

2012 年 6 月 29 日，北京市园林绿化局回复北京市朝阳区园林绿化局关于《北京市朝阳区林地保护利用规划（2010~2020）》的审查意见（京绿资〔2012〕7 号）。意见原则上同意该《规划》，并提出几点完善意见。《规划》编制小组按照市局提出的审查意见组织修改完善后上报朝阳区人民政府。2013 年 5 月 14 日，2013 年第十六次区长办公会议第七项议题听取了区园林绿化局关于林地保护利用规划编制有关情况的汇报，会议决定由区园林绿化局牵头，市规划委朝阳分局、市国土局朝阳分局配合对区现有林业用地情况进行复核。原则同意区园林绿化局编制的《规划》，根据会议讨论意见修改完善，报请王春副区长审定后，报送市园林绿化局。

2013 年 6 月 24 日，朝阳区园林绿化局代章下发了《朝阳区林地保护利用规划编制领导小组办公室关于印发〈北京市朝阳区林地保护利用规划〉（2010~2020 年）》的通知（朝绿林保规办发〔2013〕1 号）。朝阳区政府原则同意《规划》，并正式印发。该规划阐明了我区十年林地保护与利用的战略目标，明确了我区林地保护利用的指导思想、目标任务和政策措施，是指导我区林地保护利用工作的纲领性文件。

《规划》对全区林地资源和社会经济发展进行综合分析，阐明了朝阳区林地保护利用规划的指导思想、基本原则和目标任务，明确了生态建设和林业发展空间，落实林地用途管理，优化林地结构布局，提高林地利用效益，为实现林地科学管理、确保如期实现林业发展战略目标、促进区域生态文明、推动朝阳区经济社会可持续发展奠定了坚实基础。《规划》对于全面推进朝阳区"新四区"建设，保障首都生态安全，实现"人文北京、科技北京、绿色北京"具有重要意义。

规划以严格保护为前提，确保林地规模适度增长；以增加森林面积为重点，确保森林覆盖率目标实现；以科学经营为核心，大力提高森林质量和综合效益；以优化结构布局为手段，统筹区域林地保护利用；以创新管理制度为支撑，建立林地保护利用管理新机制。

规划范围为朝阳区行政区划内规划用于发展林业的土地，包括乔木林地、苗圃地、宜林地和其他林业用地。规划期限为 2010~2020 年，2009 年为规划基准年，2020 年为规划目标年。

规划目标是科学合理确定林地保护等级和范围，高效利用好林地资源，改善林种和树种结构，努力促进生态文明建设，不断提高生态环境质量，保障区域发展要求和社会经济可持续发展，保证全区林地总量动态平衡，以充分发挥林业的生态、社会和经济三大效益，增强森林景观游憩、环境改善的功能，为全面推进朝阳区"新四区"建设奠定坚实基础。到 2020 年，全区林地保有量不低于 9700 公顷。森林面积保持动态平衡。到 2020 年，森林保有量不低于 8400 公顷，森林覆盖率不低于 18.46%，林木绿化率不低于 22.65%。严格控制征占用林地规模。通过引导节约用地，依法严格审批，加强对征占用林地的定额管理，有效控制全区征占用林地规模。规划期内，将全区征占用林地面积控制在 1236 公顷以内。明显提高林地生产力。不断优化林分结构，丰富生物多样性，提升森林健康程度，增强森林碳汇能力，充分发挥森林的景观游憩和环境改善功能。到 2020 年，每公顷森林蓄积量达到 58 立方米，活立木蓄积达到 62 万立方米。公益林地面积保持稳定增长。到 2020 年，公益林地面积不少于 9295 公顷。

### 2. 保护发展森林资源目标责任制

森林资源是国民经济和社会发展的物质基础，是维持生态平衡和改善生态环境的重要保障，保护森林资源就是保护赖以生存和发展的空间，《中华人民共和国森林法》及《中华人民共和国森林法实施条例》对森林资源的保护和发展有着明确的规定。

国家林业局在"十二五"规划的开局之年启动责任制检查工作，是贯彻落实国家"十二五"发展规划纲要的重要举措，是森林资源监督机构履行职责的客观需要，是确保森林资源"双增"目标实现的制度保障，是调动地方政府保护发展森林资源积极性、主动性的有效手段。

2011 年，国家林业局下发《关于关于开展保护发展森林资源目标责任制建立和执行情况检查的通知》（林资发〔2011〕24 号）。2011 年 4 月 18 日，北京市园林绿化局下发《北京市园林绿化局转发国家林业局关于开展保护发展森林资源目标责任制建立和执行情况检查的通知》（京绿资发〔2011〕8 号）。

2012 年 3 月 15 日，国家林业局印发了《保护发展森林资源目标责任制检查方案》的通知。检查内容包括：责任制建立情况；责任制考核情况；考核结果应用情况；森林资源保护管理工作情况。检查方法包括：听取汇报、查阅资料、现地调查、社会调查。程序为告知、自查并形成书面报告、检查、反馈和报告五个步骤。检查评价采取百分制综合评分方法。总得分 90 分以上为优秀、80~89 分为良好、60~79 分为中等、59 分以下为差、未建立责任制的得分为 0。同时制定了责任制建立的认定依据和具体工作要求。

2012 年 3 月 27 日，北京市园林绿化局下发《北京市园林绿化局关于转发国家林业局办公室〈保护发展森林资源目标责任制检查方案〉的通知》（京资绿发〔2012〕7 号）。

2012 年 12 月 25 日，北京市朝阳区人民政府向各相关委办局、各地区办事处（乡人民政府）下发《关于建立和执行保护发展森林资源目标责任制的通知》（朝政办发〔2012〕45号）。正式建立和执行朝阳区保护发展森林资源目标责任制，请各相关委办局、各地区办事处（乡人民政府）一并认真贯彻落实。

为了保证责任制的落实，朝阳区政府成立由主管副区长为组长，发改委、管委、农委、社会办、财政局、规划委朝阳分局、国土分局、园林绿化局、绿指办为成员单位的朝阳区保护发展森林资源目标责任制领导小组，负责组织领导、统筹协调、监督检查我区保护发展森林资源目标责任制落实情况。领导小组下设办公室，承担领导小组的日常工作，办公室设在区园林绿化局；同时下设考核小组，由区园林绿化局牵头负责目标责任制执行情况的监督检查工作。各地区办事处成立相应的领导小组，具体负责此项工作的组织与实施，将岗位责任、指标责任落实到具体部门和个人，确保目标责任制工作的顺利开展。《通知》要求各地区办事处要根据本区域实际，制定保护发展森林资源的目标责任制及年度计划；要解决好林业用地和其他用地之间的关系，统筹安排，预留出林业用地的发展空间；要将目标责任制指标逐一细化分解，工作任务落实到村。各地区要采取切实可行的工作措施，做好《保护发展森林资源目标责任书》中规定工作任务。

根据区政府的要求，各地区办事处根据《朝阳区保护发展森林资源目标责任制考核办法》和《朝阳区保护发展森林资源目标责任书》认真执行，并且要结合当地实际研究建立针对本地区责任制督查考核的程序和方法适时开展对村级的督查、考核和奖惩兑现，确保考核程序合理、方法科学、结果准确。区考核小组按照考核办法和评分标准，每年对地区办事处年度工作的开展情况进行检查和考核，上报区政府，并将考核结果在全区范围予以通报。

2013年4月，目标责任制项目的主体文件均已编制完成。5月14日，是年第16次区长办公会议第七项议题听取了区园林绿化局关于保护发展森林资源目标责任制建立情况的汇报。会议原则同意区园林绿化局提出的保护发展森林资源目标责任制建立情况的报告，由区园林绿化局牵头，各地区办事处（乡政府）配合，落实好保护、发展森林资源的责任。

2013年10月31日，由北京市朝阳区园林绿化局代章下发《朝阳区保护发展森林资源目标责任制领导小组办公室关于朝阳区保护发展森林资源目标责任制目标责任书下发的通知》（朝绿森办发〔2013〕3号）。

## 二、木材运输及行业管理

朝阳区林业站承担全区木材运输检疫管理、负责林木证和种苗证的办理工作。森林植物检疫员的岗位职责是严格按照《森林植物检疫技术规程》《森林植物检疫对象检疫技术操作办法》实施检疫；依法签发《植物检疫证书》《产地检疫合格证》《检疫处理通知单》；指导种苗繁育单位建立无森检对象的种苗繁育基地。指导兼职森林植物检疫员依法开展检疫工作；依法进入车站、港口、机场、仓库、木材市场等进行检疫调查及疫情监测。

2003年春季，朝阳区林业站对全区713公顷苗圃地的1553万株菌木进行了产地检疫，没有发现危险性病虫，产地检疫率为97.56%。自2003年下半年开始，以东坝、管庄木材市场为主，朝阳区林业站正式对全区内的各大木材市场及木材运输地点开展木材调动检疫和木材运输证的发放工作。

2004年6月，林业站基本完成两证年检工作，全区36个苗圃统一实现两证管理，建立和完善了林木种苗检验、标签制度，对全区种苗市场检查8次。加强《种子法》宣传和种苗市场管理工作，加大对无证生产、经营林木、种苗和生产假冒伪劣林木、种苗的查处力度。

2004年，朝阳区已有专职检疫员6人、兼职检疫员40人，又通过培训、考试、审核，在城区街道办事处、公园、苗圃、绿化队等基层单位新增兼职检疫员42人，使全区兼职检疫员增加到87人，基本形成市、区、基层三级林木检疫网。全区还加强调入、外调、内销苗木和木材产地的检疫及复检工作，使辖区800公顷苗圃、产地的检疫率达到96%，合格率100%。木材调运检疫1200批次，开据调运"检疫要求书"28份，办理木材运输证654份。辖区木材市场未发现检疫对象。

为了补充奥运公园场馆地区绿化的需要，2007年朝阳区从各大苗圃及周边省市调入大量苗木，为保证苗木质量，朝阳区林保站加强苗木危险性病虫的检疫和复检工作，防治苗木运输带入病虫危害苗木。要求各单位和各乡从外埠调进苗木前，首先到区林保站开具检疫申请书，由检疫人员严格检疫对方苗木。调入的苗木要求供货方出示植物产地检疫合格证，接受检疫人员现场检查和复检。在复检时发现有感染病虫的苗木立即实施销毁处理。

朝阳区林木种子苗木管理站于2008年成立，主要职责是负责林木种子苗木管理和监督；维护种子苗木市场秩序；负责管理和核发种子生产许可证和种子经营许可证；依法查处违法的种子生产、经营活动；负责种子质量监督；组织开展种子质量监督检查，向社会公布检验结果。

2010年，朝阳区共有集中木材市场2处，300余家木材经销商，为进一步规范管理，在管庄、东坝两个乡与林业站配合开展两次检疫检查，进一步协调市场与所在地区绿化主管部门的关系，强化属地管理，规范执法程序，加大服务力度。针对全区重点绿化工程及绿化专业队对外包绿化工程的需要，认真进行调入调出苗木的检疫检查和复检工作，确保绿化造林苗木证、签齐全，做好各项检疫相关服务工作。

2015年对全区30家种苗生产经营单位及两个重点木材市场开展专项检查，通过检查，大部分木材市场经营商户、种苗生产经营单位、重点绿化工程施工单位情况良好，包括调入苗木及其应检制品和包装物手续齐全，质量合格，未发现有害生物。

由于区内木材经销商较多，专职检疫员工作量大，为分担工作量，更好地开展检疫工作，加大检疫工作力度，防治带疫木材的调运，加强规范管理，在管庄、金盏两个乡与林业站配合，对管庄、金盏两个乡林业站的工作人员进行检疫知识的培训，让乡林业站工作人员对调运苗木进行初检，初检合格后开具证明，方可换取木材运输证，如发现可疑问题，乡林业站工作人员将及时通知区专职检疫员到场进行处理。

2016年区林业站对37家种苗办证单位做好各项服务，办理林木种子生产经营延续6家。将服务与检查工作提前到绿化施工之前，对全区重点造林工程进展情况和苗木来源提出具体要求，规范"三证一签"使用，即生产许可证、经营许可证、检疫证和苗木标签的使用情况，做好产地检疫和复检工作，建立检疫资料备案制度，确保检疫信息可查询，检疫责任可追溯，促进了规范化管理。

2017年对2个重点木材市场300余家木材经销商开展专项检查，未发现苹果蠹蛾、红脂大小蠹等检疫性、危险性林业有害生物。规范《植物检疫证书》《产地检疫合格证》签发工作。

### 木材运输检疫统计表（2003~2017年）

| 年度 | 产地检疫面积/证书批次 | 植物检疫批次 | 《木材运输证》批次 |
|---|---|---|---|
| 2003 | 检疫720公顷/32批次 | 100 | / |
| 2004 | 检疫720公顷/28批次 | 1200 | 654 |

（续表）

| 年度 | 产地检疫面积 / 证书批次 | 植物检疫批次 | 《木材运输证》批次 |
|------|------------------------|--------------|--------------------|
| 2005 | 检疫 786.67 公顷 | 1055 | 1048 |
| 2006 | 检疫 800 公顷 | 310（两项合计） | |
| 2007 | 检疫 800 公顷 | 905 | / |
| 2008 | 检疫 533 公顷 | 838（两项合计） | |
| 2009 | 检疫 546.67 公顷 | 925（两项合计） | |
| 2010 | 检疫 546.67 公顷 | 2022 | 1822 |
| 2011 | 检疫 500 公顷 | 925（两项合计） | |
| 2012 | 190 批次 | 2240 | 2170 |
| 2013 | 190 批次 | 2320 | 2100 |
| 2014 | 60 批次 | 2449 | 2189 |
| 2015 | 60 批次 | 2500 | 2200 |
| 2016 | 120 批次 | 2200 | 2100 |
| 2017 | 检疫 200 公顷 /120 批次 | 1550 | 1500 |

## 三、林业生物防治

20 世纪 70~80 年代初期，因为区园林局的资金有限，工具落后，手段简单，防治病虫害工作并不理想。当年防治病虫害的方法主要有 4 种：秋末挖蛹；部分树种刮皮，涂抹白灰抑制或杀死虫卵；人工堵洞；用敌敌畏等农药采用人背喷雾器或手推药车打药的方式治虫。劳动强度大，防治效果一般，甚至出现有些树木蛀干害虫严重，有些树木被吃花吃光，严重影响了树木生长和景观效果。

20 世纪 90 年代以后，区园林局在全面强化养护管理工作中，逐步加强了防治病虫害方面工作，加大了设备、药品费用的投入，积极推广新技术，增加了科技含量，不断改进、采用新方法。除保留部分传统防治病虫害方法外，主要是：①实现了打药车进行喷药，全局 7 个专业基层单位都配备打药车、打药机，为大面积长距离给树木打药提供了及时快捷的条件。②推广"无公害防治"，用"地埋"代替"喷雾"，用"生物农药"代替"化学农药"，根治了一些病虫害，减少了对树木危害和环境污染。③建立病虫害预测预报网络，根据季节规律和虫情变化及时、准确发布虫情预报，采取不同剂量、不同药品预防和消灭虫患，成效明显。此外，绿化一队、二队还采取挂捕虫器，冬季打槐豆等方法杀蛾、灭卵，来保护市树国槐，都有一定效果。

1996~2003 年，朝阳区林业植保工作围绕绿化美化建设，认真贯彻"提早预防，依法治理，综合防治"的方针，有效防治植物病虫害发生。主要防治对象是春尺蠖、国槐尺蠖、蚜虫等林木有害生物。此外，朝阳区利用树干裹塑料环防治春尺蠖，该项防治技术具有无污染、防效好、工效高、简便易行的优点。全区每年防治面积 5333~6667 公顷，投入资金 30 万 ~50 万元，防治用药 10~13 吨。年均普遍防治 3 次，专业防护队伍 24 支 120 人，年均发放各种宣传材料 300 份，重点地区做到宣传材料进村、进社区。并采取集中培训和深入重点地区讲课的方式开展技术培训，年均培训人员 320 人次。其中 2002 年朝阳区林业站在全区建立果树、林木病虫测报点 29 个。根据测报点的情况及时发放防治信息，指导各乡合理用药，全区病虫监测覆盖率达到 90% 以上。

2003 年 5 月 29 日，区绿化局下发《朝阳区绿化局关于第一代危险性害虫普查工作的通知》朝绿字〔2003〕49 号。

2004 年为使测报点在全区范围内分布更加均匀周密，新增测报点 14 个，其中农村增加 4 个。全区共计 44 个测报点，其中国家级测报点 1 个，市级测报点 41 个，区级测报点 2 个。为朝阳区林木病虫害的防治提供了及时、准确、可靠的信息。

2005 年 2 月，朝阳区林业站根据国家林业局和市林业局的部署，开展第二次有害生物普查工作。朝阳区林业站采用周氏啮小蜂生物技术预防美国白蛾，全区防治面积 93.33 余公顷。该年注重对专业科技知识的宣传与普及，召开朝阳区林业有害生物防治暨专家座谈会。林业站自编《常见林果病虫害防治》工具书，印制 1500 册发放到全区各专业绿化队、街办和乡级林业部门；编印《家庭养花常见病防治手册》，介绍常见花卉病害 40 余种、虫害 10 余种，发放到局属基层单位和养花居民手中，受到市林业局有关部门领导的好评。

该年朝阳区绿化局绘制了《朝阳区林木地域林木生物病虫害测报点木材销售检疫点分布图册》，图册中分别标明了全区大小绿地位置、面积以及有害生物测报点及木材销售点的分布情况。此图的编制对全区开展林木保护，生物虫害防治，苗木、木材检疫工作提供了详实的图解和数据资料。

2006 年，朝阳区召开朝阳区防控美国白蛾暨专家聘用会和防控美国白蛾工作动员大会，与 23 个街道办事处、20 个地区办事处及区水务局等签订防控协议，与 11 个有关单位负责人签订《2006~2010 年林木有害生物防治检疫责任书》。2007 年发生美国白蛾涉及 9 个街乡。2008 年和 2007 年相比，美国白蛾发生的幼虫的疫点数和危害树木株数均属下降趋势，危害程度有所减轻，发生数量下降，但涉及范围较 2007 年增加。2010 年第三代美国白蛾较 2009 年略有增加。此外其他林业有害生物时有发现，春尺蠖、杨扇舟蛾等常发性林木有害生物灾害还时有发生。

为做好奥运期间和国庆 60 年的生态安全工作，朝阳区林业站编写完成了《奥运期间实叶性有害生物防治工作历》，列出了从 2 月到 10 月出现的有害生物名称、虫态、危害树种和部位、监测情况、预防工作以及除杀方法等，全面用于指导全区各街乡林业有害生物的防控工作。

2010 年，朝阳区新增区级巡查员 40 人。各街道、地区办事处及局属各单位针对美国白蛾疫情严重的情况，加大防治力度，采取综合措施进行防治，有效控制了美国白蛾的传播蔓延。2011 年完成市政府与各区县政府签订的《2011~2015 年北京市朝阳区防控危险性林木有害生物责任书》各项指标任务，未出现重大林木有害生物灾情和疫情，没有发生美国白蛾灾害。2012 年灾害主要集中在老旧小区及脏乱差地区。由于防控措施及时到位，在我区没有发生美国白蛾灾害，取得了显著的防控成。区林业站在辖区内开展保护绿化成果，科学防治林木有害生物宣传培训活动。2013 年区林业站召开四次全区防控工作部署会，防控指挥部办公室下发防控文件 6 期 360 份。2014 年朝阳区林业站召开两次全区防控会，以监测工作为基础，对全区巡查员、监测员开展集中培训，深入街乡开展专题培训。做好 APEC 会议期间防控应急保障工作，确保防控应急队伍能及时到位。2015 年的防控工作重点有两项，一是做好常规防控工作、二是开展全国性的林业有害生物普查、监测试点工作。2016~2017 年以防治美国白蛾、春尺蠖、国槐尺蠖、蚜虫等林木有害生物为主。全年普遍防治 6 次，防治面积 0.93 万公顷。

2016 年区园林绿化局按照市林保站的监测要求，与全区 24 个街道、19 个乡签订了测报协议书，做到监测上报数据及时准确，为全区防控工作提供了第一手资料。按照市防控指挥部和区政府应急办的要求，重新修订了《朝阳区突发林木有害生物事件应急预案》，确保应急组织、物资、队伍得到不断充实和完善，应急防控工作进一步规范化、系统化。

2017 年全区以防治美国白蛾、春尺蠖、国槐尺蠖、蚜虫等林木有害生物为主，普遍防治 6 次，防治面积 9333 公顷。并按照市防控指挥部和区政府应急办的要求，确保应急组织、物资、队伍得到不断充实和完善，应急防控工作进一步规范化，系统化。

## 四、森林火灾防控

朝阳区区域面积大，总面积470.8平方公里，是首都的东大门，地理位置特殊，人口众多且流动量大。同时大部分林地不能实行封闭管理，现有林地乔、灌、草结合，针叶树比例加大，绿化类型多元化、树种配置多种化，栽植方式自然式为主，因此给火源管理和控制增加了难度。尤其是区内外事机构多（使馆区、商社、商务区），一旦发生森林火灾，所造成的国内外影响将非常重大。随着朝阳区绿化事业的不断发展，绿地面积不断增加，森林防火工作必须迅速跟上绿化事业的发展才能有效保护绿化成果。

1996~2016年，朝阳区森林防火工作一直由北京市朝阳区森林防火指挥部统一领导，下设办公室，由一名副区长任总指挥。区森林防火指挥部办公室，1988年至今设在园林绿化局森林公安处（原农林局林业公安科、林业公安处、绿化局林业公安处），办公室主任由局长担任。

### （一）朝阳区森林防火工作回顾

1985年，《中华人民共和国森林法》的实施和北京市各项林业法规的制定，使护林防火工作被提上了林业工作的重要议事日程。

朝阳区自建区以来可查证的烧树事件，时间是1986年11月6日，楼梓庄乡沙窝村第二生产队队长在温榆河大堤上烧玉米秸秆，烧到50米时发现烧到树木，于是马上将火扑灭。经过调查，发现这里以前常有人在河边点柴烧火，造成烧树事件，统计共烧树431株。案件发生后，区水利局召开了现场会，楼梓庄乡相关领导在会上作了检查。同月在东坝乡又发生两处烧树事件，树木被烧102株，金盏乡东苇路东侧树木被烧205株。除此之外，平房、王四营、十八里店、来广营等乡也有不同程度的树木被烧现象。

为防止少数毁林案件继续发生，原朝阳区农林局于1986年11月向各乡发出紧急通知，并于12月16日在东坝乡召开护林防火紧急现场会，要求各乡政府农村办事处克服麻痹思想，把平原护林防火工作列入重要议事日程，深入广泛的宣传《中华人民共和国森林法》和北京市有关护林防火的政策和规定，并立即动员清除树下堆积杂草，消除隐患，对树下堆草和放火者要给予严厉处理，并追究有关领导责任，依法处以罚款。

1987年6月，高碑店乡高碑店村五小队在烧麦秸时起风，烧伤当年新植树木34株。高井村太平庄生产队在通惠河北岸烧麦秸时烧损毛白杨38株。高碑店乡绿化委员会经调查核实，依法责令太平庄生产队领导写出检查，并罚款380元。高碑店五小队因烧树损失较小，仅责令写出检查。该年10月30日下午，朝阳区首次召开全区农村护林防火表彰动员大会。

随着朝阳区大环境绿化工程的上马，全区林地面积成倍增长，朝阳区所处地理位置具有特殊性，因此护林防火工作也面临着特殊的要求。为加强护林防火工作，根据北京市的要求，朝阳区于1988年11月正式成立农村护林防火指挥部，办公室设在林业公安科，负责日常工作。全区24个乡、2个农村办事处也分别于12月底前成立了乡护林防火指挥所，有成员221人。80%的村成立了护林防火领导小组，由村长担任组长。

1989年初，根据全国森林防火指挥部办公室的要求，朝阳区进行了春季防火大检查，重点抽查了15个乡的20处重点地区，发现有6个乡的个别地段存在隐患，发生火情3起，过火面积300平方米，未超过市下达指标，对隐患限期消除。1988~1989年度，全区农村过火面积0.5亩，低于北京市下达的57亩的指标。为适应防火工作的需要，朝阳区护林防火指挥部办公室在1989年架设了通信塔，并新增森林消防车一辆。

1996~1997年，朝阳区林业公安科（处）明确各乡及有林单位防火责任及防火第一责任人。区、乡、村等层层签订责任书。洼里乡、金盏乡、高碑店乡的"防火示范区"成立了半专业扑火队。全区开展争创"无火情单位"活动。1998年洼里乡、金盏乡为护林员统一着装，配发对讲机，实行统一管理。1999~2010年，"三夏"关键时期，全区禁烧麦秸。2000年朝阳区防火办公室借鉴兄弟单位经验，在10个乡的重点火险区200余公顷范围内，利用"草灌净"开展化学除草试点工作，全区实行禁烧麦秸。

2001~2005年朝阳区森林防火指挥部与23个有林单位防火第一责任人签订责任书。2006~2010年全区各地区办事处和有林单位建立半专业森林消防队31支，累计380人；与朝阳消防13支队642人建立区森林防火工作部队与地方的联防联动体系；朝阳区与昌平、顺义、海淀等6个区建立了森林防火联防联动体系；制定了《朝阳区森林火灾扑救预案》《朝阳区奥运场馆周边重点地区森林防火工作应急预案》及《朝阳区森林火灾风险源森林防火工作应急预案》。2010年被市森林防火指挥部授予"无森林火灾先进区"，截至2011年，朝阳区已创造了连续31年无森林火灾纪录。

2012年，重点森林防火期期间，注重加大监督执法检查力度，每周巡查不少于2天，巡逻期间制止野外用火200余起，发隐患通知书40余份，及时制止燃放烟花爆竹40余起，清明节期间制止野外违章用火30余起，全区未发生森林火情。为确保十八大期间我区森林防火工作高效、有序进行，做到分工明确、责任到位，防止森林火灾和人员伤亡事故的发生，降低森林火灾造成的损失，为十八大召开提供良好的社会环境。2013年，朝阳区落实19个地区办事处、区水务局、奥林匹克森林公园和北京园林绿化有限公司绿化二大队的森林防火指挥机构，由主管林业的主任或单位的主要领导任总指挥，并调整森林防火第一责任人。2014年巡逻期间制止野外用火150余起，清明节期间制止野外违章用火10余起。2015年巡逻期间制止野外用火100余起，清明节期间制止野外违章用火40余起。

2016年3月28日，朝阳区园林绿化局发布《关于加强清明节期间森林防火工作的通知》（朝防办字〔2016〕5号）。全区有兼职护林员2000余人，专职护林员200余人。每个护林员都有自己的责任区，定岗到位。截至2017年，朝阳区已经连续32年无森林火灾记录。

2017年森林防火期内全区未发生森林火警、火灾。结合全市部署开展的安全隐患大排查大清理大整治专项行动，重点对全区重点林区、郊野公园、平原造林、主要道路两侧、农田林网、土储用地、人员集中场所等彻底排查清理整治。

## （二）朝阳区的森林防火工作经验

森林防火，朝阳区的传统做法是彻底清除林地内可燃物（枯枝、落叶、杂草等），减少或避免森林火警、火灾发生。这个方法简单有效，是我区多年来预防森林火警、火灾的宝贵经验。虽然费时、费力、成本高，而且清理很难做到干净彻底。但仍不失为预防森林火灾的有效办法。

落实森林防火责任制，区森林防火指挥部及时调整成员单位领导、明确森林防火工作第一责任人。各地区办事处及有林单位均按照要求，建立以乡长为第一责任人，主管副乡长为主要负责人，各村、社区领导为重要责任人的领导制度，并成立地区护林防火领导小组。区森林防火指挥部与各单位第一责任人签订森林防火责任书，各单位与村或企事业单位也都相应的签订森林防火责任书，做到责任制横向到边，纵向到底。

管控火源火种，加强巡查检查。加强对林地内及周边施工人员的管理，防止因明火操作（电气焊、气割）引起森林火险发生。加强对林地内行人的宣传教育，以防不慎造成森林火灾。密切关注和把控重点人群，对未成年人、智障人员等特殊群体落实专人看管。加强对重点林地、部位的巡逻检查工作，发现火情及时扑救并上报，切实做到森林火情早发现、早报告。区森防办将开展经常性森林防火检查，及时发现火险隐患，限期整改，把火险隐患消灭在萌芽状态。

及时修订森林防火应急预案并开展扑火演练，从实际出发，全面落实扑火的指挥组织、人员调配、机具装备、通信联络和后勤保障等工作。

加强防火设备、物资、通讯保障。区森防办每年定期给各单位发放部分扑火物资及宣传牌。各单位也根据实际情况购置部分扑火物资，对现有防火设备、扑火机具、通信网络的检修、测试和维修指派专人负责，做到遇到火情能够"即拿即用"。

加强联防联控，森林防火机构应急值守。区属各单位能够与当地消防部门及相邻区县、地区建立良好的合作关系，相互协调、相互配合，遇火情发生第一时间取得联络。各单位做到坚持领导带班，24小时有人值班，各级各类值班上岗人员手机24小时开机，确保通讯畅通。严格火情上报制度，对突发事件能够及时准确上报。

## 五、野生动物保护

朝阳区的动物资源大致类同于北京平原地区，到1996年，朝阳区本地野生动物已经极少，大部分是外来物种。野生动物除鸟类、爬行类动物外，还有两栖类动物。鸟类是北京市常见的陆栖动物类群，全市栖息的鸟类共计343种，占我国现在已知鸟类总数（1186种）的三分之一，其中平原区鸟类306种。

1996开始由朝阳区林业公安处兼管野生动物保护管理工作。2004年朝阳区开展野生动物监测保护工作，设立野生动物观测点14个。2005年10月中旬，朝阳区绿化局成立严防候鸟传播高致病性禽流感领导小组并下设办公室，由局森林公安处具体负责协调联络、信息统计、监督检查及宣传、保障等工作。成立市级监测点2个（温榆河苇沟点、温榆河孙河点），区级监测点3个（中水分公司、红领巾公园、小红门凉水河点）。成立北京野生动物保护协会、北京爱鸟养鸟协会朝阳工作委员会，发展"两协"会员200人。

自2006年3月开始，朝阳区绿化局成立专项行动领导小组，开展严厉打击破坏森林和野生动植物资源违法犯罪的专项行动。2008年开展集中打击破坏野生动物资源违法犯罪活动的"飞鹰行动"和"一号行动"。2011年组织开展打击非法捕鸟等违法犯罪专项行动，行动期间出动警力80人次，车辆38车次，清查整治野生动物集中分布区及经营单位50余处。2012行动期间出动人员872人次、车辆317台次，网上清查网站5家、店铺12家、网址31处，网下清查古玩城9家、店铺43家，巡护清查野生动物分布区52次，清理整治各类市场15个。2013年办理贩卖野生动物及其制品类刑事案件3起，取保2人，批捕3人。2014年森林公安处接警173件，办理行政案件20起，行政罚款127517.2元，补种树木982株。办理刑事案件2起，取保2人。协助市局办理刑事案件2起，均为查处贩卖野生动物及其制品类案件。2015年区森林公安处举报接警146件，办理行政案件6起，行政罚款1480485元，补种树木37727株。办理刑事案件2起，批捕2人；协助福建省仙游县森林公安局办理刑事案件1起，以上刑事案件均为查处贩卖野生动物及其制品类案件。组织开展"利剑行动"等打击破坏野生动物资源违法犯罪专项行动9次，累计出动人员600余人次、车辆300余台次。

2016年区森林公安处举报接警212件，办理行政案件16起（4起为刑事后期转行政），行政罚款256.49万元，补种树木9086株，没收象牙制品5件。办理刑事案件9起（4起后期转为行政案件）。共刑事拘留8人、取保候审5人、批捕4人、通缉逮捕1人，以上刑事案件均为非法出售、运输、收购珍贵濒危野生动物或野生动物制品案。

2017年区森林公安处全年接举报224起，其中，行政立案17起（1起为刑事后期转行政），行政罚款47.70万元，补种树木803株，没收球蟒1只；办理刑事案件1起，为非法出售、运输、收购珍贵濒危野生动物或野生动物制品案。

此外，局森林公安处联合公园、街道组织多年的"爱鸟周"宣传活动，对区内野生动物保护也起到了积极的作用。

## 六、绿化行政执法

1949年以来，朝阳区一直没有专门的林业公安执法机构。

1963年，朝阳区人民委员会发出布告，提出保护树木，人人有责。要求保障林木所有权，保护现有树木，严禁私伐、盗伐和乱砍滥伐，严禁在林区绿地内放牧引火和开荒动土。凡私自砍伐或破坏国家、集体或者他人林木的，须由公安部门依据《中华人民共和国治安管理处罚条例》的有关规定予以处分，对盗伐破坏公私林木情节严重的，由人民法院依法论处。

1963 年 4 月，双桥公社管理委员会发出《关于苏坟生产队党支部书记等四名干部私砍树木的通报》，并责成定辛庄大队认真严肃处理，这是朝阳区有记载的第一个关于毁林案件的通报。1963 年高碑店公社北花园大队一社员因偷伐国有树 10 株，构成破坏林木罪，朝阳区人民法院依法追回人民币 150 元，上缴国库，免予刑事处分。

1980 年北京市园林局制定了《北京市城市树木砍伐和损失赔偿标准》。

1989 年 1 月，根据北京市有关文件精神，朝阳区正式成立林业公安科，定编为四人，职责是依照国家的各项法律法令保护林木资源安全，制止打击毁林活动和破坏力林地的违法行为。1997 年朝阳区农林局林业公安科升级为林业公安处。2002~2009 年合并成立区绿化局后，由朝阳区绿化局森林公安处负责。2009 年 8 月至今由朝阳区园林绿化局森林公安处负责。

1989 年森林公安科共查处毁林案件九起，其中包括 1988 年 5 起，1989 年 4 起。另外协助南皋、小红门、管庄 3 个乡查处 3 起，当年收缴罚款 28692.35 元，收缴赔偿损失费 3846.7 元，责令补种树木 2209 株。1996 年共接林业案件举报 30 起，其中行政立案 10 起并全部结案。责令补种树木 2289 株；罚款 6.65 万元；赔偿损失费 4.37 万元。

1997~2001 年森林公安处累计查处各类案件 30 起。2002 年共接报案 81 起，其中行政立案 6 起，移交处理 28 起，查无此事 22 起，协调解决 11 起，限期整改 11 起，直接答复 3 起；查处结案 8 起（含 2001 年的 2 起）；责令补种树木 619 株；罚款 2.98 万元。2003 年共接报案 70 起，其中行政立案 7 起，协调解决 13 起，转出 23 起，查无此事 27 起；责令补种树木 177 株；罚款 17699.35 元；没收野生动物 9 只。2004 年共接报案 98 起，其中行政立案 3 起，刑事立案 1 起，移交有关部门处理 30 起，查无此事 14 起，反映不实 23 起，一般处理 19 起，正在处理中 8 起；没收粘网 8 块；没收野生动物 30 余只；收缴罚款 5426.24 元；责令补种树木 269 株；刑事拘留 2 人。

2005 年森林公安处共接报案 156 起，经逐一查实，依法行政立案查处 21 起；收缴罚款 40931.41 元；责令补种树木 2445 株。2006 年共接报案 133 起，与上一年度相比，接报案率下降 17%；查处行政案件 7 起，比上一年度下降 67%；收行政罚款 42529.23 元；补种树木 5312 株。2007 年共接报案 140 起，其中行政立案 17 起，刑事立案 1 起；行政罚款 22883.03 元；补种树木 958 株。2008 年共接报案 85 起，其中行政立案办结 21 起；行政罚款 75483.54 元；补种树木 1785 株。2009 年共接报案 94 起，其中行政立案 19 起；行政罚款 55137 元；责令补种树木 915 株。2010 年共接报案 84 起，其中行政立案 7 起；行政罚款 24135 元；责令补种树木 1834 株。

2011 年森林公安处共接举报 91 起，其中协办刑事立案 1 起，行政立案 5 起，行政罚款 29446 元，补种树木 561 株。组织开展"春季攻势""亮剑行动"等专项行动，严厉打击季节性破坏森林和野生动植物资源犯罪活动，出动人员 693 人次、车辆 216 台次，清查木材交易市场、收购站 15 处，清查野生动物交易场所 72 处，清查占用征收林地项目 7 个。2012 全局接受信访件 18 件，答复率 100%，满意率 100%，区政府交办信访件完成率 100%。全局行政处罚案卷被评为市森林公安局优秀案卷；行政许可案卷被评为优秀案卷。积极开展平原造林重点工程"护航行动"，行动期间，发挥森林公安保驾护航作用，加强排查、巡防、宣传，明确重点，依法履行职责，严格执法办案，全力为平原造林重点工程创造良好氛围，出动人员 463 人次、车辆 176 台次，巡逻检查 176 次，巡护里程 8000 余公里，完成全区平原造林重点工程"护航行动"。2013 开展绿化执法、野生动植物和古树名木保护工作，协调城管等部门加强绿地巡查和管理，强化联合执法，严厉打击破坏林地绿地和野生动植物资源的行为，全年共接举报 90 起，行政立案 5 起。2014 全年接举报 98 起，行政立案 7 起，行政罚款 4.35 万元，补种树木 433 株。2015 强化林业执法工作，全年接举报 146 起，其中：行政立案 6 起，行政罚款 148.05 万元，补种树木 3.77 万株；办理刑事案件 2 起，批捕 2 人。

2016 年森林公安处接到举报 212 起，行政立案 16 起，行政罚款 256.49 万元，补种树木 9086 株，没收象牙制品 5 件；办理刑事案件 9 起（4 起后期转为行政案件），刑事拘留 8 人，取保候审 5 人，批捕 4 人，通缉逮捕 1 人。2017 全年区森林公安处接举报 224 起，其中行政立案 17 起（1 起为刑事后期转行政），行政罚款 47.70 万元，补种树木 803 株，没收球蟒 1 只；办理刑事案件 1 起，为非法出售、运输、收购珍贵濒危野生动物或野生动物制品案；立即出警率、各类案件法定时限立案率及办结率、发现火灾隐患限期消除率为 100%。

## 七、古树名木资源与保护

### （一）朝阳区古树名木资源概况

朝阳区与北京旧城区紧密相连，据明人孙承泽《春秋梦余录》记载，元代在大都齐化门（今朝阳门）外东岳庙附近，曾经"植杏千余株"，时人称之为"杏花春雨江南"。明清两代，北京古城正东、东北方向十公里范围之内，可见古树参天。朝阳区东部设有朝日坛，更有诸多皇亲贵胄的坟冢散布区内，因此松柏树木为数甚多。根据史地民俗界的老人回忆，朝阳区辖域在晚清时候古树仍为数不少。但清末和民国的战乱，使得古树惨遭劫难，被兵匪民众砍伐甚多。20世纪30年代初期，日坛公园边上还有一片松柏林，约七百多株，遮天蔽日，被称为黑松林。东风乡的松王坟古树也为数甚多，但在日寇占领北京后，这两处的很多大树几乎被砍伐殆尽，所剩无几。至于其他地方的古树，也同样受到不同程度的破坏，因为少有文字记载，也就无法记述和统计了。

1987年和1989年，按照北京市林业局的部署，原朝阳区农林局于先后两次以乡为单位进行农村古树名木普查登记。根据1987年原朝阳区农林局的调查统计，朝阳区农村存留古树名木646株，其中一级古树17株，二级古树629株，分布在18个乡41个村55处。主要树种有桧柏、国槐、油松、侧柏、白皮松，其中以桧柏居多，有543株，占总数的84%。古树分布在古寺庙遗址的有31株，分布在古坟遗址的有612株，私人住所3株，其中有571株古树集中在七个古代墓地遗址上，占总数的88%。从古树的长势情况看，长势优良的有98株，长势中等的417株，长势较差的131株，其中一级古树长势优良的7株，长势中等和较差的各有5株。

根据1988年12月朝阳区园林局的调查统计，朝阳区城区有古树名木294株，树种主要是古柏，数量为232株，其次是国槐46株、松树7株、银杏1株，其中树龄在300年以上的一级古树有44株，其余为百年以上的二级古树，分布在17个办事处的51个单位，数量较多的有日坛公园，东岳庙，西黄寺佛学院，内燃机总厂，数量均有30~50株。

1997年，朝阳区对农村古树名木进行第二次普查，农村有古树名木646株，二级古树629株，分布在18个乡41个村55处。主要树种有桧柏、油松、侧柏、白皮松、国槐、七叶树、楸树，其中以桧柏居多，占古树总数的84%。1998~2001年，全区共有古树名木960株，其中一级古树62株、二级古树875株，未钉牌23株。

2002~2003年，朝阳区配合市局完成全区古树名木重新登记挂牌工作，全区共登记古树888株。其中城区17个街道登记296株，农村17个乡登记古树名木592株，其中一级古树12株，二级古树580株；古树单株62株，古树群8个523株，名木7株。

2004年全区登记古树名木906株，其中百年以上古树899株，纪念树7株。

2005年对全区古树进行卫星定位，据统计全区古树名木901株，其中百年以上古树894株，纪念树7株。其中一级古树58株，二级古树836株。单株古树387株，古树群8个。从生长情况看，长势良好的107株，占古树名木总量的12%；长势一般的

575 株，占 64%；长势较弱的 219 株，占 24%。

2007 年完成北京市古树名木普查工作。全区新增达标古树 43 株，新增名木 89 株，核减未达古树胸径标准原挂牌古树 362 株。全区实有古树名木 670 株，其中古树 581 株，名木 89 株。

2008 年对全区 37 个街乡，106 个管护责任单位，678 株古树名木重新标挂新牌。其中挂牌中新增 8 株古树，并上报市局申请牌号及时标挂。

2009~2010 年，朝阳区在全区古树名木检查中对古树名木有所调整，将王四营地区办事处 15 株二级古树桧柏移交给堡头街道办事处；从将台地区办事处 14 株古树中分别移交给太阳宫地区办事处 3 株二级古树油松、酒仙桥地区办事处 1 株二级古树国槐。2010 年底，全区有古树名木 678 株，分布在 36 个街乡 121 个责任单位。其中名木 89 株，一级古树 58 株，二级古树 531 株。

截至 2017 年年底，区园林绿化局配合市园林绿化局完成全市古树名木普查工作，全区现有古树名木 15 个树种，677 株，分布在 39 个街乡、111 个单位，127 处。其中一级古树 56 株，二级古树 516 株，纪念树 88 株，拟新增二级古树 17 株。其中日坛九龙柏、东岳庙寿槐和庆丰公园文槐被定为市级古树名木。

## （二）朝阳区重要古树及古树群

### 金盏乡西村、小店桧柏

金盏乡西村古柏，俗称干爹树。生长在原真武庙旧址，树龄 410 年，为一级古树，树高 15 米，胸径 100 厘米。20 世纪 70 年代一度因折断树枝，破坏很严重，濒临死亡。通过乡林业站采取多种管护措施，砌墙补洞，除草浇水，培土打药施肥等一系列管护措施，目前长势旺盛。

金盏乡小店古柏，树龄 410 年，为一级古树。该树因其造型奇特，俗称干妈树。1989 年小店村民在政府的支持下为它筑起了六角形两层护脚，现设专人管护，树势旺盛。无病虫害。

### 高碑店七叶树

该树为龙脑香料常绿大乔木，树龄达 300 多年，高 16 米、胸径 80 厘米，属国家一级古树，是北京通惠河畔文化创意产业园最具代表性的景观之一。该树大约在 100

年前从京西潭柘寺移植而来,树址原称雷家分院,后称孟家坟地。1989年11月登记入册,1991年开始进行养护管理,先后进行建围栏、挂牌号、拆除违章建筑,每年施肥浇水,补树洞、清理周围环境卫生,除虫打药三次以上,至今从未间断,因此树木长势良好。

### 北顶娘娘庙古树

北顶娘娘庙属市级文物保护单位,内有古桧柏2株,古槐2株,都是二级古树。2株古槐分布在庙院内外,胸径58~88厘米,株高10米,冠幅15~18米,树体基本健壮,枝叶繁茂。

### 日坛公园古树群

日坛公园有古树44株,以侧柏和桧柏为主,基本上都有400多年的树龄,其中九龙柏有1100余年的树龄,这棵老树因为分了九个枝杈,因而得名九龙柏。2005年日坛公园举办古树征名、认养活动,共有12株古树得到命名。云胜、相濡以沫、恩爱百年、五子登科、四大天王、定海神针、梦笔生花等名字获得了投票认可。

### 东岳庙古树群

1928年东岳庙登记古树有"松槐树120棵"。1936年再次调查登记仍然是120棵。截至2016年年底,东岳庙共有古树46株。其中桧柏7株,侧柏20株,国槐16株,楸树1株,构树1株,桑树1株。其中以寿槐最为特出,寿槐为豆科槐属,树高12.2米,胸径141厘米,为一级古树,其余全部为二级古树。

### 西黄寺古树群

西黄寺共有古树46株,其中有桧柏25株,侧柏20株,全部为二级古树。

### 松王坟古柏群

该古柏群占地16.5亩,位于东风乡辛店村清朝嘉庆热河督统崧筠之墓址,故俗称崧王坟。此地曾有大量古树,南有白皮松群,北有侧柏群,西有桧柏群。20世纪30年代,日寇占领北京后曾大肆掠夺这里的优势树木,现有树木仅为少数存留。1987年普查有古桧柏175株。1996年存留二级古树124株。截至2017年,有二级古树27株。东风乡政府调拨专款,建起了高1.8米,全长645米的高标准铸铁花围墙,村里设专人负责看护及日常养护工作。

### 大武基古树群

该古树群位于十八里店乡武基寺村东南，当年此地植树达 40 余亩，相传此处是清朝一位温姓宦官的墓地，1989 年清查时有古树 133 株。1990 年乡政府投资 5 万余元，建起了高 2.4 米，宽 40 厘米，长达 400 米的围墙，是京郊第一个古树群围墙。1991 年十八里店乡请原区农林局及市园林局有关技术人员为古树群复壮，经过几年精心养护，古树得到良好恢复。截至 2017 年年底，古树群占地为 15 亩，园内共有古树 47 株。

### 十六中古柏群

该古树群位于东坝镇以西十六中操场内。此处原是清乾隆帝三女固伦和敬公主的墓地，曾栽植有八十一株柏树。现占地 10 亩，有古柏树 28 株，胸径在 25~40 厘米，树高 8~10 米，平均冠幅 4~6 米，生长势较弱。树龄约在 200 年以上，为二级古树。

### 东坝古柏群

该古树群位于东坝镇西北门通达利工艺品公司院内，占地约 1 亩，80 年代曾有古松、桧柏 55 株，树龄约 100~200 年，为二级古树。1989 年 11 月开始登记注册，1991 年开始进行养护管理，截至 2017 年年底，该古树群还有 24 株，长势一般。

## （三）朝阳区的古树名木保护管理

古树的保护管理，主要是建立健全古树名木养护管理责任制度。在每年常规养护管理中，通过采取修剪、浇水、施肥、打药等技术措施，提高古树的生长状态。

1989 年 4 月 19 日，原朝阳区农林局首次提出《关于古树名木的养护意见》。1991 年 3 月 26 日，国家建设部发出《关于加强古树名木保护和管理的通知》。1991 年 9 月 18 日，北京市园林局下发《关于在城市建设中应加强大树保护的通知》。1998 年，北京市园林局下发《北京市古树名木保护管理条例》。2010 年 3 月 26 日，朝阳区绿化委员会办公室《关于落实 2010 年古树名木保护管理工作方案的通知》（朝绿字〔2010〕39 号）。2016 年，全国绿化委员会下发《全国绿化委员会关于进一步加强古树名木保护管理的意见》（全绿字〔2016〕1 号）的文件。2016 年 3 月 30 日，朝阳区园林绿化局下发《朝阳区园林绿化局关于进一步加强古树名木保护管理工作的通知》。

原朝阳区园林局于1988年8月4日向区政府提出加强古树名木保护的请示，提出钉牌、照相工作、围栏养护和办理古树管理委托书等具体的保护措施。古树管理委托书由区园林局、地区办事处和责任单位三方签订。

1989年下半年，原区农林局为了挽救生长衰弱和濒临死亡的古树，对部分古树进行围栏、施肥、浇水等养护措施，对全区的古树全部完成了拍照建档。该年区园林局执法科进行了古树保护先进单位的评比活动。1994年解放古树3株，并对城区古树进行复壮。1996年开始在每年古树名木常规养护管理中，通过采取修剪、浇水、施肥、打药等技术措施提高古树长势。至1997年两年时间里复壮古树63株。1998年针对夏季降雨量大，朝阳区下发古树名木防汛排涝紧急通知，布置落实排涝工作。当年投资3万元，请古树专家在东坝乡单店小学做了4株一级白皮松复壮工程。1999年和2000年继续对重点古树进行科技复壮。采取复壮沟、渗水井及通气等措施，解决古树肥水、透气等问题。投资上万元修建封闭隔离墙，严禁行人出入。

2001年朝阳区对所有古树采取保护措施，拆除影响古树生长的违章建筑1626平方米，清运垃圾1.57万立方米，对639株古树建起护栏、围栏3700延长米，修补树洞11个，累计投资百万余元。是年聘请北京市园林局有关专家，举办古树复壮技术培训班，并在十八里店乡、东坝乡进行古树复壮试验与示范，召开全区古树复壮施工现场会，推动古树复壮工作。

2002~2003年，城区完成古树名木卫星定位工作，农村完成古树名木图片资料上网录入工作。全区清运垃圾20吨，清理坟头2个，拆除违章12平方米，重新修建围栏2处240延长米。

2004年在全区古树名木检查中对发现的违章建筑、堆物、堆料等违章行为进行及时纠正，下发保护古树名木通知书，责令限期改正。针对开发建设项目征用土地涉及古树名木管护责任的变更，及时与用地单位进行联系，要求用地单位监督施工单位保证古树安全，并与建设单位签订古树名木养护责任书。2005年和2006年聘请北京市园林局古树定位专业人员，开始对全区农村古树进行卫星定位，通过卫星定位，对全区古树重新建档登记。

2006年4月18日，日坛公园举办"保护古树，倾注爱心"为古树征名活动。为44株古树征名。收到社会各界来稿百余份、树名257个。通过市园林局古树专家、作家评委研究，选出部分名字为古树命名。2006年5月15日，日坛公园举办古树认养活动。

意大利驻华大使高凯帝先生、国际家庭和 6 家单位投资 8 万元认养古树 8 株。朝阳区聘请市园林局和市林业局的 4 位古树专家为古树名木管理技术顾问。

2007 年古树名木普查进入科学正规化管理阶段，建立古树名木普查登记表和台账，健全古树名木动态监测体系。古树设有身份证且被 GPS 准确定位，同时与管理单位签订协议书。2007~2008 年落实了原北京内燃机厂 36 株古柏的养护责任单位，完成 36 株古柏及二环路边 1 株古国槐复壮工作。完成 37 个街乡，678 株古树名木重新挂牌工作。

2009 年加强了古树保护措施和监督管理，在土地一级开发初期，为用地单位提供古树大地坐标，并发放《建设工程避让措施申请表》。完成日坛九龙柏和北京广播通讯电源厂 2 株一级古树避雷针的安装。并请北京市园林绿化局林保专家对病虫害严重的山东会所、黄寺佛学院古树进行会诊，及时实施救治。

2010 年制定全区古树名木保护养护工作年度方案，召开全区古树名木保护工作会议，落实古树名木保护责任，区与街乡、街乡与责任单位分别签订古树名木保护责任书。朝阳区园林绿化局给街乡下发《古树名木管理技术规程》，并实施监督和指导。是年对望京公园、庆丰公园两株古树实施复壮工程。

2011 年区园林绿化局制定保护古树名木工作计划，督促各街道、地区及责任单位认真落实。广泛开展古树名木保护宣传工作，提高全民古树名木保护意识。制作《古树名木异常情况报告表》，实施异常情况报告制度。6 月 8 日深夜，暴风使将台乡驼房营村委会古槐折断，古树责任人及时上报情况，经请示市园林绿化局，对此树进行了及时处理。该年，朝阳区请气象工程单位对十八里店乡武基寺古树群实施了避雷工程，配合地铁七号线项目工程施工古（大）树避让措施的审核工作。

2012 年 9 月，区园林绿化局资源管理科下发《关于开展古树名木保护管理情况检查工作的通知》（朝绿字〔2012〕113 号）。2013 年开始加大了古树名木复壮养护资金的投入，请市古树专家及专业施工队伍对 19 株濒危的重点古树实施复壮。2015 年对重点景区 47 株古树实施复壮保护。

2016 年由区财政拨付专项复壮资金，实施古树复壮工作，采取招标（比选）审计方式参与，聘请市园林绿化局古树名木保护专家及专业施工队伍对大望京公园、六里屯道家园小区、高碑店 3 家单位的 5 株濒危古树实施科技复壮并更新老旧护栏。

2017 年由区财政拨付专项资金实施古树复壮。聘请市园林绿化局古树名木保护专家及专业施工队伍对奥运村办事处弥勒古寺、朝外办事处吉祥里、三间房乡南里等 21 家单位的 39 株古树实施科技复壮，同时配合市园林绿化局完成全市古树名木普查工作。

普查数据显示，截至 2017 年年底，朝阳区共有古树名木 677 株，其中一级古树 56 株，二级古树 533 株，名木 88 株。

依据古树名木保护条例，朝阳区各地区、街乡的古树，由所在地区或单位负责管理养护。在财政养护费用上，2013 年以前，区财政每年拨付园林绿化局 8 万元用于濒危衰弱古树的抢救养护费用。为加强古树保护，自 2014 年起，该项资金调整为每年61 万元。

### 朝阳区古树名木数量变化表（1987~2017 年）

| 年份 | 古树名木总数（株） | 一级古树（株） | 二级古树（株） | 名木（株） |
|---|---|---|---|---|
| 1987~1988 | 940 | 61 | 879 | / |
| 1998 | 960 | 62 | 875 | / |
| 2005 | 901 | 58 | 836 | / |
| 2007 | 670 | 58 | 523 | 89 |
| 2010 | 678 | 58 | 531 | 89 |
| 2016 | 673 | 57 | 527 | 89 |
| 2017 | 677 | 56 | 533 | 88 |

# 第四章
# 朝阳区园林绿化大事记（1949~2017）

## 1949 年

1 月 31 日　北平和平解放。

6 月　今朝阳区辖域的北平十三区、十四区合并为十三区。

10 月 1 日　北平举行开国大典，北平更名为北京，成为中华人民共和国首都。

## 1950 年

5 月　北京市人民政府公园管理委员会成立。

5 月 16 日　中央人民政府政务院发布《关于全国林业工作的指示》。

8 月　北京市第十三区更名为第十区，设立第十区建设科，管理全区农业。

11 月　北京市人民政府公布了《北京市各公园游览规则》。

## 1951 年

6 月 21 日　北京市公园管理委员会召开第一次全体委员会议，确定了"在自给自足的原则下进行重点恢复和建设"的方针。

8 月 11 日　北京市公园管理委员会第二次全体委员会议决定"今后各园具有修缮工程，凡有关文物方面者，应及时与文物整理委员会联系"。

9 月　北京市建设局开设了技术干部学校园林班。又与北京农业大学及清华大学协商，征得中央人事部和教育部的同意，由两校合办造园组，专门培养园林技术人员。

## 1952 年

9 月 1 日　北京市重新划分城郊各区，北郊十四区东部划归第十区，并更名为东郊区。

是年　第十区建设科改为农林科。

## 北京朝阳园林绿化简史

### 1953 年

**是年** 北京市人民政府园林处成立，负责全市的公园工作。市园林处成立后，开辟了包括日坛在内的 45 处公园、绿地。

### 1954 年

**是年** 北京市园林处确定日坛规划，计划建成公园，为附近居民服务。

### 1955 年

**2 月 18 日** 北京市园林局正式成立。

**是年** 由苏联规划专家（勃得列夫为首）指导，开始制定北京的城市规划，包括园林绿化。北京市园林处制定了《北京市各公园钓鱼规则》。

土城遗址开始进行绿化保护。

### 1956 年

**1 月** 中共中央发表了《1956 年到 1967 年全国农业发展纲要》（草案），提出"在十二年内，发展林业，绿化一切可能绿化的荒地荒山"的要求。

**8 月** 北京市园林局在颐和园成立北京市园林技术学校。

**是年** 日坛公园征收土地，面积从 6 公顷扩大到 21.15 公顷，由市园林局第三保养站进行管理。

为改善城市环境，配合新工业区建设，在酒仙桥地区、北郊八大学院地区以及日坛东侧建设了三条防护林带，总面积达到 62.2 公顷。

### 1957 年

**是年** 日坛公园及周边开始植树，遵循"少投资多种树"的原则，树种多为杨柳榆树。

### 1958 年

**5 月** 东郊区更名为朝阳区。

**10 月 1 日** 红领巾公园建成。区人民委员会组织大批青少年学生在这里义务劳动，挖湖植树。为纪念青少年学生的义务劳动，将公园命名为红领巾公园。

**10 月** 经过朝阳区机关、部队、工厂、学校以及各界群众 4 万多人二十余天的义务劳动，原丰盛、正兴砖厂遗留的窑坑及一些墓址被清理挖成环形的人工湖，命名为团结湖。

**是年** 为配合北京市园林局绿化二大队完成首都机场路的绿化任务以及城乡绿化

美化工作，东郊区设立了"东郊区人民政府绿化指挥部"。下半年区房管所、东郊运输社和绿化指挥部合并，成立了"东郊区建设局"，下设园林科。建设局园林科的设立，是朝阳区园林绿化机构正式建立的标志。

日坛公园的祭祀拜台改成铺装地面，开辟为群众活动的露天舞池。

## 1959 年

**是年** 朝阳区成立农林水利局，局内设有农林科，有一人专管林果生产。

朝阳区农村成立了三大公社，其中朝阳公社包括双桥农场、王四营、高碑店、南磨房、十八里店、小红门；中德公社包括东坝、金盏、楼梓庄、平房、星火、将台、东风农场；和平公社包括东郊农场、来广营、太阳宫、大屯、洼里。

## 1960 年

**5 月** 经朝阳区批准，高碑店公社大黄庄生产队改建成苗圃，占地 62.67 公顷。苗圃土地归集体所有，生产队 104 名劳动力成为苗圃队员后，仍是农业户口，不享受国家待遇。区建设局为大黄庄苗圃拨生产资金并委派技术员，苗木收入归区建设局。

**7 月** 朝阳区果树面积达到 5031 亩，成为朝阳区果树发展史上的第一个高峰。主要品种有葡萄、苹果、梨、桃。其中葡萄十八里店公社 100 亩、高碑店公社 430 亩、观音堂 45 亩。

**是年** 北京市园林局在朝阳区进行绿化业务下放试点，将朝阳区辖域的公园交由朝阳区管理，并在日坛设立北京市第一林业保养站。

朝阳区农林水利局改为朝阳区农林局，仍由农林科管理全区林果生产。

交通运输职能从建设局分出成立专门机构。园林科仍留在建设局，成立园林系统的第一个党支部，同时建立朝阳区绿化队。

## 1961 年

**3 月** 北京市园林部门第一次编制了《园林绿化七年规划》，提出"调整、巩固、充实、提高"的方针，积极巩固现有绿化成果，提高现有绿化质量。

**6 月 26 日** 中共中央制定了《关于确定林权保护山林和发展林业的若干政策规定》（试行草案），对国家、集体、个人的森林资源所有权作了明晰的界定。朝阳区人民委员会颁布《关于农村人民公社林木暂行管理办法（草案）》。

## 1962 年

**1 月** 中央在三年自然灾害后采取措施调整国民经济。北京市委将"以园林绿化为主，结合生产，加强管理，提高质量"作为指导纲领。

是年　朝阳区人民委员会发布《关于做好护林工作的草案》。

日坛公园管理处正式成立，日坛公园向社会开放。

红领巾公园划归朝阳区建设科领导，公园易名为朝阳公园。

## 1963 年

3 月 8 日　经北京市人民委员会批准，朝阳区辖域调整为 18 个乡。

5 月 15 日　朝阳区人民委员会发出布告，在保障林权、保护现有树木方面作出了具体规定。

9 月　原区建设局房管和园林职能分开，朝阳区政府决定将建设局园林科改为朝阳区人民委员会建设科，隶属区政府直接领导。

10 月　朝阳区政府召开林业会议，决定朝阳路路旁树木由建设科、农林科负责组织国社合栽。

11 月 27 日　朝阳区农林水利局在八里桥建立苗圃基地，面积约 200 亩，这是朝阳区第一个区级苗圃。

## 1964 年

1 月　朝阳区农林局成立朝阳区林业工作站，由六人组成。

朝阳区农林局和区供销社发布《关于采集收购树籽的联合通知》。

## 1965 年

是年　朝阳区农林局、教育局、区供销社、共青团朝阳区委联合发出《关于采集收购树籽的联合通知》。发动全民采种、育苗、植树。

日坛公园动员全体职工，组织学生义务劳动，连夜奋战种植草皮，日坛公园能种草的地方几乎被全部覆盖。

朝阳区苗圃面积从 1961 年的 184 亩，发展到 856 亩。

## 1966 年

是年　朝阳区人民委员会发布《关于林木保护暂行办法的几点意见》。

朝阳区为适应绿化大跃进的需要，广泛开展群众育苗活动，区内 24 个工厂、单位，共有育苗面积 212 亩。

## 1967 年

1 月 23 日　朝阳区农业生产指挥部成立。

3 月 21 日　朝阳区农业生产指挥部改为朝阳区抓革命促生产第一线指挥部。

**是年** 既定的北京城市规划被原国家建设委员会通知暂停执行。

## 1968 年

**2 月 4 日** 北京市朝阳区革命委员会正式成立，实行党政合一，高度集中领导体制，区革委会由 62 人组成，下设工交组，农村组等九个办事机构。

**3 月 10 日** 朝阳区林业站上报朝阳区抓革命促生产第一线指挥部《关于农村滥伐盗伐树木情况及处理意见的报告》。

**12 月** 区建设科与区房管科再次合并成立建设局，建设科随即撤消。

## 1969 年

**4 月** 中国共产党第九次全国代表大会召开。

**是年** 周恩来总理视察日坛，指出："日坛公园内荒凉，一定要把日坛建设好。"朝阳区建设局绿化队负责全区 57 条干路的绿化。

## 1970 年

**3 月 1 日** 朝阳区农林水利局改名为朝阳区农业局，林果生产开始恢复。

**是年** 日坛公园在南门内修建 80 平方米的新闻橱窗，同时利用古建筑神库及神厨开辟了外宾餐厅。

朝阳区林业站在楼梓庄公社马各庄大队建立面积为 100 亩的苗圃基地。

## 1971 年

**是年** 周恩来总理视察日坛公园建设情况。

朝阳区林业站组织成立朝阳区果树技术网，提出建立朝阳区无病虫害区域，技术网由果园技术人员组成，联合驻区的中央市属单位，共有十三名成员，1980 年解散。

## 1972 年

**是年** 美国总统尼克松和日本首相田中角荣等接连访华，在周总理的倡议下，决定在日坛公园栽植日本送给中国的大山樱花 180 株。

日坛公园新植树木 1840 株，主要是云杉、白皮松等常绿树，还有珍珠梅、太平花等花灌木以及金星海棠、柿子、苹果等果树。

## 1973 年

**9 月 5 日** 朝阳区革命委员会决定建设与房管职能分开，成立专门的职能局，分开成立的朝阳区建设局设立了建设局党委，隶属区委、区政府领导。机关内设政工科、园林道路科、劳动工资科、财务科、办公室、规划办公室、团总支、工会、武装部、工程处，共 10 个科室。

**是年** 日本赠送我国的大山樱花的管理，作为一项政治任务成为该年北京市、朝阳区政府和日坛公园的工作重点。

## 1974 年

**3 月** 北京市园林局召开了园林科技会，科技与技术工作开始得到重视。

**5 月 21 日** 鉴于绿化队的业务性质和土城的绿化工作存在业务性质的错位、工作任务繁重且人员不足的情况，朝阳区建设局委员会向区委提出成立绿化二队（专为土城绿化，不是 1992 年从绿化一队分出的绿化二队）的请示报告。

**9 月 25 日** 土城绿化队成立。

**11 月 2 日** 土城绿化队成立（区工交组朝革工字〔74〕09 号文件）。

## 1975 年

**9 月** 朝阳区经市规划局批准在团结湖征地 0.28 公顷作为扩建公园用地。

**是年** 日坛公园安装暖气，改变了自建园以来烧煤取暖，污染空气，影响树木花卉生长发育的状况。

## 1976 年

**1 月** 朝阳公园（即红领巾公园）制定朝阳公园规划。

**9 月 22 日** 朝阳区平房农场科技小组经过多年实验，培育出适合北京地区生长的晚桃新品种绿化 3 号、绿化 9 号，经市有关部门、各果园领导和技术员共同品评鉴定，绿化 3 号正式定名为秋香，绿化 9 号为燕红。

**12 月** 根据农林部和北京市农林局的部署和要求，朝阳区开展林业资源清查工作。

**是年** 区农林局成立林业科。编制 5~7 人。

## 1977 年

**是年** 朝阳区城区（农村除外）植树达到 275 万株。道路等专业绿化植树约 25 万株，各工厂、部队、机关、学校以及居民区等群众植树约 250 万株。

## 1978 年

**是年** 日坛公园根据公园位置和特点制定日坛公园总体规划，确立了日坛公园建成具有民族特色的古典风景园林的基本原则。

## 1979 年

**是年** 朝阳区农科所成立林果组，开展南桔北移和草莓实验。

## 1980 年

**3 月 5 日** 中共中央国务院作出《关于大力开展植树造林的指示》。

**是年** 朝阳区开始开展第二次林业资源调查工作。

日坛公园东北区建成北京市第一座旱冰场。

## 1981 年

**是年** 朝阳区委、区政府召开农业生产总结发奖大会，平房公社植树造林超额完成任务。

日坛公园建成第二座自行设计施工的大型棚架，安装了宇宙飞船等游乐设施。

## 1982 年

**4 月** 朝阳区政府举行"全区文明礼貌月活动"。活动期间全区义务植树 26 万株，建设青年花园 2843 亩，绿化道路 254.6 公里。

**6 月** 朝阳区政府召开春季绿化工作总结和宣传贯彻《北京市城市绿化管理暂行办法》动员大会。

**是年** 团结湖管理处成立并开始陆续建设施工。

## 1983 年

**5 月 30 日** 朝阳区建设局批准将朝阳公园（原红领巾公园）恢复"红领巾公园"的原名。

**6 月 1 日** 朝阳区建设局正式下发通知恢复红领巾公园原有名称, 红领巾儿童乐园开放。

**12 月 21 日** 北京市朝阳区下发朝政发〔1983〕172 号文件，"北京市朝阳区建设局"正式改名为"北京市朝阳区园林局"。

## 1984 年

**2 月 24 日** 朝阳区长办公会，讨论贯彻《北京市农村林木资源保护管理暂行办法》的实施意见，原则同意农业局起草的报告。

**3 月** 朝阳区政府、区绿化委员会在东坝乡召开了群众性义务植树动员大会。

**9 月** 大屯乡提前一年实现平原林网化，达到了北京市政府关于平原绿化总覆盖率 10% 以上的标准。

10月　朝阳区农村绿化规划领导小组开始进行规划的修订工作，次年12月规划全部完成并印发。

**是年**　日坛被列为北京市级文物保护单位。

为配合园林绿化工作需要，朝阳区园林局机关设置了党办、组宣科、人事科、办公室、保卫科、计财科、绿化办公室、劳资科、设计室、工程科、园林科、工会、团委、武装部共14个科室。9月增设科研教育科。12月组宣科分为组织科、宣传科，增加到16个科室。

## 1985 年

**1月**　朝阳区农业局转发《林业部关于印发违反森林法行政处罚暂行管理办法》的通知，发至各乡、农村办事处，传达到生产队。

**2月8日**　朝阳区农林局转发《北京市林业局关于确保1985年实现平原绿化规划的意见》。1985年是实现平原绿化规划的最后一年，该意见针对当时植树情况和存在问题提出了具体的措施。

**9月**　朝阳区园林局开始树木普查工作，为进一步搞好我区园林绿化提供了必要数据。全区共有树木404.1万株，草坪160.79万平方米，全区公园绿地422.5公顷，人均占有公共绿地4.69平方米，全区绿化覆盖面积1691.5万平方米，覆盖率达21.1%。

**12月**　朝阳区农村绿化规划办公室印发《北京市朝阳区农村绿化规划说明书》。

**是年**　日坛公园绿地改造完成1/2，公园建设初具规模。

朝阳区顺利完成了1980年提出的平原农田林网化任务。实现平原绿化是全面完成北京市郊区绿化战略目标的第一步，1985年全区有村镇174个，基本实现普遍绿化的有161个，占总数的92.25%，覆盖率达到25.23%。

## 1986 年

**4月6日**　北京市"七五"绿化工程起步的第一个植树日，区四套领导班子负责同志带领机关干部100余人到安家楼绿地参加义务植树。

**4月24日**　朝阳区大环境绿化一期工程完工，包括两条放射形绿化带和安家楼隔离林带，共植树21100余株。市属部分单位、区属各部门单位和附近各公社参加劳动。

**4月10日**　水碓公园破土动工，朝阳区326个单位的上万名干部群众参加疏挖南湖的义务劳动。共挖土2.3万立方米，填土8000立方米。

**4月21日**　朝阳区政府区长办公会决定将区园林局所管农村道路绿化划归区农林局管理。

**6月3日**　朝阳区政府召开第二次园林绿化工作会议，根据市政府的部署，朝阳区制定了《绿化美化五年发展规划纲要》。提出到1990年末，区人均公共绿地达到2.31

平方米，城区绿化覆盖率达到 22.4%。农村绿化率达到 13%。

7月 朝阳区召开落实大环境绿化规划会议，全面部署绿化工作。

8月 在朝阳区科委的指导下，先后成立区园林学会和区花卉盆景协会，先后举办朝阳区第一届花卉盆景展览和朝阳区第二届菊花展览。选出 27 盆作品参加了北京市盆景展览，取得全市个人第一名的好成绩。

9月25日 团结湖公园正式向社会开放。

12月 朝阳区大环境绿化领导小组成立。

**是年** 朝阳区园林局完成了树木普查的收尾工作，经复查园林局管辖城区共有树木 28.7 万株，草坪 21.9 万平方米，宿根花卉 2000 丛株。

朝阳区园林局完成了 29 万平方米的绿化工程设计任务，专业绿化全年共植树26000 株，超额完成 20%。群众绿化植树 23 万株，栽草近 17 万平方米，超额完成了市区下达的计划指标。

## 1987 年

2月16日 朝阳区大环境绿化领导小组改为大环境绿化指挥部，办公室设在区农林局，与林业科合署办公。

2月27日 朝阳区政府在朝阳剧场召开整治城乡道路环境动员大会，局长宋维良作了动员报告，将京顺路两侧作为全区整治的重点。

2月28日 朝阳区政府召开苗木生产会议，并下达 1987 年农田林网任务。

3月 孙河大桥绿地工程启动，成为朝阳区大环境绿化中第一个高标准示范工程。

6月 区农林局对农村古树名木进行调查登记，建立档案。

8月31日 朝阳区政府常务会议讨论了区农林局《关于加强护林防火工作问题的请示》。

10月30日 朝阳区政府区防火安全委员会首次召开朝阳区农村护林防火表彰动员大会。

**是年** 朝阳区正式将经济庭院村的建设列为各乡绿化美化的主要内容之一，并与各乡、办事处签订绿化承包协议。

全区农田林网建设超额 115.23% 完成了任务，年内保存率达到 86.23%。

区园林学会和区花卉盆景协会举办了冬季园林绿化和花卉培训班，对全区各单位从事绿化工作的专业人员进行技术培训，全年组织举办盆景展览三次。为了提高朝阳区技术人员的业务水平，两会举办了一次学术报告会，帮助区内单位设计庭院 12 处。

## 1988 年

1月22日 区农林局召开建立大环境绿化造林技术档案会议，及时掌握林木资源消长情况，摸索林木生长规律，制定合理的林木管理技术措施。

3月10日　经北京市朝阳区人民政府批准，元大都城垣遗址公园成立，朝阳区园林局土城绿化队改名为"元大都城垣遗址公园管理处"（朝政发〔1988〕29号文件）。公园管理处位于北京市朝阳区安外小关。

4月2日　邓小平到亚运村中心绿地参加义务植树。

8月　朝阳区农林局林业科对农村苗圃进行评比检查，十八里店苗圃得到满分。

是年　市区外缘绿化带、京张路、京密路、安家楼、平房、望京、金盏、赵家村五处片林等绿化工程开始并持续建设。

群众绿化工作发挥三级管理的作用，调动了全区22个办事处的积极性，克服任务重、人员少、资金不足、绿化队伍素质差等各种困难，共完成植树26.85万株，草坪16.4万平方米。

## 1989 年

1月　朝阳区正式成立林业公安科，定编四人。

1月15日　区农林局转发了北京市林业局关于印发《林木采伐迹地更新检查验收管理办法》的通知，并结合本区具体情况提出补充意见。

2月　国家奥林匹克体育中心绿化工程开工，次年9月竣工。元大都遗址公园"海棠花溪"景区种植海棠1000多株，是北京地区最大也是唯一的海棠林。

6月　朝阳区农林局在林业部，北京市林业局统一部署下对农村进行了林业规划设计调查，年底林木资源底数基本摸清。

7月　区农林局《关于建立乡林业工作站的请示》得到区政府批转。共设立21个工作站，5个专职林业员。乡林业工作站为乡级事业单位，由农林局和乡政府双重领导，与绿化办公室合署办公。乡级林业工作队伍由28人扩充到74人。

8月26日　东二环路外侧绿化突破了常规季节限制，创造了朝阳区园林局有史以来大树移植数量最多、规模最大、品种最多的记录。此次道路绿化施工创造了北京市道路和绿化同步竣工的历史。

10月6日　朝阳区五套领导班子率领大环境绿化指挥部成员及各乡党委书记，主管绿化的乡长总经理，进行农村绿化大检查。

10月18日　朝阳区开展林业"两法四规一决议"宣传周活动。

12月28日　朝阳区农林局召开1989年农村绿化总结表彰大会。

是年　朝阳区获林业部"全国平原绿化先进"奖。

全区共建成经济庭院村57个，全区有各种经济树木17.26万株。

## 1990 年

**1 月 3 日** 朝阳区绿化委员会以"满城青翠办亚运，处处鲜花迎嘉宾"为主题，向全区各居委会和居民发出一封信，号召全区人民迅速行动，利用春季美化绿化环境，为迎接亚运会作出贡献。

**4 月 9 日** 市九届人大十九次会议《北京市城市绿化管理条例》通过。

**5 月 31 日** 朝阳区农林局制定了《朝阳区农村森林资源档案管理制度》。

**7 月** 朝阳区农林局正式成立林政资源科。

**8 月 26 日** 亚运会主会场花卉布置施工，共布置大型花坛八个，总面积 4048 平方米，花带 2120 延长米，盆花、盆栽植物 82684 盆株。

**10 月 20 日** 朝阳区人民政府农村工作办公室发出《关于转发区农林局＜庭院经济相试点情况和今后加速推广的意见＞的通知》，目的在于加速推广庭院经济乡的试点经验。

**是年** 市区外缘环形绿化带朝阳段绿化任务基本完成，绿化带途经十二个乡，总长度 55.5 公里，总面积 4523 亩，成为京东的百里绿色长城。

朝阳区园林局增设组织科、宣传科、三产办公室，劳人科改为劳人保卫科，

机关 13 个科室。

## 1991 年

**2 月 14 日** 首届"日坛公园迎春会"开幕，历时 7 天，共接待游人 7 万人次。

**3 月 15 日** 红领巾公园雕塑工程动工。

**3 月 20 日** 丽都公园破土动工，占地 6 公顷。园内建有养鱼池、儿童游乐园、游泳池、观景台、六角亭等园林建筑。

**4 月 20 日** 坝桥金色景点二期工程完成，绿化面积 4.99 万平方米，植树 3 万余株。景点以金色为主题，以银杏白蜡等黄色花叶树木为主体，金秋景色甚是壮观。

**5 月 30 日** 红领巾公园首批少年英雄雕塑群像落成，成为全国第一座专门对少年儿童进行革命传统教育和爱国主义教育的雕塑公园。中顾委常委陈丕显、老将军杨成武、著名雕塑家刘开渠为红领巾公园剪彩。

**是年** 乡办公园小红门公园动工建设，规划面积 10.27 公顷。

窑洼湖公园完成绿化面积 6.26 公顷，植树 6.15 万株。

## 1992 年

**4 月** 首都规划委员会、首都绿化办公室和朝阳区政府研究决定，将面积 600 亩的碧玉公园作为洼里 5000 亩大片林的起步工程。

**10 月** 绿化二队成立。

是年　朝阳区被评为北京市城市环境综合定量考核第一名且连续多年保持榜首。自该年起，朝阳区连续三年评为北京市"绿化隔离地区先进区"。

## 1993 年

2 月 27 日　兴隆公园破土动工。公园位于高碑店乡，占地面积 67.28 公顷。

2 月　朝阳区绿化委员会办公室纳入朝阳区建管委编制。

3 月 12 日　中共中央政治局常委、中央军委副主席刘华清，中央军委副主席张震等军委及解放军三总部领导率驻京各部队、武警总部的将军 63 人和指战员 100 多人，参加首都机场高速公路植树活动，栽植松柏 150 余株。

8 月 18 日　由丽都假日饭店（中方）投资兴建的丽都花园建成并面向社会开放。丽都公园是全国第一个由企业投资兴建管理的公园。

11 月 26 日　望京公园举行奠基仪式。

## 1994 年

3 月　首都机场辅路绿化改造工程开工，当年 7 月竣工，该路段全长 4.26 公里。

4 月　朝阳区洼里片林一期绿化工程竣工，完成绿化 90 公顷，栽植树木 8.92 万株，项目由朝阳区农林局设计，区林业站协助洼里乡组织施工。

6 月 18 日　中华民族园北园建成。

9 月　王四营乡个园建成，个园是北京市首家具有个体工商业者投资成分的公园。

12 月　朝阳区第七次党代会提出到 20 世纪末朝阳区实现林木覆盖率达到 40% 的目标。

是年　朝阳区被评为北京市城市环境综合定量考核第一名和北京市绿化隔离地区先进区。

朝阳区温榆河林带绿化工程竣工。林带位于楼梓庄乡和金盏乡，长 5.27 公里，面积 72.5 公顷。以高大乔木为主，共有 12 个品种 4.77 万株。

## 1995 年

1 月 8 日　京通路树木移植工程结束。1994 年底，首都绿化委员会与朝阳区政府会商，决定将京通路道路两侧的银杏树 2159 株移植到洼里片林、北京植物园、玉渊潭公园和香山公园。

3 月 12 日　兴隆片林"将军林"建成。中共中央军委副主席刘华清、张震等军队领导，率领导机关 58 名将军在朝阳区高碑店兴隆片林参加植树活动。

9 月　基于京通路移植的 1500 余株银杏树，朝阳洼里乡银杏园建成，公园总面积 23.33 公顷。

是年　完成兴隆、环形铁路、楼梓庄、洼里、辛庄，古塔，香江，金盏、机场路等十处片林建设，总面积 246.7 公顷。

朝阳区园林局实行公园行业分类管理。一类公园有中华民族园，二类公园有日坛公园、团结湖公园、朝阳公园、丽都公园，三类公园有元大都城垣公园、红领巾公园。

## 1996 年

**3 月 25 日** 朝阳区与白俄罗斯明斯克市五一区、日本东京大田区、大港区、韩国江南区、澳大利亚塔姆沃思市，共同在朝阳公园南湖景区西南部建立国际友谊林，占地面积 7333 平方米。种植苗木 1092 株，草坪 6000 平方米。

**4 月** 朝阳区园林局制定园林市政事业发展"九五"计划。

**7 月 15 日** 朝阳公园戏水乐园建成，戏水乐园位于朝阳公园南湖东岸，总面积 5440 平方米，容水量 3000 立方米。

**8 月 1 日** 朝阳区元大都城垣遗址公园百鸟园观赏鸟类保护中心建成，位于元大都城垣遗址公园马可波罗景区，占地 6.27 公顷，其中主体工程鸟类观赏保护网占地 2.4 公顷，是当时北京不可多见的观赏鸟类保护中心。

**10 月** 朝阳区桑梓公园建成，公园位于朝阳区东北部楼梓庄乡前曹各庄村南，由朝阳区农林局设计，经首都绿化委员会市园林局审查通过，区林业站协助楼梓庄乡施工。

**是年** 日坛公园率先完成全园黄土不露天工程。元大都城垣遗址公园在开放式绿地养护管理上树立样板。

朝阳区荣获首都绿化美化林木绿地养护奖，优秀绿化工程奖和绿化优秀设计奖。

## 1997 年

**3 月** 原朝阳区园林局成立绿化执法监察队。

**6 月** 执法科改为法制科。

**是年** 洼里 5000 亩片林绿化基本完成。该片林规模大，树木品种多，设计别致，景观独特，是朝阳区在 20 世纪 90 年代完成的一项重要的绿化工程。洼里片林的建设为 2008 年奥运会主会场选址朝阳创造了条件，为奥林匹克森林公园的建设奠定了良好的基础。

## 1998 年

**1 月 27 日** 日坛公园举办"朝阳似火迎虎年"春节游园活动，游园会以红色为基调，接待游人 9 万人次。

**4 月 18 日** 首届"元大都公园海棠花节"举办。景区有海棠树一千多株，是首都最大也是唯一的海棠林。每年春季繁花似锦，蔚为壮观。

**是年** 完成朝阳区慧忠北里小区绿化工程，社区位于亚运村北侧，绿化面积 3.5 万平方米，栽种乔木 880 株，灌木及绿篱 1.25 万株，花卉 1.8 万株，草坪 2.6 万平方米，绿地占地 8000 平方米，建有沉降式喷泉广场一座。

## 1999 年

**1 月** 朝阳区第八次党代会提出，到 2010 年把朝阳区建设成为对外交往的窗口区，首都经济的发达区，功能完善的新城区，社会进步的文明区。生态环境得到明显改善，建成区绿化覆盖率达到 37%。进一步提高城市现代化管理水平，改善城市环境面貌，使朝阳区成为功能完善、环境优美、生活舒适、工作方便的现代化新城区。

**2 月** 红领巾公园绿化美化改造工程被列为朝阳区政府 1999 年为全区人民要办的实事之一。

**8 月** 东四环路绿化工程完成，受到市、区领导和市政部门的好评。东大桥南北线即迎宾线绿化美化改造工程完成，成为首都东部一条独特风景线。

**是年** 朝阳区迎接国庆 50 周年献礼工程，安贞西里"风之广场"万米绿地绿化工程建成。

## 2000 年

**3 月** 北京市政府发布《关于加快本市绿化隔离地区建设的意见》（简称 12 号文件）。区政府成立绿化隔离地区建设领导小组及指挥部。

**3 月 8 日** 朝阳区第一道绿化隔离地区建设全面推开，涉及朝阳区 17 个乡。当年全区完成绿化面积 18100 亩，相当于前十年绿化面积的总和。

**9 月** 朝阳区政府召开迎奥运、整环境、促发展动员大会。

**9 月 30 日** 朱镕基总理视察朝来足球中心。

**12 月** 中共朝阳区八届五次全会提出：加快农村城市化、城市现代化、区域国际化进程，基本实现国际商务中心区、高新技术转化区、文化教育发达区和富裕文明新城区的"十五"奋斗目标（即"三化四区"）。

**是年** 红领巾公园进行二期改造。

建成罗马花园 1 万平方米绿地、阳光广场 2.8 万平方米绿地及水碓子 3.5 万平方米绿地三处大绿地。

朝阳区园林局建成占地 5 公顷的大黄庄花卉生产基地。

朝阳区园林局进行冬天绿化，在长安街延长线 12.5 公里范围内实现绿化面积 66 万平方米。

## 2001 年

**6 月 28 日** 首都绿化办和市林业局发布了《关于实施北京市绿化隔离地区绿地系

统总体规划的意见》，朝阳区绿化隔离地区建设就此展开。

7月3日　北京市园林局批复朝阳区园林局《关于朝阳区红领巾公园总体规划方案的请示》。

7月13日　北京奥运申办成功，朝阳区的园林绿化任务重心转移。

10月30日　朝阳区政府批准区管委绿办、区园林局、区农林局部分科室和基层单位组建朝阳区绿化局。

12月21日　朝阳区人民政府办公室下发《关于调整区绿化委员会职能和成员的通知》（朝政办发〔2001〕52号）。

是年　朝阳区绿化隔离地区建设全面提速。高水平完成四环路百米绿化带，栽植树木1.5万株。完成长安街延长线、首都机场高速路、京张、京沈、京津塘三条放射线以及奥林匹克公园年度绿化等任务。

建成北京市最大的社区公园——北苑花园，绿化面积3万平方米，栽植树木2256株。

建成郡王府5万平方米大绿地、东大桥文化广场万米绿地、太阳宫绿色家园、水锥绿地、城市广场等一批超万米大型绿地。

洼里乡将军林、将府花园等五项工程被评为市级优质工程。

朝阳区获全国绿化委员会授予的"全国绿化先进集体"称号。

# 2002年

1月28日　北京市朝阳区绿化局成立，北京市朝阳区绿化委员会办公室同时挂牌。

2月5日　朝阳区召开2002年农村工作会议，对2001年绿化隔离地区建设先进乡进行表彰。

3月1日　首都绿化委员会在洼里乡召开朝阳区绿化工作研究会议。北京市人民政府副秘书长任殿华、首都绿化委员会办公室主任宋希友出席会议。

3月21日　杜邦二百周年纪念林在红领巾公园建成。

3月　温榆河沿线全线实现五十米永久绿化带，完成机场路以南的二百米绿化带。

4月11日　东四环路百米绿化带新增工程完成，新增绿化面积11.16万平方米。

4月14日　为纪念中日邦交正常化30周年，由北京绿化基金会和日本民间团体中日友好樱花会合作建设的"中日友好樱花园"奠基仪式暨植树活动在朝阳公园举行。

5月23号　朝阳区委、区政府办公室印发《北京市朝阳区绿化局职能配置、内设机构和人员编制规定的通知》（朝办发〔2002〕45号）。划入区绿办、区园林局、区农林局的全部或部分职能。

6月　北京市政府批准温榆河生态走廊总体规划。

8月　太阳宫公园大绿地一期工程竣工。完成绿化面积7.5万平方米。

10月17日　《北京市公园条例》公布。

10 月 30 日　"朝阳文明纪念林"在朝阳公园落成，并举行揭幕仪式。

12 月 9 日　城铁朝阳区来广营段绿化工程竣工，绿化面积 14.45 万平方米。

是年　全区绿化美化工作成绩显著，共实现绿化面积 1328 公顷，植树 293 万株，栽草 56 万平方米，全区绿化覆盖率达到 40%，人均公共绿地面积达到 10 平方米。

## 2003 年

年初　朝阳区绿化委员会办公室向全区发出"为朝阳建一片绿，为奥运植一棵树"的号召，在全区范围内大力推行绿地认养。朝阳区共有 70 家企业、422 名个人参与绿地认养活动，认建认养各种绿地 120 万平方米。

3 月　朝阳区绿化局制定的《朝阳区公园建设和管理办法》正式出台。涉及新建公园申报审核、公园分级分类管理、绿化养护质量和友好公园建设方面，为公园行业规范化管理、制度化管理提供了依据和保障。

4 月 6 日　首都第 18 个全民义务植树日。江泽民等党和国家领导人到正在建设中的奥林匹克森林公园参加首都全民义务植树活动。

4 月 15 日　全国绿化委员会、国家林业局授予朝阳区首批"全国绿化模范城市（区）"荣誉称号。

5 月 25 日　太阳宫文化广场绿化工程竣工，占地面积 3.5 万平方米，被首都绿化委员会评为 2003 年度首都绿化美化优质工程。

5 月　日坛公园筹建以明清两代帝王"祭日"为主题的日坛博物馆。

7 月 10 日　朝阳区元大都城垣遗址公园改造工程顺利竣工。

9 月 20 日　纪念北京建都 850 周年系列活动之一的"辉煌北京"大型文艺演出暨元大都城垣遗址公园改建落成典礼举行。

10 月 1 日　元大都城垣遗址公园正式向游人免费开放。

11 月 6 日　京城突降大雪致使全市园林树木严重受损。朝阳区绿化局组成抢险队，出动全部养护人员、高枝车、运输车辆参加抢险，出动车辆 814 辆 3830 车次，清理断权树 15 万株，倒伏树木 2180 株，排除险情 1000 余处。

12 月　温榆河筑堤扩河工程和沿线永久绿化带全面完成。

12 月 3 日　朝阳区团结湖公园、元大都城垣遗址公园被评为北京市精品公园。

是年　奥林匹克公园建设开始。

朝阳区绿化局撤销园林科，设立公园科、城市绿化科。绿化办公室合并在局办公室。《绿化局内部审计管理办法（试行）》修订完善。

## 2004 年

1 月 5 日　朝阳区绿化局召开工作布置会，提出三年发展总目标，2004 年确定为区绿化局的"创新之年"。

1月 朝阳区绿化局迁至朝阳区道家园路甲16号。

2月3日 日坛博物馆正式向游人开放。

3月 《朝阳区2004～2008年绿化美化事业发展规划》出台。

4月3日 中共中央总书记胡锦涛率领中央政治局常委、中央和国家机关有关部门及北京市负责人等到朝阳公园参加首都全民义务植树活动。

4月4日 由团中央发起的"缅怀革命先烈，弘扬民族精神"主题活动在日坛公园马骏烈士碑前举行。共青团中央书记处书记杨岳、共青团北京市委副书记王春杰、中共朝阳区委副书记刘军胜出席活动。

4月15日 全国绿化委员会、国家林业局授予朝阳区首批"全国绿化模范城市（区）"荣誉称号。

4月16日 元大都城垣遗址公园第七届海棠花节在"海棠花溪"景区举行，为期3天，接待游客近10万人次，为历年游客量之最。

5月1日 由中国对外演出公司、北京音乐台、朝阳区人民政府主办，朝阳区文化委员会承办的首届"朝阳流行音乐周"在朝阳公园举办。

5月 朝阳区未成年人交通安全教育实践基地在红领巾公园落成。"2004北京青少年科普游园会暨红领巾快乐儿童周"活动在红领巾公园开幕。

5月 国家林业局授予朝阳区北花园苗圃为"全国质量信得过种苗基地"。

6月 朝阳公园北部园区建成。

6月15日 东风乡文化广场绿化工程竣工，该项工程荣获北京市园林绿化企业协会优质工程奖。

7月1日 北京朝来农艺园被国家旅游局命名为"首批全国农业旅游示范点"。

7月18日 朝阳区绿化局代表北京市完成深圳园博园北京室外展区"知乐园"工程设建设任务，绿化面积3300平方米。该项工程被国家建设部授予"北京市政府组织金奖""北京市园林局室外景点金奖""深圳园博园北京室外展区施工金奖"。

7月 朝阳公园举行接受奥地利国民议会代表团暨西美林区赠送"约翰·施特劳斯花园揭幕仪式"。奥地利国民议会第二议长、社民党副主席芭芭拉·普拉玛、奥地利驻华大使史伟、奥地利维也纳市西美林区区长蕾纳特·安格勒等外方嘉宾与朝阳区人大常委会主任朱家麒等领导出席揭幕仪式。

团结湖公园、红领巾公园通过国家AAA级旅游景区验收。

10月2日 "北京首届双胞胎文化节"，在红领巾公园举行。

10月11日 朝阳区林业站携"朗家园枣"参展在北京农展馆举办的北京第二届国际农产品交易会。

## 2005 年

**4 月 30 日** 朝阳区阜通东大街绿化改造工程竣工，获得朝阳区 2005 年优质工程奖。

**5 月 11 日** 朝阳区工体西路绿化改造工程竣工。朝阳区绿化局绿化一队设计并施工，被北京市园林局、北京市人事局评为 2005 年度北京市"园林杯"精品工程奖，获得北京市园林局、北京市园林绿化企业协会评选的精品工程奖。

**7 月 9 日** 朝阳公园举行第三届"北京 2008"奥林匹克文化节。

**7 月 20 日** 团结湖公园通过北京市旅游局、北京市园林局、北京市公安局、首都综治办和朝阳区旅游局组成的联合验收小组检查验收，被评为朝阳区唯一一家首都平安示范旅游景区。

**9 月 17 日** 朝阳公园举行首届北京流行音乐节。世界各地顶级流行音乐大师、摇滚乐明星及摇滚乐队同台献艺。

**10 月** 红领巾公园被评为北京市精品公园。

元大都城垣遗址公园被国家旅游局评为国家 AAAA 级旅游景区。

朝阳公园被国家旅游局评为国家 AAAA 级旅游景区。

**11 月 28 日** 朝阳公园完成奥运沙滩排球场旧建筑拆除工程。

**12 月** 坝河滨河公园一期建设工程竣工。

**12 月 13 日** 四得公园体育休闲文化馆建成。通过朝阳区安监局、旅游局、质监局和消防局联合进行的风景名胜区安全生产评估。

**12 月 28 日** "奥运沙滩排球场建设工程"奠基仪式在朝阳公园隆重举行。

**是年** 推进郊野公园城市化管理，通过专业公园与郊野公园手拉手活动，推广城市公园成熟的管理模式。

朝阳区绿化局撤销三产办公室、招投标办公室。

朝阳区人民政府被全国绿化委员会、人事部、国家林业局授予"全国绿化先进集体"荣誉称号。

## 2006 年

**1 月** 朝阳公园与北京和平基金会签订香港凤凰卫视项目转让合作协议。

**2 月 7 日** 朝阳区人大常委会主任任强、区人大城建环保委主任杨津华到朝阳区绿化局进行调研。

**3 月** 世青赛景观大道全线施工，6 月底竣工。成为人文与自然生态景观相结合的首都示范景观大道。

**4 月 7 日** 市政府新闻办、北京奥组委新闻宣传部、新闻中心组织 50 余名驻京境外记者参加北京奥林匹克森林公园植树活动，栽植桧柏、千头椿 60 余株。

**5 月 25 日** 元大都城垣遗址公园被列入中华人民共和国国务院第六批全国重点文

物保护单位。

6月9日　朝阳区人大常委会主任任强、区人大城建环保委及部分人大代表视察世青赛景观大道、姚家园路、北小河公园、奥林匹克森林公园北园、洼里科学院小区改造、安贞西里花园施工情况。

7月1日　朝阳区日坛公园、红领巾公园、团结湖公园、丽都公园正式向社会免费开放。

11月3日　中共朝阳区委第31次常委会议审定通过命名元大都城垣遗址公园作为朝阳区爱国主义教育基地。

11月30日　朝阳区质监局、农委、林业工作站和北京缤纷四季园林有限公司联合申报的《郎家园枣生产技术规程》获书面批准。

12月29日　"见缝插绿、改善环境、增绿护绿、造福人民"纪念碑在朝阳区元大都城垣遗址公园落成并举行揭幕活动。碑铭由"中国绿化老人"、北京绿化基金会会长单昭祥题写。

是年　朝阳区绿化局设立年鉴史志办公室（局内定科室，事业编3人），城市绿化科与绿化办公室合并为绿化办公室。

四得公园被市园林绿化局评为精品公园，被首都窗口行业奥运培训工作协调小组评为"首都文明服务示范窗口"。


# 2007年

2月8日　2007年全国政协机关老干部文化下乡活动在朝来农艺园举办。

3月27日　首都绿化委员会办公室陪同重庆市绿化委员会办公室人员到元大都城垣遗址公园"双都巡幸""四海宾朋"景区参观考察。

4月　四惠桥桥区绿化工程竣工。绿地面积16.96万平方米，改造面积11.56万平方米，被评为2007年度朝阳区优质工程奖。

5月　安立路绿化工程竣工。全长3.3公里，5条绿化带，绿化面积6.5万平方米。工程投资1700万元。被评为2007年北京市园林绿化局特级养护绿地，朝阳区优质工程奖。

6月　朝阳公园—红领巾公园水系连通工程竣工，绿化面积2.49万平方米。

7月　北小河公园被评为北京市精品公园。

8月　京承高速路两侧都市农业生态走廊绿化工程竣工。绿化新增面积20.6公顷，绿化改造面积98.3公顷。

9月　朝阳区中农春雨观光果园"红光苹果"、五方园林绿化有限公司及缤纷四季园林绿化有限公司"郎家园枣"参加奥运推荐果品评选委员会组织的"2008年奥运贡果评选活动"，经专家检测及绿色食品评选认证，在1000余种参评果品中脱颖而出，被北京市果树产业协会、中国果品流通协会、中国园艺协会推荐为"2008 年奥运供应水果"。

**10 月 31 日** 北四环路外环奥运道路连接线绿化改造工程竣工。绿化面积 14 万平方米,被评为朝阳区优质工程奖。

**11 月** 广顺北大街绿化改造工程竣工,绿化改造面积 1.4 公顷。被评为朝阳区优质工程奖。

**12 月** 区绿化局与 22 个单位和 22 个村庄签订携手共建帮扶协议,属于全民义务植树"城乡手拉手,共建新农村"前期工作内容。

**是年** 朝阳区绿化局劳动人事保卫科与财务科合并为人事财务科。

## 2008 年

**1 月** 朝阳区 19 处郊野公园建成开放。

**1 月 25 日** 区绿化局隆重召开第一届第九次职工代表大会。会议主要审议通过局长郝建国所作《励志进取,工作一流,不辱使命,再创辉煌》工作报告。

**2 月 29 日** 区委书记陈刚、区人大常委会主任王力军、区政协主席辛燕琴、区政府常务副区长戴继楼、区政法委书记佟克克、副区长赵全保及相关部门领导到奥林匹克森林公园进行实地调研。

**3 月 12 日** 朝阳区召开 2008 年区绿化委员会全体会议。

**3 月 14 日** 副市长牛有成等一行 10 余人检查指导奥运场馆中心区绿化工程。区人大常委会主任王力军等市人大代表、区人大常委会委员检查朝阳区地表水水质自动监测系统——朝阳公园湖子站的建设运行情况。

**3 月 16 日** 四川省绵阳市北川羌族自治县县委、县政府向北京奥组委赠送的 56 株珙桐树落户奥林匹克森林公园。

**4 月 5 日** 首都第 24 个全民义务植树日,胡锦涛等国家领导人来到奥林匹克森林公园,同首都劳动模范、奥运志愿者和少先队员代表一起植树。

**5 月 18 日** 朝阳区五大公园(日坛公园、团结湖公园、红领巾公园、元大都公园、四得公园)开展"2008 朝阳区五大公园迎奥系列活动"。

**6 月 20 日** 奥林匹克森林公园建成。奥森公园是北京市重点工程,朝阳区承担北园建设,该年被评选为北京市精品公园。

**7 月 7 日** 全国文明办领导到元大都城垣遗址公园"大都鼎盛"景区检查工作。

**8 月 9 日** 美国总统布什来到朝阳公园沙滩排球场看望美国沙滩排球运动员。

**8 月 9 日** 荷兰首相巴尔克嫩德来到朝阳公园奥运沙滩排球场观看荷兰男队对瑞典男队的比赛。

**8 月 12 日** 挪威国王哈拉尔五世来到朝阳公园奥运沙滩排球场观看挪威女队对日本女队的比赛。

8月13日　美国财政部长保尔森一行25人参观游览团结湖公园。

8月14日　卢森堡大公亨利来到朝阳公园奥运沙滩排球场观看比赛。

8月17日　国家体育总局副局长蔡振华到朝阳公园奥运沙滩排球场进行工作调研。

8月22日　国际奥委会主席罗格及其夫人到朝阳公园奥运沙滩排球场视察工作并观看巴西男队对美国男队的决赛。

8月24日　第29届北京奥运会闭幕式焰火燃放在朝阳公园站点焰并取得圆满成功。

9月6日　北京残奥会火炬接力朝阳公园段传递活动。

9月24日　北京市海事局处长华军、区水运处科长黄凤翔及各区、县海事系统领导来到朝阳公园对水域游船安全、服务规范达标情况进行检查验收。

10月15日　首都绿化委员会办公室助理巡视员张建民、区绿化局副局长张良等领导对大屯街道慧忠北里小区花园式单位创建工作进行现场考察。

11月16日　市长郭金龙到奥林匹克森林公园进行调研。

12月25日　区绿化局业务指导科在京通路举行"冬季树木整形修剪比赛"。


# 2009 年

1月12日　区森林防火指挥部办公室举办森林防火培训班。全区20个地区办事处及有林单位100余人参加培训学习。

1月26日　奥林匹克森林公园举办"春节·卡酷冰雪嘉年华活动"，至2月9日结束。活动为北京新春增添一个市民"家门口"的冰雪乐园。

3月23日　朝阳区委区政府四套班子成员、区各级机关党政干部、部队官兵、中小学生以及社会团体等500余人，在仰山公园参加义务植树活动。

3月28日　以"共建绿色家园"为主题的共和国部长义务植树活动在北京朝阳区仰山公园举行，来自中共中央和国务院各部门的185名部级官员，参加首都义务植树活动。

4月29日　朝阳区10处郊野公园对社会免费开放，总面积601.2公顷。

5月10日　中共中央政治局常委、中央纪律检查委员会书记贺国强到奥林匹克森林公园参观。

6月6日　由市委宣传部、市文化局、市文学艺术界联合会、区委区政府主办的"北京市庆祝新中国成立60周年系列文化活动启动仪式暨开幕演出"在朝阳公园中心岛剧场隆重举行。

7月30日　英格兰足球超级联赛和英国文化协会共同主办的"学转英超"项目闭幕式在四得公园足球场举办，英超联赛首席执行官理查德·丘斯达莫尔、中国足协副主席薛立、北京国安俱乐部副董事长张路出席。

8月25日　北京市朝阳区人民政府朝政发〔2009〕13号文件通知，"北京市朝阳区绿化局"更名为"北京市朝阳区园林绿化局"。

9月20日　通惠河重要景观、北京市朝阳区"国庆60周年"献礼工程庆丰公园竣工，公园以三环路为界，分为东西两园，总面积26.7万平方米。

10月28日　由市交通运输局、崇文交通运输局、通州交通运输局等七家单位组成的检查组对朝阳公园水域游船安全服务规范达标情况进行综合检查。

11月5日　八里桥公园举行开园仪式。时任区长程连元、副区长赵全保为公园揭牌。

12月15日　区园林绿化局在安立路举行2009年树木冬季整形修剪比赛。局业务指导科组织局属11个单位110余人参加，并聘请3位从事绿化工作多年的老专家作为评委进行现场打分。

是年　朝阳区园林绿化局成立机关服务中心。年鉴史志办公室撤销归入办公室。

## 2010 年

1月8日　中国人民解放军61606部队200名官兵来到奥林匹克森林公园同公园职工们共同扫雪、铲冰。

2月14日　朝阳公园举办第八届"北京朝阳国际风情节"活动。活动期间公园接待游客39.1万人。

2月15日　日坛公园举办"新旧寅丑展宏图，千古日月今朝阳——日坛公园太阳文化节暨朝日坛480周年纪念活动"。

3月1日　区政府和市园林绿化局联合主办，区园林绿化局承办的以"坚持科学发展，建设绿色北京"为主题的《北京市绿化条例》系列宣传活动启动仪式在奥林匹克公园中心区拉开序幕。

3月30日　2010年朝阳区古树名木保护管理工作会在朝阳区园林绿化局召开。

6月29日　创建北京奥林匹克公园国家AAAAA级旅游景区工作动员大会在国家会议中心召开。

7月13日　区园林绿化局对全区23个街道办事处的自管绿地进行夏季养护工作检查。

7月17日　海峡两岸关系协会会长陈云林，市委常委、统战部部长牛有成与参加京台青少年交流周的北京、台湾两地师生600余人，在奥林匹克森林公园共植"京台青年友谊林"。

8月24日　崔各庄景观大道绿化工程竣工，工程面积9.2万平方米。

9月1日　老迎宾线绿化工程竣工，由区绿化一队施工，绿化面积1.92万平方米。

9月　古塔郊野公园被评为"北京市精品公园"，是北京市第一家获此称号的郊野公园。

9月9日　区人大常委会主任王力军、副主任闫学锋、李国以及来自沈阳市铁西区、广州市越秀区等全国十五城市市辖区人大常委会代表团成员 90 余人参观奥林匹克森林公园。

**9 月 25 日** 副市长刘敬民到奥林匹克森林公园国家网球中心视察。

**10 月 5 日** 朝阳区园林绿化局被授予中国第二届绿化博览会金奖、最佳设计奖、优秀组织奖、先进单位等荣誉。

**12 月 7 日** 区森林防火指挥部举办各地区办事处及有林单位相关人员参加的"朝阳区 2011 年度森林防火培训会"。

**是年** 朝阳公园、奥林匹克森林公园、日坛公园、元大都城垣遗址公园四家公园被评为首批市级重点公园。

## 2011 年

**1 月 29 日** 副市长刘敬民率检查组在朝阳公园召开全市春节期间安全工作部署会，就节日期间烟花爆竹禁放、重大活动安全保障、处理突发事件等项工作进行部署。

**2 月 17 日** 副区长、奥林匹克公园管委会主任王春及世奥公司相关领导对国家网球中心新馆项目进展情况进行现场调研。

**3 月 27 日** 全国造林绿化表彰动员大会在北京人民大会堂召开，朝阳区人民政府经全国绿化委员会批准，被授予"国土绿化突出贡献单位"荣誉称号。

**4 月 3 日** 原中央政治局常委、国务院副总理李岚清同志及商务部领导到奥林匹克森林公园"龙腾友谊林"植树。

**5 月 18 日** 首都绿化委员会副主任张建民带领相关人员到朝阳区听取花园式社区创建工作经验汇报。同日下午，朝阳区屋顶绿化协会组织全区屋顶绿化建设单位 30 余人召开朝阳区屋顶绿化养护总结会。

**6 月 29 日** 位于元大都城垣遗址公园五号地内的朝阳区公共安全馆举行开馆仪式，市政府副秘书长周正宇，市委政法委副书记、首都综治办主任滕盛萍，市消防总队总队长张高潮，区领导程连元、陶晶、李国、赵全保、阎军出席仪式。

**7 月 13 日** 区长程连元、副区长王春、区政府办主任刘军胜等领导到国家网球中心新馆等重点项目施工现场进行调研。

**8 月 18 日** 朝阳区各公园以"都市绿洲，盛世园林"为主题，积极宣传"第六届北京公园节活动"。

**9 月 26 日** 以"鱼跃菊黄江南韵，都市绿舟团结湖"为主题的第五届赏菊观鱼游园会暨团结湖公园开园 25 周年纪念活动在团结湖公园中心岛隆重开幕。

**10 月 14 日** 将府公园被授予"北京市精品公园"称号，这是北京市继朝阳区古塔郊野公园后第 2 家郊野公园获此称号。

**11 月 25 日** 朝阳区 2011 年的亮点工程，贯穿朝阳区东部的南北交通大动脉——

温榆河大道动工。

12 月 28 日　北京市森林防火指挥部办公室领导到朝阳区检查指导森林防火工作。

## 2012 年

1 月 23 日　第十届"北京朝阳国际风情节"在朝阳公园举办，游园人数达到 51.13 万人。

2 月　太阳宫体育休闲公园二期 A 区建设工程开工，建设面积 8.77 万平方米。

3 月 27 日　全国造林绿化表彰动员大会在北京人民大会堂召开，朝阳区人民政府被全国绿化委员会授予"国土绿化突出贡献单位"称号。

4 月 1 日　市人大常委会主任杜德印，市委常委、常务副市长吉林，市人大常委会副主任、秘书长唐龙和区委书记陈刚、区人大常委会主任佟克克等市区领导来到温榆河景观大道绿化带，参加主题为"住朝阳、爱朝阳、建朝阳"的朝阳区人大代表植树活动。

5 月 30 日　常务副区长吴桂英到奥林匹克森林公园廉洁奥运主题文化园、奥林匹克宣言纪念碑广场、气膜网球馆等重点工程建设项目施工现场进行考察。

4 月 21 日　朝阳区绿委成员 37 个单位代表和区园林绿化局机关干部 150 余人来到"城乡手拉手"单位——延庆县张山营镇平原造林现场参加义务植树活动。

4 月　区园林绿化局设立安全法制科。

6 月 28 日　丹麦哥本哈根市长代表团随行雨水利用专家马瑞娜、尤尼斯，到北小河公园参观雨水利用、节水示范工程、节水植被配置、四水联调智能系统等节水设施。

7 月 4 日　市园林绿化局局长邓乃平带队，组织市、区（县）园林绿化局和绿办有关负责人近 60 人，对朝阳区绿化美化工作进行拉练式检查。

7 月 12 日　全国组织干部学院景观绿化工程竣工。区绿化二队施工，绿化面积 9.2 万平方米。

7 月 13 日　区长程连元、副区长王春、区政府办主任刘军胜等领导到国家网球中心新馆等重点项目施工现场进行调研。

8 月 11 日　2012 年区园林绿化局重点工程——京承高速重点道路绿化改造工程开工，绿化面积 3.15 万平方米。

9 月 25 日　朝阳区园林绿化局组织实施的温榆河景观大道绿化工程荣获"2012 年度中国风景园林学会优秀园林工程"金奖。

10 月 10 日　大望京公园荣获"北京市级精品公园"称号。

11 月 23 日　国家审计署农业司、资源环保司、市审计局农业处、资源环保审计处、城市管理审计处一行 50 余人到奥林匹克森林公园开展"学习党的十八大精神、加大资源环境审计力度，服务生态文明建设"主题调研活动。

**12月7日** 市副秘书长安钢率队，对北小河公园"清水零消耗"科技示范工程进行实地调研。

**12月28日** 市森林防火指挥部办公室领导到朝阳区检查指导森林防火工作。

# 2013年

**2月22日** 副区长陈涛、区国资委主任王文远、区政府办副主任郭君、区国资办公室主任秦敬涛等领导一行4人到世奥公司调研。

**3月26日** 奥林匹克公园正式获得国家旅游局授牌，成为北京第8家、朝阳区首家国家AAAAA级旅游景区。

**5月5日** 区园林绿化局设计并建成的"植桐引凤"大型立体花坛，参加园博会立体花坛和园林小品大赛，荣获第九届中国（北京）国际园林博览会立体花坛最佳观赏期奖、第九届中国（北京）国际园林博览会立体花坛钻石奖。朝阳区园林绿化局荣获第九届中国（北京）国际园林博览会先进集体奖。

**7月2日** 市人大常委会农村办公室巡视员徐再城带队，8名市人大代表及市园林绿化局相关部门负责同志到奥林匹克森林公园就"服务市民健康生活，推进滨河、郊野公园绿道建设"代表议案督办工作进行调研。

**7月** 区园林绿化局按照首都绿化委员会办公室工作部署，启动全区43个街乡义务植树登记考核工作。调查摸底，建立健全义务植树登记和考核制度，提高全民义务植树尽责率。

**8月3日** 国家公安部主办、北京市公安局承办的"全国公安民警健步走活动"在奥林匹克森林公园举行，来自公安部机关和北京市公安局的1200名公安民警参加活动。

**9月1日** 区园林绿化局依托区城市管理监督指挥中心网格化管理工作平台，建立绿化养护网格直派系统，对全区专业绿地保洁、非装饰性树挂、草地跑水、行道树缺株、病虫害、绿地斑秃、护栏损坏等进行监督。

**10月16日** 联合国环境规划署专家学者到奥林匹克森林公园就北京城市公园绿色生态建设进行交流学习，并实地考察公园人工湿地、仰山天境、生态廊道桥以及花田野趣等景区。

**10月22日** 首都绿化委员会办公室副巡视员张建民带队检查验收朝阳区创建"首都绿化美化花园式社区"和"首都绿化美化花园式单位"工作。

**10月** 庆丰公园被评为"北京市精品公园"。

**12月** 大屯街道世纪村社区、安贞西里社区、团结湖街道办事处三、四条社区被评为首都绿化美化花园式社区。

## 2014 年

**1 月 9 日**　朝阳区召开新闻发布会，就 2013 年朝阳区园林绿化工作完成情况和 2014 年全区绿化美化工作整体思路及具体绿化重点工程向社会进行公布。

**2 月 12 日**　朝阳区 2014 年度环境建设与城市管理工作大会在北京会议中心召开，部署 2014 年朝阳区绿化美化工作。

**3 月**　朝阳区园林绿化局撤销机关服务中心。

**3 月 15 日**　崔各庄乡平原造林工程开工，11 月 30 日竣工，绿化面积 3.33 万平方米。

**5 月**　孙河乡平原万亩造林绿化工程竣工。该工程于 2013 年 3 月中旬施工复垦，绿化面积 87.22 万平方米。

**6 月 3 日**　红领巾公园被首都绿化委员会办公室正式批准成为首批"首都生态文明宣传教育示范基地"。

**9 月 23 日**　北京市朝阳区机构编制委员会对朝阳区园林绿化局编制进行调整（朝编〔2014〕60 号）。增设规划发展科、安全法制科、资产管理科、工会；党委办公室（含团委、新设工会）和办公室合并设置为办公室；林业科和绿化办公室合并设置为绿化建设科，挂绿化办公室牌子；人事财务科更名为财务科；公园科更名为公园管理科。朝阳区绿化隔离地区建设指挥部办公室部分职能划入区园林绿化局。

**10 月 14 日**　兴隆公园被评为北京市第十二批精品公园。

**是年**　大望京公园等 6 个公园成功创建国家旅游景区 AAA 级景区；高碑店村被评为"全国生态文化村"，朝阳区红领巾公园被评为首批"首都生态文明宣传教育示范基地"。

## 2015 年

**1 月 27 日**　国务院安委会第九督查组到朝阳公园检查指导安全生产工作。

**2 月 12 日**　副区长杨树旗带队到朝阳公园检查"2015 北京朝阳国际风情节"活动场所安全工作。

**3 月 9 日**　为了确保政府工程管理规范化、制度化，加强工程建设领域的风险防范，北京市朝阳区园林绿化局试行下发《关于绿化工程管理实施意见》（朝绿字〔2015〕20 号）和《关于绿化工程招投标管理实施意见》（朝绿字〔2015〕21 号）。

**4 月 4 日**　朝阳区绿化委员会办公室、朝阳区园林绿化局在红领巾公园举办以"弘扬生态文明，共建绿色朝阳"为主题的大型义务植树宣传活动。

**5 月 24 日**　崔各庄乡完成"平原造林一期工程(9 标段)工程"，新增造林面积 10.46 万平方米，12 月 31 日竣工。

**6 月 1 日**　朝阳区绿化二队承担施工的 2015 年平原万亩造林一期工程（十二标）开工，12 月 31 日竣工。孙河乡人民政府建设，绿化面积 29.51 万平方米。

**7月21日** 故宫博物院院长单霁翔一行18人到奥林匹克森林公园北京奥运塔考察。

**8月5日** 奥林匹克森林公园北京奥运塔外围绿化恢复工程竣工。2014年9月28日开工，施工面积6.5万平方米。

**9月5日** "情系朝阳区，爱在团结湖"摄影展在团结湖公园举办。该活动由朝阳区文学艺术界联合会、团结湖街道工委、团结湖公园联合主办，朝阳区摄影家协会、朝阳区档案局协办。

**11月** 北京市园林绿化局进行公园精细化管理工作考评。朝阳区有32家公园进入考评，兴隆公园在考评中取得第二名的好成绩。

**11月25日** 北京朝阳公园开发经营公司为纪念北京市与莫斯科市结好二十周年，在朝阳公园举行栽植友谊树活动。

**12月9日** 市森林公安局政委孙磊一行2人到朝阳区检查森林防火工作。

**是年** 《朝阳园林绿化年鉴2013》荣获首届北京市年鉴综合质量评比二等奖；《朝阳园林绿化年鉴2011》荣获第一届北京市年鉴编校质量评比三等奖；《朝阳园林绿化年鉴》（2003—2014年版）入选国家图书馆进行收藏；《朝阳园林绿化年鉴》（2003—2014年版）入选国家方志馆进行收藏。

红领巾公园获得2015年度北京市公园绿地协会"服务民生创新管理"品牌交流活动优秀奖。

# 2016年

**1月13日** 朝阳区人民政府召开新闻发布会，区园林绿化局就2015年朝阳区园林绿化工作完成情况和2016年全区绿化美化工作整体思路及重点绿化工程向社会进行公布。

**4月6日** 朝阳区绿化委员会全体会议在区园林绿化局一楼东会议室召开。区长、区绿化委员会主任王灏，副区长、区绿化委员会副主任杨树旗出席会议，国家农业部、武警北京总队、区委组织部、区委宣传部等40家绿委成员单位代表和43个街乡的主要领导参加会议。

**4月** 第十九届"海棠花溪，安定生辉"海棠花节启动，期间向游客倡导"节俭生活""低碳北京"等环保可持续发展理念，向前来赏花的市民宣传绿地认建认养、海棠花品种多样性等知识。

**4月17日** "世界血友病日·为爱而走"慈善健走大会在北京奥林匹克森林公园举行，近5000名志愿者参加慈善健走活动。

**5月15日** 区绿化二队施工的2015年平原造林（榆悦湾公园）工程竣工，孙河乡人民政府建设，工程面积8.28万平方米。

**5月** 朝阳区森林公安处开展"为鸟儿安个家"活动，购置鸟巢688个，分别放置到红领巾公园、小红门、十八里店、平房、豆各庄等 12 家单位和地区。

7 月 7 日 "红领巾公园'生命之语'青少年书法绘画比赛颁奖仪式"在红领巾主题广场举行。

8 月 29 日 市园林绿化局组成 7 人专家组到朝阳区进行绿地等级评定工作。朝阳区 6 处绿地被评为特级绿地,面积 247349.12 平方米;4 处绿地被评为一级绿地,面积 30754.31 平方米。

9 月 29 日 2016 年"最美团结湖"艺术节闭幕式暨团结湖公园开园 30 周年庆典在团结湖公园湖心岛广场举行。艺术节历时 4 个月,组织各类活动 30 余项,参与群众 5000 余人。

9 月 30 日 中共北京市朝阳区委、朝阳区政府在日坛公园内的革命烈士马骏墓前举行朝阳区烈士纪念日公祭仪式。

11 月 2 日 首都绿化委员会办公室副主任廉国钊带队,验收朝阳区首都绿化美化花园式社区创建工作。朝阳区创建的 8 个首都绿化美化花园式社区和 10 个花园式单位,全部达标通过验收。

12 月 27 日 根据北京市朝阳区机构编制委员会朝编〔2016〕41 号文件批复,北花园苗圃更名为北花园绿化队,大黄庄苗圃更名为大黄庄绿化队,机构编制调整为公益二类事业单位。撤销区绿色景观设计中心。

## 2017 年

1 月 12 日 朝阳区园林绿化局制定下发"护航"百日攻坚专项行动方案开展安全生产"护航"百日攻坚专项行动。

2 月 8 日 北京市园林绿化局局长邓乃平、副局长蔡宝军等领导到朝阳区园林绿化局调研绿地系统规划、生态屏障建以及湿地公园、郊野公园建设等问题。

4 月 6 日 朝阳区绿化委员会全体会议在区园林绿化局一楼东会议室召开。区长、区绿化委员会主任王灏,副区长、区绿化委员会副主任杨树旗出席会议,国家农业部、武警北京总队、区委组织部、区委宣传部等 40 家绿委成员单位代表和 43 个街乡的主要领导参加会议。

4 月 20 日 朝阳区绿委全体(扩大)会议召开。

4 月 29 日 广渠路华能电厂门前绿化工程开始施工,8 月 30 日工程竣工。

5 月 13 日 波兰总理及随行人员在使馆工作人员陪同下到日坛公园参观游览。

5 月 14 日 "一带一路"论坛开幕,区园林绿化局开展"深耕"行动,全力确保"一带一路"峰会期全局安全保障工作。

6 月 3 日 "第十七届红领巾科普游园会暨 2017 年'六一'科普玩具欢乐汇"活动在红领巾公园举办。

7月21日　朝阳区委宣传部及区文委相关人员到庆丰公园调研。重点调研了皇木文化博物馆选址地、庆丰闸及乐家花园，听取了公园领导相关工作汇报，并表示将全力支持乐家花园下一阶段修复工作。

8月31日　朝阳区园林绿化局召开北京市环境保护督查工作筹备部署会。

9月9日　2017年"师爱无尘——难忘师生情"北京市教师节主题庆祝活动在红领巾公园举行。

9月12日　朝阳区林业站对区重点工程项目——萧太后河系综合治理和滨水绿色文化休闲廊道绿化工程执法检查。

9月14日　朝阳区森林公安处会同市森林公安局刑警队、政工科对黑庄户金龙渔业市场开展打击破坏野生动物资源违法犯罪联合执法专项行动。

9月26日　根据北京市朝阳区机构编制委员会朝编〔2017〕38号文件批复，原朝阳区园林绿化局绿化三队更名为北京市朝阳区园林绿化监督管理所，为公益一类财政全额拨款事业单位。

10月16日　朝阳区在区政府召开2018年度森林防火工作电视电话会议。

10月17日　北京市园林绿化局局长邓乃平、副局长廉国钊、蔡宝军及城镇绿化处、平原绿化处、规划发展处、林业工作总站负责人一行到朝阳区调研指导绿化工作。

10月25日　北京市公园管理中心综合处组织陶然亭、香山等11个市属公园及中国园林博物馆和北京市园林科学研究院到望和公园考察。

10月27日　首绿委办副主任廉国钊、副巡视员刘强等一行4人到朝阳区检查验收2017年花园式社区创建工作。

# 参考文献

赵翼.廿二史劄记校证 [M].北京：中华书局，1984.

汤用彬.旧都文物略 [M].北京：北京古籍出版社，2000.

侯仁之.北平历史地理 [M].北京：外语教学与研究出版社，2013.

王仁凯.北京市园林局党史资料文集 [M].北京：中央文献出版社，2004.

陈向远.城市大园林 [M].北京：中国林业出版社，2008.

蔡青.城市设计与历史文脉 [M].北京：中央编译出版社，2017.

北京市园林局.当代北京园林发展史.北京：北京市园林局，1987.

北京市朝阳区地方志编纂委员会.朝阳区志.北京：北京市朝阳区地方志编纂委员会，1989.

北京市园林绿化局.北京市园林年鉴（1992~2016）.北京：北京市园林绿化局，1992~2016.

《北京林业志》编委会.北京林业志 [M].北京：中国林业出版社，1993.

北京市园林局.北京市城市园林绿化普查资料汇编（1995）[M].北京：北京出版社，1997.

北京市园林局.北京市城市绿化法规规章手册 [M].北京：北京出版社，1999.

北京市地方志编纂委员会.北京市·市政卷·园林绿化志 [M].北京：北京出版社，2000.

北京市园林局.北京市城市园林绿化普查资料汇编（2000）[M].北京：北京出版社，2002.

北京市地方志编纂委员会.北京志·农业卷·林业志 [M].北京：北京出版社，2003.

《城市大园林论文集》编审委.城市大园林论文集 [M].北京：北京出版社，2003.

北京市朝阳区园林绿化局.朝阳园林绿化年鉴（2003~2016）.北京：北京市朝阳区园林绿化局，2003~2016.

北京市朝阳区文化委员会.温榆水经.北京：北京市朝阳区文化委员会，2004.

北京市园林绿化局.北京市城市园林绿化普查资料汇编（2005）[M].北京：北京出版社，2005.

北京史志办公室.朝阳建设史 [M].北京：北京出版社，2006.

北京市朝阳区地方志编纂委员会办公室.北京市朝阳区志 [M].北京：北京出版社，2007.

北京市朝阳区中国共产党历史办公室.北京朝阳改革开放 30 年 [M].北京：中央文献出版社，2009.

北京市朝阳区文化委员会.朝阳文物精粹 [M].北京：文物出版社，2012.

北京市朝阳区文化委员会.朝阳文物志 [M].北京：文物出版社，2014.

北京市档案馆.北京档案史料（2014）[M].北京：新华出版社，2014.

中共北京市委党史研究室，中共北京市朝阳区委党史工作办公室.中共北京市朝阳区历史 [M].北京：中共党史出版社，2014.

北京市朝阳区地方志编纂委员会办公室.北京朝阳年鉴（2016）[M].北京：中华书局，2016.

中共北京市朝阳区委党史工作办公室.中国共产党北京朝阳区历史大事记 [M].北京：北京出版社，2017.

北京市园林绿化局研究室.北京市园林绿化系统调研报告成果汇编（2015）.北京：北京市园林绿化局研究室，2016.

# 附　录
## 朝阳区园林绿化统计数据

朝阳区森林林木统计数据（2009~2017 年）

| 普查年份 | 林地面积<br>（公顷） | 森林覆盖率<br>（%） | 林木绿化率<br>（%） | 林木蓄积量<br>（万立方米） |
|---|---|---|---|---|
| 2009 | 10247.68 | 18.16 | 22.35 | 44.52 |
| 2010 | 10411.18 | 18.82 | 23.01 | 46.37 |
| 2011 | 10466.76 | 19.08 | 23.28 | 47.76 |
| 2012 | 10571.02 | 19.38 | 23.33 | 49.67 |
| 2013 | 10710.46 | 19.74 | 23.69 | 51.66 |
| 2014 | 10517.17 | 19.83 | 24.04 | 46.12 |
| 2015 | 10933.34 | 20.97 | 24.94 | 47.27 |
| 2016 | 11050.15 | 21.37 | 25.16 | 47.73 |
| 2017 | 11,307.95 | 21.94 | 25.73 | 48.19 |

朝阳区园林绿化统计数据表（1994~2017年）

| 年度 | 实有园林绿地（公顷） | 公共绿地/公园绿地（公顷） | 人均公园绿地（平方米） | 绿地率（%） | 绿化覆盖面积（公顷） | 绿化覆盖率（%） | 人均绿地面积（平方米） | 生产绿地（公顷） | 防护绿地（公顷） | 附属绿地（公顷） | 公园数量（个） | 实有树木（万株） | 实有草坪（万平方米） |
|---|---|---|---|---|---|---|---|---|---|---|---|---|---|
| 1994 | 3891.34 | 1187.32 | 8.92 | 29.3 | 4531.07 | 34.12 | 29.24 | / | / | / | 20 | 1249.81 | 542.55 |
| 1995 | 4967.23 | 722.04 | 6.26 | 36.26 | 4476.67 | 32.68 | 43.07 | 127.81 | / | 4117.29 | 20 | 634.69 | 597.65 |
| 1996 | 5183.34 | 816.51 | 6.85 | 37.02 | 4725.97 | 33.76 | 43.49 | / | / | / | 22 | 706.29 | 660.99 |
| 1997 | 5335 | 866 | 7.93 | 37.10 | 4927 | 34.60 | 43.86 | / | / | / | 25 | 746.67 | 683.99 |
| 1998 | 5521.29 | 1204.02 | 9.56 | 37.31 | 5184.00 | 35.03 | 43.82 | / | / | / | 25 | 788.80 | 742.50 |
| 1999 | 5693.18 | 1204.74 | 9.32 | 37.46 | 5355.84 | 35.24 | 44.04 | / | / | / | 25 | 835.25 | 795.96 |
| 2000 | 7227.19 | 1460.98 | 9.58 | 38.44 | 6808.28 | 36.22 | 47.40 | 94.57 | 2192.72 | 5124.48 | 26 | 983.97 | 1596.87 |
| 2001 | 8878.43 | 1523.63 | 9.84 | 43.74 | 7752.01 | 38.19 | 57.32 | / | / | / | 32 | 1254.83 | 1744.46 |
| 2002 | 10038.63 | 1531.13 | 11.09 | 49.45 | 8125.68 | 40.03 | 72.70 | / | / | / | 32 | 1327.88 | 1794.93 |
| 2003 | 10562.43 | 1603.76 | 11.24 | 51.02 | 8513.16 | 41.12 | 74.04 | / | / | / | 33 | 1454.84 | 1929.85 |
| 2004 | 11117.04 | 1870.76 | 12.54 | 53.70 | 8893.37 | 42.95 | 74.52 | / | / | / | 33 | 1590.41 | 2006.75 |
| 2005 | 11119.16 | 2867.47 | 15.85 | 42.31 | 11377.36 | 43.29 | 61.47 | 89.05 | 3774.21 | 4388.43 | 37 | 1328.87 | 2396.92 |
| 2006 | 11352.81 | 2969.38 | 16.41 | 43.20 | 11665.32 | 44.38 | 62.76 | 89.05 | 3842.61 | 4451.77 | / | 1438.44 | 2470.66 |
| 2007 | 11560.11 | 3012.43 | 16.65 | 43.98 | 11793.25 | 44.87 | 63.90 | 89.05 | 3842.61 | 4616.02 | / | 1512.91 | 2555.58 |
| 2008 | 11697.96 | 3031.04 | 16.76 | 44.51 | 11931.10 | 45.40 | 64.67 | 89.05 | 3769.31 | 4808.56 | / | 1517.48 | 2655.66 |
| 2009 | 12600.79 | 4811.67 | 25.67 | 46.46 | 12540.09 | 46.23 | 68.02 | 72.80 | 3730.61 | 3985.71 | / | 3140.77 | 1755.02 |
| 2010 | 12695.93 | 4855.35 | 25.74 | 46.62 | 12635.23 | 46.40 | 67.30 | 72.80 | 3737.96 | 4029.82 | / | 3173.84 | 1795.59 |
| 2011 | 12799.58 | 5016.75 | 25.97 | 46.62 | 12743.45 | 46.42 | 66.26 | 72.80 | 3657.89 | 4052.14 | / | 3189.48 | 1795.85 |
| 2012 | 13156.34 | 5198.54 | 26.33 | 46.83 | 13105.77 | 46.65 | 66.64 | 72.80 | 3832.59 | 4052.41 | / | 3212.13 | 1795.99 |
| 2013 | 13694.24 | 5384.57 | 27.28 | 47.04 | 13642.69 | 46.86 | 69.37 | 72.80 | 4172.06 | 4064.81 | 44 | 3234.78 | 1796.13 |
| 2014 | 14176.34 | 6139.40 | 15.65 | 47.23 | 14172.99 | 47.22 | 36.15 | 61.84 | 3283.90 | 4691.20 | 45 | 3546.47 | 3387.97 |
| 2015 | 14497.35 | 6189.69 | 15.65 | 47.51 | 14493.55 | 47.50 | 36.66 | 61.84 | 3554.60 | 4691.22 | 45 | 3589.98 | 2456.28 |
| 2016 | 14,646.13 | 6,204.65 | 16.09 | 47.67 | 14,642.33 | 47.66 | 37.98 | 61.84 | 3,702.17 | 4,677.47 | 45 | 3,608.60 | 3,460.83 |
| 2017 | 14,880.76 | 6,457.13 | 17.27 | 47.92 | 14,876.96 | 47.91 | 39.80 | 61.84 | 3,671.29 | 4,690.50 | 45 | 3,615.77 | 3,480.85 |

## 国家领导人在朝阳区参加全民义务植树活动一览表（1989~2017 年）

| 时间 | 植树地点 | 参加领导 | 种植树种 |
|---|---|---|---|
| 1989.3.12 | 工人体育馆 | 中央军委领导 | 雪松、云杉等 |
| 1989.4.2 | 亚运村 | 党和国家领导人 | 白皮松、油松、银杏 |
| 1990.3.12 | 亚运村中心花园 | 中央军委领导 | / |
| 1990.4.1 | 亚运村 | 党和国家领导人 | 油松、望春玉兰 |
| 1991.3.13 | 亚运村中心花园 | 中央军委领导 | / |
| 1992.4.5 | 朝阳公园 | 党和国家领导人 | 油松、桧柏、望春玉兰等 |
| 1993.4.4 | 洼里乡碧玉公园 | 党和国家领导人 | 油松、白蜡、红花洋槐 |
| 1995.3.12 | 兴隆片林 | 中央军委领导 | 白皮松、桧柏、银杏 |
| 1996.4.6 | 朝阳公园 | 党和国家领导人 | 白皮松、油松、桧柏、银杏等 |
| 2001.3.18 | 洼里绿化隔离带 | 中央军委领导 | / |
| 2001.4.1 | 奥林匹克森林公园 | 党和国家领导人 | / |
| 2002.4.6 | 朝来森林公园 | 党和国家领导人 | / |
| 2003.4.5 | 奥林匹克森林公园 | 党和国家领导人 | 白皮松、华山松、白蜡等 |
| 2004.3.25 | 朝阳公园 | 中央军委领导 | / |
| 2004.4.3 | 朝阳公园 | 党和国家领导人 | / |
| 2005.3.24 | 奥林匹克森林公园 | 中央军委领导 | / |
| 2005.4.2 | 奥林匹克森林公园 | 党和国家领导人 | / |
| 2005.4.15 | 奥林匹克森林公园 | 全国政协领导 | / |
| 2006.3.21 | 奥林匹克森林公园 | 中央军委领导 | / |
| 2006.4.1 | 奥林匹克森林公园 | 党和国家领导人 | / |
| 2006.4.14 | 奥林匹克公园 | 全国政协领导 | / |
| 2007.4.1 | 奥林匹克森林公园 | 党和国家领导人 | / |
| 2008.3.25 | 奥林匹克公园 | 中央军委领导 | / |
| 2008.4.5 | 奥林匹克森林公园 | 党和国家领导人 | / |
| 2009.3.28 | 仰山公园 | 共和国部长 | / |
| 2015.4.3 | 孙河乡 | 党和国家领导人 | 白皮松、银杏、西府海棠、碧桃等 |
| 2016.3.26 | 孙河乡沙子营村 | 中央军委领导 | 悬铃木、银杏、国槐、榆树和油松等 |
| 2016.4.6 | 将府郊野公园 | 全国政协领导 | 油松、国槐、垂柳、西府海棠等 |
| 2017.3.29 | 将台乡雍家村 | 党和国家领导人 | / |

## 朝阳区纪念林统计表（1989～2013 年）

| 纪念林名称 | 面积（亩） | 建设时间 | 建设地点 | 树种 | 管护单位 |
|---|---|---|---|---|---|
| 邓小平手植树 | 1 | 1989 年 4 月 2 日 | 亚运村中心花园 | 白皮松 | 信和物业 |
| 中央军委 1989 年植树纪念林 | 7.3 | 1989 年 3 月 12 日 | 北京工人体育场内 | 雪松等 | 三里屯 |
| 中央军委 1990 年植树纪念林 | 15 | 1990 年 4 月 1 日 | 奥林匹克中心游泳馆东南 | 油松等 | 亚运村 |
| 中日友谊树 | 0.9 | 1991 年 5 月 3 日 | 21 世纪饭店 | 白皮松 | 麦子店 |
| 中央领导 1992 年植树纪念林 | 4.8 | 1992 年 4 月 5 日 | 朝阳公园西景区 | 油松 | 朝阳公园 |
| 中央领导 1993 年植树纪念林 | 25 | 1993 年 4 月 4 日 | 科荟路北侧 | 油松 | 奥运公园 |
| 中央军委 1994 年植树纪念林 | 2.3 | 1994 年 3 月 12 日 | 中华民族园 | 银杏 | 亚运村 |
| 将军林 | 73.5 | 1995 年 3 月 12 日 | 兴隆公园内 | 华山松、白皮松 | 兴隆公园 |
| 中央领导 1996 年植树纪念林 | 18 | 1996 年 4 月 6 日 | 朝阳公园西景区 | 白皮松 | 朝阳公园 |
| 将军林 | 14.5 | 1997 年 3 月 26 日 | 朝阳公园东南门区 | 桧柏 | 朝阳公园 |
| 民族团结林 | 25 | 2001 年 3 月 19 日 | 古塔公园内 | 松柏 | 观音堂村 |
| 中央军委领导 2001 年植树纪念林 | 34 | 2001 年 3 月 18 日 | 原 380 车站 | 白皮松 | 奥运公园 |
| 中央领导 2001 年植树纪念林 | 2 | 2001 年 4 月 1 日 | 片林湖边 | 白皮松 | 奥运公园 |
| 中央领导 2002 年植树纪念林 | 30 | 2002 年 4 月 6 日 | 朝来森林公园内 | 白皮松 | 北京宝通富城 |
| 中央领导 2003 年植树纪念林 | 41.8 | 2003 年 4 月 5 日 | 原碧玉公园内 | 白皮松 | 奥运公园 |
| 中央军委领导 2004 年植树纪念林 | 24.3 | 2004 年 3 月 25 日 | 朝阳公园西门区 | 白皮松华山松 | 朝阳公园 |
| 中央领导 2004 年植树纪念林 | 15 | 2004 年 4 月 3 日 | 朝阳公园西门区 | 白皮松、银杏等 | 朝阳公园 |
| 龙腾友谊松 | 23.6 | 2004 年 6 月 1 日 | 森林公园 | 白皮松等 | 奥运公园 |
| 海峡两岸青年林 | 56.4 | 2004 年 7 月 16 日 | 森林公园北园 | 银杏等 | 奥运公园 |

（续表）

| 纪念林名称 | 面积（亩） | 建设时间 | 建设地点 | 树种 | 管护单位 |
|---|---|---|---|---|---|
| 国家经济技术开发区20周年纪念园 | 36.5 | 2004年12月16日 | 森林公园北园 | 银杏等 | 奥运公园 |
| 中央军委领导2005年植树纪念林 | 45 | 2005年3月24日 | 森林公园北园 | 白皮松 | 奥运公园 |
| 中央领导2005年植树纪念林 | 63 | 2005年4月2日 | 森林公园北园 | 白皮松 | 奥运公园 |
| 全国政协领导2005年植树纪念林 | 88 | 2005年3月26日 | 森林公园北园 | 白皮松 | 奥运公园 |
| 中央军委领导2006年植树纪念林 | 52.4 | 2006年3月21日 | 森林公园北园 | 白皮松 | 奥运公园 |
| 京港天主教联谊林 | 25 | 2006年3月12日 | 古塔公园内 | 悬铃木 | 观音堂村 |
| 中央领导2006年植树纪念林 | 37 | 2006年4月1日 | 森林公园北园 | 白皮松 | 奥运公园 |
| 全国政协领导2006年植树纪念林 | 58 | 2006年4月14日 | 森林公园北园 | 白皮松 | 奥运公园 |
| 中央领导2007年植树纪念林 | 70 | 2007年4月1日 | 森林公园北园 | 白皮松 | 奥运公园 |
| 全国青年奋进林 | 14.7 | 2007年5月3日 | 仰山大绿地 | 油松 | 绿化局 |
| 中国百名市长奥运林 | 5.7 | 2007年6月8日 | 仰山大绿地 | 白皮松 | 绿化局 |
| 比利时王妃植树 | 1 | 2007年4月15日 | 仰山大绿地 | 白皮松 | 绿化局 |
| 大屯文化广场 | 40 | 2008年4月10日 | 大屯街道 | 合欢 | 大屯街道 |
| 中央领导2008年植树纪念林 | 38.5 | 2008年4月5日 | 奥运公园 | 白皮松等 | 奥运公园 |
| 中央军委领导2008年植树纪念林 | 30 | 2008年3月20日 | 新奥绿地 | 油松 | 新奥集团 |
| 陶端斯林 | 1.1 | 2008年3月30日 | 京承高速 | 国槐 | 崔各庄乡 |
| 夕阳美奥运林 | 15 | 2008年3月31日 | 京承高速 | 国槐 | 崔各庄乡 |
| 北京律师林（京承高速） | 5 | 2008年4月1日 | 京承高速 | 国槐 | 崔各庄乡 |
| 首都绿化老专家迎奥运纪念林植树 | 3.6 | 2008年4月1日 | 仰山公园 | 油松 | 绿化局 |
| 西藏中学生植树 | 1.5 | 2008年4月5日 | 仰山公园 | 银杏等 | 绿化局 |

（续表）

| 纪念林名称 | 面积（亩） | 建设时间 | 建设地点 | 树种 | 管护单位 |
|---|---|---|---|---|---|
| 北京市市领导植树 | 22.5 | 2008 年 4 月 5 日 | 仰山公园 | 油松等 | 绿化局 |
| 北辰集团植树 | 1.6 | 2008 年 4 月 11 日 | 仰山公园 | 白皮松等 | 绿化局 |
| 朝阳残联植树 | 0.5 | 2008 年 4 月 11 日 | 仰山公园 | 玉兰等 | 绿化局 |
| 朝阳青年植树 | 1.8 | 2008 年 4 月 15 日 | 仰山公园 | 银杏等 | 绿化局 |
| 朝阳妇联植树 | 0.8 | 2008 年 4 月 18 日 | 仰山公园 | 油松等 | 绿化局 |
| 朝阳劳模植树 | 1.1 | 2008 年 4 月 20 日 | 仰山公园 | 白皮松等 | 绿化局 |
| 共和国部长纪念林 | 40 | 2009 年 3 月 28 日 | 仰山公园 | 油松等 | 绿化局 |
| 新婚夫妇纪念林 | 27 | 2009 年 4 月 18 日 | 仰山公园 | 柳树 | 绿化局 |
| 武警总队首长纪念林 | 30 | 2009 年 4 月 21 日 | 仰山公园 | 栾树 | 绿化局 |
| 惠普林 | 25 | 2010 年 3 月 14 日 | 何各庄村一号地 | 国槐等 | 崔各庄乡 |
| 理光林 | 11 | 2010 年 4 月 10 日 | 何各庄村一号地 | 国槐等 | 崔各庄乡 |
| 中国期货公司林 | 1 | 2010 年 4 月 11 日 | 何各庄村一号地 | 国槐等 | 崔各庄乡 |
| 雅秀同心林 | 1 | 2010 年 4 月 17 日 | 何各庄村一号地 | 国槐等 | 崔各庄乡 |
| 外贸林 | 18 | 2010 年 4 月 18 日 | 何各庄村一号地 | 国槐等 | 崔各庄乡 |
| 2011 国际森林年纪念林 | 66 | 2011 年 4 月 9 日 | 大望京公园 | 雪松、白蜡等 | 大望京公园 |
| 劳动者纪念林 | 90 | 2013 年 4 月 23 日 | 东郊森林公园 | 白皮松、银杏等 | 金盏乡 |
| 朝阳公安林 | 60 | 2013 年 4 月 14 日 | 崔各庄乡 | 白蜡、毛白杨 | 崔各庄乡 |
| 中央领导 2015 年植树纪念林 | 8.8 | 2015 年 4 月 3 日 | 孙河乡 | 白皮松、银杏等 | 孙河乡 |
| 中央军委领导 2016 年植树 | 26 | 2016 年 3 月 26 日 | 孙河乡沙子营村 | 白皮松、悬铃木等 | 孙河乡 |
| 全国政协领导 2016 年植树纪念林 | 10.49 | 2016 年 4 月 6 日 | 将府公园 | 油松、白皮松等 | 将台乡 |
| 中央领导 2017 年植树纪念林 | 10.79 | 2017 年 3 月 29 日 | 将府公园 | 油松、银杏等 | 将台乡 |

## 朝阳区园林绿化重要集体荣誉一览表（1989~2017年）

| 年度 | 荣誉/奖项 | 获奖单位 | 颁奖单位 |
|---|---|---|---|
| 1989 | 全国平原绿化先进 | 朝阳区 | 中华人民共和国林业部 |
| 2000 | 全国园林城市 | 朝阳区 | 中华人民共和国建设部 |
| 2002 | 北京市园林系统公园行业先进集体 | 朝阳区绿化局 | 北京市园林局 |
| 2003 | 首都绿化美化优质工程奖 | 元大都城垣遗址公园 | 首都绿化委员会办公室 |
| | "园林杯"优秀园林城区奖 | 朝阳区绿化局 | 北京市园林局 |
| | "园林杯"精品公园奖 | 朝阳区团结湖公园 | 北京市园林局 |
| | "园林杯"绿化养护奖 | 朝阳区绿化局 | 北京市园林局 |
| 2004 | 全国绿化模范城市（区） | 朝阳区 | 全国绿化委员会 |
| | 全国质量信得过种苗基地 | 朝阳区北花园苗圃　朝阳区大黄庄苗圃 | 国家林业局 |
| | 第五届中国国际园林花卉博览会室外景点深圳"知乐园""金奖 | 北京朝园弘园林绿化有限责任公司 | 第五届中国国际园林花卉博览会组委会 |
| 2005 | 全国绿化先进集体 | 朝阳区 | 全国绿化委员会、人事部、国家林业局 |
| | 首都全民义务植树先进单位 | 朝阳区绿化局 | 北京市政府、首都绿化委员会 |
| | 首都绿化宣传工作先进单位 | 朝阳区绿化局 | 首都绿化委员会办公室 |
| | 首都文明单位 | 朝阳区绿化局 | 首都精神文明建设委员会 |
| 2006 | 首都绿化美化先进单位获奖单位 | 朝阳区绿化局 | 北京市政府、首都绿化委员会 |
| | 保护北京生态环境造林植绿先进集体 | 朝阳区绿化局 | 北京市绿化基金会 |
| | 中国风景园林学会"优秀园林工程"（园林绿化）大金奖 | 北京元大都城垣遗址公园工程 | 中国风景园林学会 |
| | 中国风景园林学会"优秀园林工程"（园林绿化）金奖 | 北京北小河公园工程 | 中国风景园林学会 |
| | 精品工程 | 姚家园绿化景观工程、北小河公园绿化工程 | 北京市园林绿化局　北京市园林绿化企业协会 |
| | 全国森林资源连续清查北京市第五次复查工作质量奖 | 朝阳区绿化局 | 北京市园林绿化局 |
| | 北京市森林防火工作"先进区县" | 朝阳区双拥工作委员会办公室、北京世奥森林公园开发经营有限公司 | 北京市森林防火指挥部 |
| | 首都全民义务植树先进单位 | 朝阳区 | 北京市政府、首都绿化委员会 |

（续表）

| 年度 | 荣誉／奖项 | 获奖单位 | 颁奖单位 |
|---|---|---|---|
| 2007 | 全国绿化模范单位 | 朝阳区绿化局 | 全国绿化委员会 |
| | 首都文明单位 | 朝阳区绿化局 | 首都精神文明建设委员会 |
| | 首都绿化美化先进单位 | 朝阳区绿化局 | 北京市人民政府、首都绿化委员会 |
| | 首都绿化美化宣传工作先进单位 | 朝阳区绿化局 | 北京市绿化委员会办公室、北京市园林绿化局 |
| | 森林防火工作先进单位 | 朝阳区绿化局 | 北京市森林防火指挥部 |
| | 北京市防沙治沙先进单位 | 朝阳区林业站 | 北京市园林绿化局 北京市人事局 |
| | 北京市爱国卫生先进单位 | 朝阳区绿化局 | 北京市爱国卫生运动委员会 |
| 2008 | 首都绿化美化先进单位／首都绿化美化宣传工作先进单位 | 朝阳区绿化局 | 首都绿化委员会办公室、北京市人民政府、北京市园林绿化局 |
| | 北京市奥运会、残奥会先进集体 | 朝阳区绿化局 | 中共北京市委、北京市人民政府 |
| | 北京市奥运会、残奥会环境建设先进集体 | 朝阳区绿化局 | 北京市 2008 环境建设指挥部 |
| | 北京市园林绿化系统优秀信息工作单位 | 朝阳区绿化局 | 北京市园林绿化局 |
| | 奥运保障标兵单位 | 朝阳区绿化局 | 北京奥组委沙滩排球场运行团队 |
| | 北京市奥运会、残奥会交通服务工作贡献奖 | 朝阳区绿化局 | 第 29 届奥运会组委会交通部 |
| | 首都国家安全工作先进集体 | 朝阳区绿化局 | 北京市国家安全工作领导小组 |
| | 北京市职工之家获奖单位 | 朝阳区绿化局 | 北京市总工会 |
| | "奥运安保"集体三等奖 | 朝阳区绿化局 | 北京市公安局 |
| | 森林防火工作先进区县 | 朝阳区绿化局 | 北京市森林防火工作指挥部 |
| | 北京市爱国卫生先进单位 | 朝阳区绿化局 | 北京市爱国卫生运动委员会 |
| | 北京市林业有害生物应急防控工作先进单位 | 朝阳区林业站 | 北京市园林绿化局 |
| | 城市公共绿地类环境建设新景观获奖单位 | 元大都城垣遗址公园 | "我爱北京"环境建设系列社会评选委员会 |
| | 北京市奥运工程绿茵奖"一等奖" | 朝阳区绿化局 | 北京市人民政府、"2008"工程建设指挥部 |
| | 城市公共绿地类环境建设新景观（朝阳区世青赛景观大道） | 朝阳区绿化局 | "我爱北京"环境建设系列社会评选委员会 |

（续表）

| 年度 | 荣誉／奖项 | 获奖单位 | 颁奖单位 |
|---|---|---|---|
| 2009 | 金奖工程奖（民族大道景观绿化改造项目） | 朝阳区绿化局 | 国家建设部 "中国风景园林学会" |
| | 首都庆祝中华人民共和国成立 60 周年城市花卉布置突出贡献奖 | 朝阳区园林绿化局 | 首都国庆 60 周年北京市筹备委员会游园指挥部 |
| | 首都国家安全工作先进集体 | 朝阳区园林绿化局 | 北京市国家森林防火指挥部 |
| | 朝阳区 2009 年度森林防火工作 "先进区县" | 朝阳区园林绿化局 | 北京市爱国卫生运动委员会 |
| | 市级爱国卫生先进单位 | 朝阳区园林绿化局 | 北京市爱国卫生运动委员会 |
| | 北京市公园绿地协会系统先进单位 | 朝阳区园林绿化局 | 北京市公园绿地协会 |
| 2010 | 第二届中国绿化博览会室外展金奖（朝阳园） | 朝阳区园林绿化局 | 第二届中国绿化博览会组委会 |
| | "优秀园林绿化工程"金奖（通惠河） | 朝园弘园林绿化有限责任公司 | 建设部 "中国风景园林学会" |
| | 首都国家安全工作领导小组指挥部 | 朝阳区园林绿化局 | 首都国家安全工作领导小组办公室 |
| | 无森林火灾先进区 | 朝阳区森林防火指挥部 | 北京市森林防火指挥部 |
| 2011 | "优秀园林绿化工程"金奖（大望京公园景观工程） | 朝园弘园林绿化有限责任公司 | 建设部 "中国风景园林学会" |
| | 森林防火工作先进区县。 | 朝阳区园林绿化局 | 北京市森林防火指挥部 |
| | 纪念首都全民义务植树 30 周年文学作品征集活动组织奖 | 朝阳区园林绿化局 | 首都绿化委员会办公室 |
| | 北京市单位内部安全保卫工作集体嘉奖 | 朝阳区园林绿化局 | 北京市公安局 |
| 2012 | "优秀园林绿化工程"金奖（温榆河景观大道绿化工程） | 朝园弘园林绿化有限责任公司 | 建设部 "中国风景园林学会" |
| | 森林防火工作先进单位 | 朝阳区森林防火指挥部 | 北京市公安局 |
| | 北京市单位内部安全保卫集体三等功 | 朝阳区园林绿化局 | 北京市公安局 |
| | "优秀会员单位" | 朝阳区园林绿化局 | 北京市公园绿地协会 |
| 2013 | 第九届中国（北京）国际园林博览会先进集体 | 朝阳区园林绿化局 | 第九届中国（北京）国际园林博览会组委会 |
| | 第九届中国（北京）国际园林博览会捐赠贡献奖 | 朝阳区园林绿化局 | 第九届中国（北京）国际园林博览会组委会 |
| | 第十一届中国菊花展览会最佳组织奖 | 朝阳区园林绿化局 | 第十一届中国菊花展览会组委会 |
| | 2013 年度 "优秀会员单位" | 朝阳区园林绿化局 | 北京市公园绿地协会 |

附 录

## 朝阳区古树名木存量统计表（2017 年数据）

| 街乡地区办事处 | 树木计数（古树/纪念树） | 桧柏 | 侧柏 | 国槐 | 楸树 | 油松 | 七叶树 | 枣树 | 华山松 | 白皮松 | 西府海棠 |
|---|---|---|---|---|---|---|---|---|---|---|---|
| 奥运村 | 63（20/43） | 16 | / | 3 | / | / | / | / | 7 | 36 | / |
| 来广营 | 9（3/6） | 3 | / | / | / | / | / | / | / | 6 | / |
| 崔各庄 | 5（5/0） | 2 | / | 1 | / | 1 | / | / | / | / | / |
| 孙河 | 3（3/0） | / | 1 | 1 | 1 | / | / | / | / | / | / |
| 金盏 | 2（2/0） | 2 | / | / | / | / | / | / | / | / | / |
| 将台 | 9（9/0） | 3 | / | 5 | 1 | 1 | / | / | / | / | / |
| 太阳宫 | 3（3/0） | / | / | / | / | 4 | / | / | / | / | / |
| 东风 | 30（30/0） | 28 | 1 | 1 | / | / | / | / | / | / | / |
| 平房 | 2（2/0） | / | / | 1 | 1 | / | / | 1 | / | / | / |
| 东坝 | 72（72/0） | 68 | / | 1 | / | / | / | / | / | 3 | / |
| 高碑店 | 5（5/0） | 3 | 1 | / | / | / | 1 | / | / | / | / |
| 三间房 | 44（44/0） | 30 | / | 8 | / | / | / | 1 | / | / | 4 |
| 管庄 | 6（6/0） | 6 | / | / | / | / | / | / | / | / | / |
| 南磨房 | 4（4/0） | 1 | / | 5 | / | / | / | / | / | / | 榆树1 |
| 豆各庄 | 11（11/0） | 10 | / | 1 | / | / | / | / | / | / | / |
| 十八里店 | 50（50/0） | 30 | / | 1 | / | 19 | / | / | / | / | / |
| 小红门 | 4（4/0） | / | / | 4 | / | / | / | / | / | / | / |
| 亚运村 | 4（3/1） | 3 | / | / | / | / | / | / | / | 1 | / |
| 小关 | 1（1/0） | / | / | 1 | / | / | / | / | / | / | / |
| 安贞 | 48（48/0） | 25 | 20 | 2 | / | / | / | 4 | / | / | / |
| 和平街 | 2（2/0） | / | / | 2 | / | / | / | / | / | / | / |
| 望京 | 5（6/0） | 2 | / | 2 | / | / | / | / | / | / | / |
| 酒仙桥 | 1（1/0） | / | / | 1 | / | / | / | / | / | / | / |
| 左家庄 | 2（2/0） | / | / | 2 | / | / | / | / | / | / | / |
| 香河园 | 5（5/0） | 4 | / | / | / | 1 | / | / | / | / | / |
| 麦子店 | 60（21/39） | 1 | 11 | 3 | / | 14 | / | 5 | / | 25 | 桑树1 |
| 六里屯 | 7（7/0） | 6 | / | 1 | / | / | / | / | / | / | / |
| 团结湖 | 2（2/0） | / | / | 2 | / | / | / | / | / | / | / |
| 三里屯 | 2（2/0） | / | / | 2 | / | / | / | / | / | / | / |
| 朝外 | 96（96/0） | 25 | 46 | 22 | 1 | / | / | / | / | / | 桑树1 构树1 |
| 呼家楼 | 17（17/0） | 16 | 1 | / | / | / | / | / | / | / | / |
| 八里庄 | 5（5/0） | 2 | 2 | / | / | 1 | / | / | / | / | / |
| 建外 | 2（2/0） | / | / | 2 | / | / | / | / | / | / | / |
| 双井 | 44（44/0） | 3 | 36 | 2 | / | / | / | / | / | 3 | 丝绵木1 |
| 劲松 | 12（12/0） | 12 | / | / | / | / | / | / | / | / | / |
| 潘家园 | 7（7/0） | / | / | 7 | / | / | / | / | / | / | / |
| 大屯 | 1（1/0） | 1 | / | / | / | / | / | / | / | / | / |
| 垡头 | 31（31/0） | 28 | / | 2 | / | / | / | / | / | / | 银杏1 |
| 王四营 | 6 | 6 | / | / | / | / | / | / | / | / | / |
| 总计 | 677（589/88） | 330 | 116 | 82 | 5 | 40 | 1 | 14 | 7 | 72 | 10 |

## 朝阳区绿化树木花草名录

| 科属 | 名　称 |
|---|---|
| 常绿乔木 | 油松、白皮松、华山松、雪松、青杆、白杆、红皮云杉、辽东冷杉、侧柏、圆柏、龙柏、桧柏、蜀柏、西安刺柏 |
| 落叶乔木 | 华北落叶松、银杏、水杉、玉兰、楸树、二球悬铃木、杜仲、榆树、垂枝榆、榉树、小叶朴、青檀、桑、龙桑、构树、核桃、枫杨、糠椴、蒙椴、梧桐、怪柳、毛白杨、银白杨、新疆杨、加杨、小叶杨、钻天杨、旱柳、馒头柳、绦柳、龙须柳、垂柳、立柳、君迁子、柿树、山楂、海棠、梅花、紫叶李、紫叶矮樱、桃、碧桃、山桃、紫叶桃、李、山杏、樱花、樱桃、杜梨、泡桐、合欢、皂荚、槐树、龙爪槐、畸叶槐、刺槐、国槐、洋槐、红花洋槐、丝绵木、枣、文冠果、栾树、七叶树、元宝枫、紫薇、臭椿、千头椿、香椿、流苏树、暴马丁香、女贞、黄金树、梓树、毛梾木、火炬树、黄栌、白蜡 |
| 常绿灌木 | 蜀桧、沙地柏、铺地柏、翠蓝柏、矮紫杉、小叶黄杨、锦熟黄杨、朝鲜黄杨、大叶黄杨、丝兰、偃柏、凤尾兰 |
| 落叶灌木 | 山茱萸、红瑞木、紫叶小檗、牡丹、木槿、太平花、山梅花、三裂绣线菊、白绢梅、玫瑰、黄刺玫、棣棠、鸡麻、水栒子、平枝栒子、贴梗海棠、珍珠梅、榆叶梅、毛樱桃、紫穗槐、胡枝子、腊梅、石榴、花椒、枸橘、枸杞、海州常山、紫珠、紫丁香、小叶女贞、雪柳、连翘、迎春、锦带花、海仙花、接骨木、金银木、猥实、鸡树条荚蒾、紫荆丰花月季，月季、爬蔓月季、蔷薇、白玉堂、碧桃、红叶碧桃、紫薇、丁香、朝鲜小檗、十姊妹、郁李、黄栌、高接丁香 |
| 果树 | 柿子 |
| 攀缘植物 | 野蔷薇、铁线莲类、地锦、美国地锦、美国凌霄、紫藤、金银花、常春藤、南蛇藤、扶芳藤 |
| 宿根花卉 | 荚果蕨、常夏石竹、芍药、大花秋葵、蜀葵、马蔺、大花萱草、紫萼、玉簪、紫松果菊、黑心菊、宿根天人菊、金鸡菊类、金光菊、银叶菊、大滨菊、薹草类、一枝黄花、菊芋、荷兰菊、杂种勋章菊、菊花、荷花、乌头类、耧斗菜类、翠雀类、美人蕉、丽蚌草、花叶芦竹、婆婆纳类、红花吊钟柳、落新妇类、红花矾根、石碱花、瞿麦、火炬花、观赏罂粟类、天竺葵、紫露草、桔梗、风铃草类、荷包牡丹、宿根福禄考、鸢尾类、景天类、美国薄荷、假龙头、早小菊 |
| 竹类 | 箬竹、早园竹、黄槽竹、紫竹、桂竹 |
| 草皮 | 野牛草、结缕草、狗牙根、假俭草、草地早熟禾、黑麦草、高羊茅、羊胡子草、麦冬 |
| 地被 | 二月兰、白三叶、紫花地丁、蒲公英、抱茎苦荬菜、垂盆草 |

# 后 记

　　《北京朝阳园林绿化简史》编纂工作从 2017 年 4 月开始，到 2018 年 10 月基本结束。囿于时间原因，资料庞杂且存在阙如，加之编写者的阅历及视野，错误讹漏在所难免，敬请业界专家和各界人士批评指正。

　　特别感谢北京方志馆、首都图书馆地方文献中心、朝阳区档案馆、朝阳区图书馆地方文献中心等市、区单位为本书编纂提供的支持与帮助。同时感谢马龙（区环保局）、王维成（区档案局）、王源（区档案局）、齐庆栓（市园林绿化局）、戴辉、魏荣宝、郭玉山、康雅文、谭浩、仇洪文、朱继胜、高彩杰、刘铁柱、毕业兴、崔斌等各界同仁为本书编纂提供的史料和真诚帮助。在此一并表示真诚的感谢！

《北京朝阳园林绿化简史》编纂委员会

2018 年 10 月 30 日